KB020737

청춘남녀,
백년 전
세상을
탐하다

우리 근대문화유산을 찾아 떠나는 여행

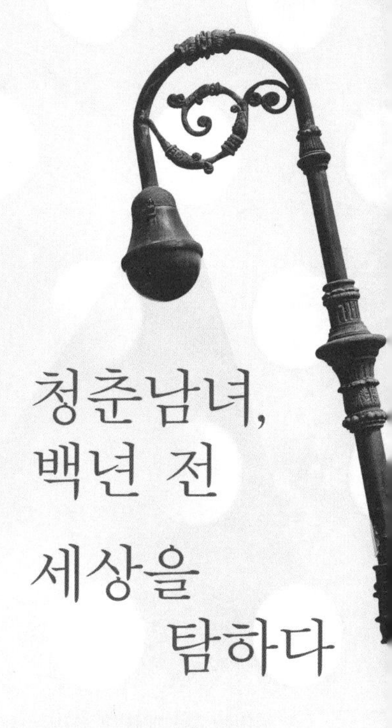

청춘남녀, 백년 전 세상을 탐하다

최예선 · 정구원 지음

모요사

여행을 시작하며

낡은
지폐 한 장에서
시작된 기묘한 여행…

몇 해 전 어느 날 어머니는 봉투 하나를 주셨다. 그 안에는 옛날 지폐가 들어 있었다. 무척 오랜 시간을 견뎌온 듯한 낡은 지폐 다섯 장에는 백 원이라는 가치가 적혀 있고 조선은행이라는 글자가 중앙에 박혀 있었다. 종이돈에는 의문스러운 인물도 그려져 있었다. 언제 어디서 사용된 것인지 파악하기 어려웠다.

이 종이돈은 돌아가신 외할머니가 소지했던 것이다. 할머니 생전에 어머니는 장롱에서 이 돈을 발견하고 특별한 가치가 있을 것 같아 챙겨두었다고 했다. 이 지폐들은 옛날 물건을 좋아하는 딸에게 다시 전해졌다. 외할머니에게서 어머니 그리고 내게로 삼대를 거쳐온 이 낡은 지폐들은 딱히 이유 없이 이 세상에 살아남았다.

깨끗하게 잘 보관된 지폐라면 한번 팔아볼까, 골동품가게라도 들이밀겠지만 이미 오랜 세월을 증명하듯 온몸이 너덜너덜했다. 나는 낡아서 가치도 없는 종이돈의 정체가 갑자기 궁금해졌다. 이 지폐가 정확히 언제 발행된 것인지, 조선은행이란 무엇인지, 공식적으로 통용된 화폐인지 알고 싶었다.

화폐박물관 웹사이트에서 우리나라 지폐의 역사를 조회해보았다. 테두리 장식이 정교하고 좌측에 긴 수염을 기른 인물이 그려진 지폐는 식민지 시대인 1910년대부터 해방 직후까지 세부 디자인을 약간씩 바꿔가며 꾸준히 발행되었다. 조선은행이라는 기관은 우리나라의 화폐시장을 장악하기 위해 일본이 우리나라에 설립한 중앙은행이며, 40여 년 가까이 존속했다.

내가 가진 종이돈은 해방 직후인 1947년에 발행된 것으로 한국전쟁이 발발할 당시까지 몇 년간 사용되었다. 해방 직후라고 해도 근대적인 산업구조가 미비한 상황에서 기존 조선은행의 화폐가 계속 사용되었는데, 그전과 달라진 점이라면 테두리 장식에 일본을 상징하는 오동나무 꽃을 무궁화로 바꿔 그렸다는 것이다. 흰 수염이 성성한 노인의 초상은 구한말 외교통상통리아문의 자리에 있었던 운양 김윤식이다.

천 원이라는 지폐가 없을 무렵이니 백 원이 가장 큰 돈의 단위였고, 당시 서울에는 요즘 가치로 환산해볼 때 천억 원대의 갑부가 즐비했던 시절이라 했지만 농부의 아내였던 할머니에게 이 돈은 큰돈이었음이 틀림없다. 이 다섯 장의 지폐를 왜 사용하지 않고 60여 년간 품고 계셨던 것일까? 모든 물건들이 귀하던 시절 아끼고 아끼다가 그만 전쟁과 새로운 시대를 맞으면서 모두 사용하지 못하는 무가치한 것으로 바뀌었기 때문일까?

힘겹게 세월을 지내온 종이돈은 할머니의 삶과도 비슷했다. 시골마을에서 한평생을 농민으로 살아온 할머니는 여덟 아이를 출산하면서 80여 년의 세월을 살아오셨다. 그동안 세상은 여러 번 바뀌었고 삶의 모습도 변화했다. 이 돈을 가지셨을 무렵, 빳빳한 새 돈처럼 곧았던 할머니는 자신을 닮은 딸, 내 어머니를 낳았다. 모든 낡은 것들이 자기 자리에서 제 할 일을 다하던 시절, 낯선 문물이 폭풍처럼 밀려들어 두렵고 또 신기했던 시절이었다.

격동의 세월을 겪으며 춥고 배고팠지만 새로운 화폐와 함께 새로운 가치가 시작되었을 것이다. 할아버지는 본채와 별채, 듬직한 외양간이 있는 큰 흙집을 지었고 그곳에서 농사를 지으며 자식을 키웠다. 50여 년이 흐른 지금 매년 벼농사를 지어오던 비옥한 땅은 공업단지 터로 선정되었

고, 사람들은 살아온 터를 내놓으며 도시로 나갈 채비를 하고 있다. 화폐개혁으로 가치가 사라진 종이돈처럼 그 집이, 그 땅이 의미를 잃었다. 할머니의 삶이 뿌리내렸던 땅이 사라지게 된 것이다. 낯선 종이돈 다섯 장만 남긴 채.

전쟁을 겪고 또다시 전후의 혼란한 상황을 지나오며 우리나라 화폐는 모양과 이름을 바꾸고 또 바꾸었다. 모양도 크기도 달라졌고 색깔도 인식번호도 바뀌었다. 한문에서 한글로 바뀌고 발행처의 이름도 한국은행으로 바뀌었다. 그날의 백 원짜리 지폐는 오늘날의 수집가들에게 대략 백만 원의 가치가 있다고 한다. 그렇다면 옛 사람들의 생각은, 옛 사람들의 이야기는, 옛 사람들이 거닐던 거리와 살았던 집들은, 먹고 마시던 것들은, 지금 우리에게 얼마만큼의 가치가 있을까?

나는 할머니가 겪어온 그 시절을 조금이라도 엿보고 싶었다. 우리 모두의 할머니, 할아버지가 살아낸 시간 속에서 그들이 남긴 것들을 들여다보고 싶었다. 세월의 흐름을 고스란히 보여주며 낡아가는 건물들을 돌아보고 그 속에 있었던 삶의 진실을 보고 싶었다. 어느새 세월 속에 감쪽같이 사라져버릴 것들이라 조금이라도 존재할 때 보고 느끼고 기록하고 남기려고 한다. 그리고 내가 본 것들을 영원히 기억하려 한다. 남아 있는 것과 사라지는 것 사이에서 우리가 할 수 있는 일은, 바로 그것이다. 기억하는 것.

나는 지금과는 완전히 다른, 낯설고 새로운 것이 봇물처럼 쏟아지던 백여 년 전의 시절로 가보려고 한다. 우리 조상들은 외국의 새로운 것들에 두려움을 느끼기보다는 호기심이 더 많았다. 대양과 대륙을 건너온 문화는 어느새 우리의 것과 융화되고 맞물리며 우리의 새로운 모습을 만들었다. 자칫 혼란할 수도, 자칫 자멸할 수도 있었던 이 시기에 조용한, 그리고 성공적인 공존이 있었다. 어쩌면 현재의 모습만큼이나 활기찬 움직임으로 세상이 부글거렸을지도 모른다. 나는 사람들의 삶이 이루어지던 집, 건물, 거리의 모습을 통해, 그리고 도시와 마을의 모습을 통해 이 시기 새로운 문화가 마주치고 부딪히던 접점의 현장을 살펴보려고 한다.

백여 년 전의 풍경은 박제된 기억이 아니다. 그때의 건축물은 지금 우리의 삶에까지 표표히 그 흔적들을 이어준다. 옛 집이 지금도 사용되고 옛 건물은 그 모습 그대로 역할을 다하고 있다. 지금과는 조금 다른 미의식과 역사적인 맥락에서 만들어졌지만 지금 보아도 여전히 아름다울 뿐만 아니라 새롭게 재발견하게 되는 것도 많다. 개발논리에 이끌려 어쩔 수 없이 사라져가는 건축물들 속에서 어떤 것을 다시 알고 어떤 것을 버려야 할지 함께 생각해보고 싶다. 우리나라 각 지역의 근대문화유산을 하나하나 답사하고 그 시절의 흔적

을 더듬어가게 된 이유가 바로 그것이다.

또한 그 시절을 이야기하면서, 그 시절의 건축물을 보면서 식민지 시대의 역사를 거론하지 않을 수 없다. 역사의 흔적을 보존하는 것에 대해 마치 치욕스런 과거가 대물림되는 양 분노를 느끼는 사람들도 많다. 그리하여 방치되고 버려졌다가 홀연히 사라지거나 분노의 논리에 어쩔 수 없이 공중분해되는 것들도 많다.

하지만 이 땅 위의 모든 것은 우리가 살았던 삶, 바로 그것임을 기억했으면 좋겠다. 과거의 삶을 부정해서는 지금도 없고 또 미래도 없다. 새로운 문물이 밀려들어오고 우리의 문화가 쪼개지던 역사적 현장을 통해 지금까지 면면히 이어오는 강물 같은 우리의 인생을 다시금 들여다볼 수 있었으면 한다. 또한 그 강물은 유유히 흘러 미래의 어느 지점까지 계속될 것이니 과거란 지운다 하여 지워지는 것이 아닐 터이다. 지금은 존재하지 않는 삶들이지만 그들의 후손이, 그들의 정신적인 유산 속에서 살아가는 또 다른 땅이기에 말이다.

'청춘남녀.' 근대의 풍경을 유람하고 돌아온 나, 그리고 긴 여정을 함께 동행해준 남편을 이렇게 불러보았다. 마음에 새겨진 것을 찾아 나서는 일에는 한

마음 한뜻으로, 마치 청춘남녀처럼 열정적으로 덤벼든다는 뜻에서 붙여본 별칭이다. 우리 '청춘남녀'는 2009년 1월 1일부터 12월 25일까지 백여 개의 근대건축물을 직접 찾아다녔고, 멈춰진 시간 속에서 마음껏 상상하고 기억하고 되새기며 일년의 시간을 보냈다. 이 책은 그중에서 70여 개에 이르는 장소를 담아냈다.

청춘 시절부터 건축가의 길을 걸어온 남편은 내가 보지 못했던 미세한 부분을 전문가의 시선으로 포착했고 컴퓨터 그래픽으로 3D 모형을 직접 만들어보며 건물의 오롯한 모양새와 숨겨진 디테일에 마음껏 탐닉했다. 그 결과물들이 이 책에도 조금은 실려 있다.

또한 많은 분들의 조언과 격려가 이 여행을 끝까지 마무리 짓도록 이끌어주었다. 근대건축 보전단체인 도코모모 코리아에 몸담고 계신 성균관대 윤인석 교수님, 대구 연초제조창을 문화공간으로 바꾸기 위해 노력하는 주식회사 ATBT의 이권희, 최지애 님, 오래된 양조장이 근대문화재로 등재된 것을 자랑스러워하던 덕산양조장의 이규행 님, 철암역두 선탄시설의 곳곳을 안내해주신 장성광업소의 김철훈 님, 흔쾌히 답사를 반겨주신 호미곶과 가덕도의 등대원들, 그리고 우리가 건물을 기웃거릴 때마다 어디선가 나타나 뒷이야기를 들려주시던 소읍의 할아버지와 할머니들께 감사의 말씀을 전한다. 마을을 오랫동안 지켜주신 그분들의 노고가 아니었다면 근대건축물을 답사하겠다는 우리의 계획은 성공하지 못했을 것이다.

한번 보고 그만 마음을 빼앗겨버린 멋진 건축물도 있었고, 여러 차례 답사해서 겨우 그 속내를 들여다본 곳도 있었다. 어떤 건축물이든 볼 때마다 새로운 이야기를 들려주었다. 그럼에도 불구하고 보아야 할 것이 아직 많이 남아 있다. 그것은 우리가 알아야 하는 역사와 이해해야 하는 삶의 풍경이 아직도 도처에 흩어져 있다는 뜻이다. 답사의 길에서 본 것은 오래된 풍경 속에 담긴 미완의 역사, 그것이었다.

근대의 풍경을 찾아가는 길이 낯설게 여겨지기도 할 것이다. 그 낯선 시간 속으로 유쾌하게 유람을 떠나보는 것은 어떨까? 마음을 열고 본다면 저절로 그 시절의 아름다움을 느끼게 될 것이다. 그것은 우리의 뿌리를 찾아가는 길이자 잊혀진 시간으로의 여행이 될 것이다.

2010년 5월
최예선

차례

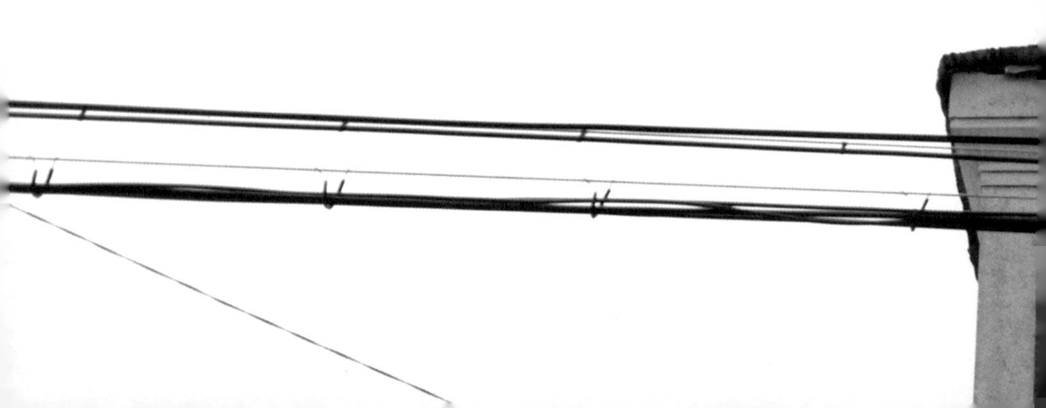

PART 02

그 길에 서면 시간도 거꾸로 흐른다

PART 03

골목에서 백 년 전 풍경을 보다

PART
01

청춘남녀, 그대 유랑을 떠나다

1883년 제물포 상륙작전

인천 제물포구락부

한치 앞도 내다볼 수 없는 자욱한 안개가 바다 위를 뒤덮었다. 몸을 휘감는 안개를 헤치고 얕은 물살을 따라 배가 흐른다. 어느덧 먼 곳에서 검은 선처럼 육지가 보인다. 먼 거리는 아니지만 배가 천천히 들어갈 수밖에 없기에 뭍에 다다르기까지 꽤 시간이 필요한 듯하다. 나무로 만든 배에는 스물 남짓 타고 있다. 모두 저 뭍에서 새로운 인생을 시작하기 위해 먼 대양과 대륙을 건너온 사람들이다. 작은 조각배 뒤로 커다란 함선이 떠 있다. 좁고 얕은 물길 때문에 커다란 함선은 쉽게 해안까지 이르지 못한다.

이윽고 배가 닿았다. 짙은 안개 속에서 낯선 땅이 모습을 드러냈다. 은자의 땅이라 불리며 유럽인들에게 근질근질한 호기심의 대상이 되었던 곳, 조선이다. 멋지게 자란 나무 한 그루, 아름다운 저택 하나 보이지 않는 붉은 흙의 땅

인천에 갑문식 도크가 완성된 것은 1918년. 개항 초기 서양인들은 뻘밭을 디디며 인천에 상륙할 수밖에 없었다.

이 펼쳐진다. 머리를 땋아 내리거나 꼬아 올린 흰옷의 장정들이 능숙한 손놀림으로 밧줄을 던져 뱃머리를 끌어당긴다. 억센 손이 사람들을 붙잡아 이끈다.

땅에 발을 디디니 현기증이 엄습해온다. 중절모를 고쳐 쓰고 옷매무새를 가다듬은 백인 청년 하나가 외투 호주머니에서 수첩을 꺼내 메모를 시작한다. 그의 이름은 이바노비치 세레딘 사바틴Ivanovich Seredin Sabatin이다. 이 땅에서 그는 이양인異樣人이라 불릴 것이다. 그는 노트에 "1883년 9월 17일 나는 조선의 항구 제물포에 도착했다"라고 썼을지 모른다. 아니면 "제물포는 규모도 작고 적막한 항구다. 새로운 기대를 불러일으키는 것이라고는 하나도 없다"라고 썼을 수도 있다. 무엇이라고 썼건 이 작은 항구에 그의 기대를 훨씬 웃돌 만큼 화려하고 흥미진진한 모험이 도사리고 있으리라 짐작하게 하는 글귀는 쓰이지 않았을 것이다. 이양인 사바틴은 그날부터 20년간 조선에서 인생의 황금기를 보내며 풍전등화 같은 조선의 행보를 지켜보고 그 속에 깊숙이 관여하게 된다. 그의 직업은 왕궁건축가였다.

조계지를 건너 제물포구락부로 가는 길

인천역에서 옛 제물포구락부까지 걸어가는 길은 꽤 거리가 된다. 응봉산 언덕에 걸쳐 있는 서양식 건물로 가기 위해서는 황금빛과 붉은색이 현란하게 어우러진 차이나타운과 일본식 목조가옥으로 개조한 일본풍 거리를 지난 후 다시 언덕 위로 걸어 올라가야 한다. 차이나타운의 소란스러움은 일본식 거리로 넘어오면서 고즈넉함으로 바뀐다.

이 거리는 인천이 개항할 때 외국인들이 합법적으로 거주할 수 있도록 협정을 맺은 조계지租界地였다. 온통 붉은색으로 치장한 중국풍 거리는 청국인들이 남의 간섭 없이 모여 살던 곳이고, 일본풍 가옥이 언뜻 스치는 거리는 일본인 조계지라는 표식과도 같다. 오래된 집들이 어깨를 맞대고 비좁게 들어선 지역을 지나면 소슬한 언덕길이 등장한다.

웃자란 잡초들과 엉겅퀴와 담쟁이로 뒤덮인 오래된 담벼락이 언덕을 향해 길게 늘어서 있다. 자유공원이 있는 길은 응봉산 언덕으로 향한다. 백 년 전, 응봉산 언덕 주변은 공동조계지역이라 불리며 일본과 중국 국적이 아닌, 유럽과 미국 등지에서 온 서양인들이 살고 있었다. 얼굴색도 언어도 다른 사람들이 어깨를 부딪치며 거리를 오가는가 하면, 번쩍거리는 긴 몸을 자랑하는 자동차가 붕붕 소리를 내며 유쾌하게 질주하기도 했던 길이다. 낭만적인 상상

응봉산 언덕에서 인천 개항장을 내려다보던 제물포구락부. 110년이 흐르도록 그 정취를 유지하며 당시의 풍경을 증언하고 있다.

을 불러일으키는 그 길 끝에 서양식으로 지어진 오래된 건물 한 채가 인천 바다를 내려다보며 서 있다. 제물포에 입성한 외국인들이 사교 모임을 갖던 '제물포구락부'다.

개항 후 120년의 세월이 흐르는 동안, 제물포의 풍경을 장식하던 서양풍 건축물들은 대부분 파괴되고 흔적도 없이 사라졌다. 오직 응봉산 중턱에 자리 잡은 제물포구락부만이 예전과 변함없이 그 자리에서 옛 조계지역을 내려다보며 오랜 회상에 빠져들고 있다. 새로운 밀레니엄 20세기를 맞으며 희망이 불꽃처럼 타오르던 1901년에 지어진 제물포구락부는 서양 건축가 사바틴의 손으로 완성된 건물이다.

제물포구락부는 모험을 좇아 상상의 바다를 건너온 사람들이 술과 장미의 나날을 보냈던 곳이다. 무역상사를 운영하던 부자들, 지구의 곳곳을 드나들던 역관들, 이야깃거리를 찾아온 저널리스트들, 술과 음악을 좋아하는 보헤미안들이 이 클럽의 단골손님이었다. 화려한 장식 없이 단출한 외관이지만 내부에는 은밀하고 흥미진진한 기운이 감돈다.

개항지 서양인들이 여흥을 즐기던 것도 잠시, 1913년 조계가 철폐되고 외국인들이 모두 떠난 후에 일본 군인들이 이곳을 점령한 뒤에는 '정방각'精芳閣으로 이름이 바뀌었다. 광복 후에는 미군 장교들이 이곳을 접수했고, 대한부인회에 넘겨져 예식장과 다방으로 쓰이기도 했다. 인천상륙작전 이후 미군 사병의 휴식터로 사용되다가 1952년 인천시로 양도되었는데, 그로부터 1990년까지 오랜 시간 동안 제물포구락부는 인천시립박물관으로 소임을 다했다.

아담한 규모의 오래된 건물을 박물관 부지로 사용하기에는 버거운 점이 많았을 것이다. 시립박물관이 신축 건물로 이전한 후 구락부는 다행스럽게도 예전의 모습을 되찾았다. 바닥과 천장을 복원하고 바와 테이블을 놓아 당시 분위기를 엿볼 수 있게 꾸몄다. 이곳을 드나들던 사람들의 흔적은 사라졌지만 건물은 남아서 그 시절의 기억을 선명하게 펼쳐놓는다.

러시아 건축가 사바틴, 제물포에 입성하다

사바틴은 러시아의 육군공병학교에서 건축교육을 받은 후 상하이의 조계지에서 소일하던 약관의 청년이었다. 소위 '거류지 건축가' 혹은 '거류지

제물포구락부 내부에는 건축가 사바틴이 지은 건물들의 모형이 전시되어 있다.
제물포구락부(좌)와 인천 러시아 영사관(우)의 모형.

건축기술자'라 하여 아시아의 개항도시에서 서양식 건축물을 설계하는 것이 그의 직업이었다. 그가 러시아에서 상하이로 흘러든 이유는 명확하지 않다. 그 시절 모험가들이 그러했듯이 새로운 세상에서 신나게 돈이나 벌어볼 목적이 아니었을까?

상하이에서 소일하던 사바틴은, 조선의 외교고문이던 묄렌도르프의 보좌관인 하스Joseph Hass를 만나게 된다. 묄렌도르프는 중국과 러시아를 넘나들며 조선 조정에 깊숙이 관여한 인물로, 조선에 해관을 창설하여 세관 업무를 담당하는 등 당시의 거물급 정치인이었다. 그는 궁궐 안에 서양식 건물을 축조할 수 있는 기술자를 수소문하러 상하이로 보좌관을 보냈던 터였다. 조선의 한옥은 화재에 속수무책이었다. 방화와 화재로 인해 궁궐은 수시로 불탔고 임금은 여러 번 죽음의 위기에 내몰렸다. 고종은 화재에도 끄떡없는 서양식 건물을 궁궐 내에 짓고자 했다.

하스는 나이도 경력도 일천한 사바틴을 제물포로 데려왔다. 왕궁을 축조하는 거대한 프로젝트에 마음이 동한 사바틴은 가족을 데리고 야심차게 제물포에 입성한다. 하지만 왕궁을 지을 기회는 쉽게 오지 않았다. 그는 많은 시간을 신왕궁의 설계도면을 만지작거리며 보내야 했다.

그는 당시 조선에선 아직 낯선 건축자재인 벽돌을 만드는 제조공장의 설치안도 그려보았고, 화재의 위험이 없는 이엉지붕을 만드는 방법도 제안했다. 그것도 아니면 해관 소속 기술자로서 인천부두 축조공사를 거행했다. 제대로 된 항만시설이 없어 배를 타고 내리려면 뻘밭에 발을 디딜 수밖에 없었던 항구시설을 정비했지만 번듯하게 꾸며놓을 만한 예산은 없었다. 왕궁 프로젝트에 접근하기는 쉽지 않았지만 사바틴은 이 시기에 인천해관 청사와 세창양행 사옥, 인천 러시아 공사관 등 규모 있는 작업을 완성했고 독립협회의 의뢰로 독립문을 설계하는 영광도 얻었다.

마침내 경운궁 내부에 양관을 설계하라는 명을 하달받았을 때 그의 심정은 어떠했을까? 1900년 즈음에 경운궁에는 한꺼번에 다섯 채의 양관이 세워졌다. 고종이 커피를 즐겼다는 야외 티살롱 정관헌과 최초의 서양식 황실도서관으로 불리는 중명전이 그의 손에서 설계되었다. 지금은 사라지고 없는 돈덕전과 구성헌, 그리고 환벽정도 그의 손을 거쳤다. 고종의 바리스타였던 손탁Antoinette Sontag 여사가 운영한 손탁호텔과 각국의 주요 정보들이 교환되던 외국인 전용 클럽 제물포구락부에도 그의 이름을 뚜렷이 새기게 되었다.

정제계의 거물들을 두루 거치며 그들의 핵심거처를 설계했으니 이제 부와 명성을 거머쥐고 흥청망청 세월을 보낼 일만 남지 않았을까? 하지만 큰돈을 벌어보려 했던 사바틴의 꿈은 이루어지지 못했다. 왕실로부터 밀린 설계비를 제때 받지 못해 곤혹을 치른 것이 여러 차례였고, 임금체불은 심각한 수준이었다. 러시아 공사관이 중재에 나서서 겨우 받아내 그간의 빚을 갚곤 했다.

또한 사바틴은 건축가로 일하면서도 수많은 세월을 세무사청 직원, 러시아어 교사, 러시아 동청해상기선회사의 인천지점장 등 다양한 밥벌이를 전전했다. 심지어 경복궁의 시위대로 근무하기도 했는데, 명성황후가 시해되는 현장을 목격했다 하여 일본으로부터 목숨의 위협을 받은 사실도 있다.

1904년 러일전쟁에서 러시아가 패배하자 사바틴은 20여 년 전 청운의 꿈을 안고 도착했던 제물포항에서 프랑스 함대에 몸을 싣고 먼 길을 떠난다. 그가 살던 집은 1908년 경매에 붙여지고 그의 재산은 일본제18은행을 통해 나가사키에 있는 홈링거양행 본사에 근무하던 아들 표도르에게 전달된다. 러일전쟁 이후 사바틴의 행적은 희미해졌다. 블라디보스토크에 정착했다는 이야기도 들리지만 더 이상 그 어디에서도 그의 족적을 찾을 수 없다.

1901년 제물포에서 펼쳐진 화려한 시절

사바틴이 인천에 건축한 수많은 건물 중에 지금까지 원형을 보존하고 있는 것은 응봉산 언덕의 자유공원 옆에 있는 제물포구락부다. 구락부俱樂部는 클럽의 일본식 음역어이며, 이 건물은 손탁호텔과 함께 사바틴이 조선에서 설계한 마지막 작품에 속한다. 화려한 장식도 없고 건축적인 특징이 크게 두드러지지 않는데도 외국인 클럽이라는 은밀한 장소는 마치 자석처럼 시선을 끌어당긴다.

건물은 땅에 단단하게 뿌리박은 외래종 고목처럼 오래전부터 그곳이 자기 자리인 양 위풍당당하게 서 있다. 사바틴이 설계한 건물에는 1층에 연속된 아케이드가 있는 회랑이 공통적으로 존재하는데, 아쉽게도 이 건물에서는 그

장식이 단순하고 아담한 제물포구락부. 지어질 당시에는 2층 중앙부에 출입구가 있어 계단을 통해 출입했다.

특징을 찾아볼 수 없다. 지붕과 맞닿은 부분의 벽돌 장식과 창문 주위의 장식을 제외하고는 장식을 최대한 배제했다. 값비싼 장식으로 외관을 치장하기보다는 소박하고 유쾌하게 이 장소를 즐기고 싶었던 모양이다.

검은빛이 도는 청색의 양철지붕이 잘 잘라놓은 석고 같은 흰색 2층 건물에 얹혀 있다. 길과 맞닿은 파사드*에는 중앙 부분이 살짝 도드라져 있다. 전체가 편편하게 연결된 지붕도 이 중앙부만 높은 지붕을 세웠다. 어떤 특별한 방이라도 있는 것일까? 지금은 자유공원으로 올라가는 왼쪽 측면에 작은 출입구가 있지만, 건물이 처음 지어졌을 당시에는 이 중앙 부위가 건물의 현관이었다. 제물포구락부를 찾은 손님들은 2층으로 이어진 계단으로 올라와 현관을 통해 곧장 건물 안으로 입장했다.

*façade, 건축물의 주된 출입구가 있는 정면부.

현관의 내부 모습은 지금도 남아 있다. 양편으로 출입구가 있어 왼쪽 문으로는 바가 있는 넓은 홀로 곧장 연결되고 오른쪽 문으로는 오붓한 분위기의 테이블이 많은 홀로 이어진다. 홀은 속삭이기에도, 큰 소리로 노래 부르기에도 좋을 정도의 규모다. 흥겨운 음악과 왁자지껄한 술자리의 소음이 벽 틈에 고여 있던 것일까? 건물 안으로 한 걸음 디디면 귀를 간질이는 속삭임이 어디선가 흘러나온다.

내부는 1901년의 정취를 그대로 느낄 수 있도록 복원해두었다. 짙은 원목 마루널과 흑단의 바 테이블이 시선을 사로잡는다. 한때 저 매끈한 바 테이블 너머로 단정하게 차려입은 바텐더가 서 있었을 것이다. 단골손님의 취향을 그대로 읽어내며 리큐르와 위스키를 고르던 바텐더는 어떻게 되었을까? 일본 점령군이 인천을 포박할 때 도망치듯 제물포를 떠났을까? 아니면 여전히 국적이 바뀐 손님들을 위해 술과 와인을 따르며 흥청거리는 분위기를 만끽했을까?

예전 그대로의 장식품들은 아니지만 전시물 중에는 각국에서 보내온 기념품들이 있어 다양한 문화가 뒤섞인 당시 풍경을 상상해볼 수 있다. 당구대가 놓인 빌리어드 룸은 아직 복원하지 못했다. 당시에는 뒤뜰에 테니스 코트가 있어 흰색 유니폼을 입은 남녀가 시원스럽게 공을 날리는 장면도 지켜볼 수 있었을 것이다.

홀 안쪽에서는 제물포구락부를 스쳐간 사람들

긴 바가 중심에 놓여 있어 시선을 사로잡는다.
세계 각국의 기념품들이 목재 전시대 안에
진열되어 있다.

에 대한 영상물이 흘러나온다. 그들 중에 귀에 익은 이름들이 있다. 인천에서 가장 큰 무역상사였던 세창양행의 독일인 사장 마이어, 미국공관에서 일하며 제물포에 별장을 두었던 미국인 선교사 알렌, 청국인 역관 오례당嗚禮堂과 그가 스페인에서 만난 아내 아말리아Amalia Amador C. Woo의 이야기가 제물포구락부의 정적을 깨트린다. 개성도 다르고 사는 방식도 다른 각국의 외국인들이 이곳을 찾아 깊은 밤까지 술과 노래를 즐기고 은밀한 대화를 나누었다.

황금의 신천지라 불린 제물포에서 엄청난 부를 축적하던 외국인 무역상들과 조선의 내정을 주무르던 정치인들도 긴장된 어깨를 둥글게 말고 느긋하게 숨 쉴 수 있는 곳이 필요했을 것이다. 타향살이에 지친 사람들에게 달콤한 처방이 필요할 때, 제물포구락부는 술과 장미의 나날을 경험하게 해주었다. 어쩌면 그들에게 진정 필요한 것은 따뜻한 위로의 말이었을지도 모른다. 제물포구락부가 문을 열던 날, 영국 영사 허버트 고프가 그토록 사바틴을 치하한 것도 마음 한쪽을 내려놓을 장소를 선사해준 건축가에게 경의를 표한 것이리라.

제물포구락부는 고향에 대한 그리움, 사람에 대한 사무친 마음이 과장된 웃음과 야단스런 술주정으로 해소되는 곳이었다. 프랑스어, 영어, 독일어, 러시아어, 중국어, 일본어, 스페인어 등 제각기 다른 말들이 바닥과 벽과 천장과 유리창에 부딪혀 한바탕 웃음으로 사라진다.

20년의 세월을 이 땅에서 보낸 사바틴도 구석의 안락의자에 앉아 여송연의 향기를 음미하고 있었을 것이다. 그는 짐짓 느끼고 있었을지도 모르겠다. '떠날 날이 멀지 않았군'이라고. 아름다운 시절은 사라지고 있노라고. 제물포구락부의 불빛은 새벽이 되도록 꺼지지 않았다.

인천 은행

일번가

일본제1은행 • 일본제18은행 • 일본제58은행

인사동을 지나는 길에 눈에 띄는 골동품 가게가 하나 있다. 커다란 도자기나 반닫이 가구 같은 번듯한 물건들은 하나도 없고, 집 안을 채우던 놋수저며 나침반 같은 자잘한 것들만 가득하다. 가게 앞 좌판에서 먼지를 뒤집어쓰고 있는 낡은 우편엽서들이 내 발걸음을 이끌었다. 일제강점기에 만들어진 관광엽서들을 복제한 것들인데 한 장에 몇 천 원이면 구입할 수 있다.

기념으로 몇 장 사볼까 싶어 엽서를 뒤적이는데, 주인 할아버지가 말을 건넨다. 옛날 건물과 풍경이 궁금해서 살펴보는 중이라고 하니 가게 안으로 들어오라며 손짓을 했다. 따로 보관중인 원본 엽서 앨범을 꺼내 내 눈앞에 내밀었다. 두근거리는 마음으로 앨범을 펼쳐보았다. 역시 옛 종이의 느낌은 남다르

'인천 명소, 서공원 절정의 경치'라는 글귀가 씌어 있는 관광엽서. 인물 뒤로 멀리 보이는 건물이 존스턴 별장이다.

다. 보통 한 장에 사오만 원, 귀한 것은 수십만 원에 이른다.

"엽서는 돈이 안 돼. 엽서에 투자한 돈으로 지폐를 샀다면 돈 많이 벌었을 텐데. 그런데 어쩌겠어. 엽서를 좋아해서 한참을 모았지."

엽서 한 장 한 장에 담긴 사진이 흥미롭다. 유명한 건물도 있고 자태가 고운 기생도 있고 혼례식 같은 풍속도 담겨 있다. 서울의 옛 거리와 건물, 지금은 사라진 부산의 일본식 관청이 엽서 속에 생생하다. 희귀한 원본 엽서를 수집하려는 것이 아니라면 옛 풍경을 감상하고 자료로 활용하기에는 복제 엽서로도 충분하다. 엽서에 담긴 사진이 뜻하는 바는 변함이 없기 때문이다.

한 장의 사진엽서에서 시선이 멈췄다. 흑백사진 속에는 게다를 신고 두툼한 모피 코트를 입은 일본 여인과 앞머리를 가지런히 자른 어린아이가 비스듬히 기울어진 햇살 아래 서 있다. 아장아장 걸어 다닐 법한 아이는 네댓 살쯤 되었을까? 엄마와 아이는 산책을 나온 길이다. 앙상한 가지를 드러낸 나무들이 이미 차가운 계절이 되었음을 알려준다.

겨울 댓바람에 지쳐버렸는지 산책 나온 여인의 얼굴은 그리 환하지 않다. 여인과 아이가 서 있는 얕은 경사로가 보이는 너른 마당 옆으로 석재 아케이드가 연결되어 있다. 먼 배경에는 4층쯤 되어 보이는 건물이 하나 서 있다. 창도 많고 뾰족한 지붕도 있는 거대한 저택이다. 이 정도 규모의 저택을 소유한 자라면 무척 부유한 사람이었을 것이다.

이 저택은 '존스턴 별장'으로 불리던 건물이다. 상해조선소의 사장인 제임스 존스턴이 러일전쟁 전후에 30만 달러를 들여 인천에 지은 여름별장이다. 건물 탑 부분에 깃발을 든 기사 조각상이 있고 유리로 만들어진 테라스가 있는 유럽식 저택인데, 인천에서 가장 높은 곳에 지어져 전망도 좋고 인천 어디에서나 이 건물을 볼 수 있어 말 그대로 인천을 상징하는 건물이었다.

존스턴이 사망한 후 세창양행 집안이 소유하던 이 별장은 독일이 제1차 세계대전에서 패망하자 헐값으로 일본인에게 넘겨졌고 '인천각'이라는 이름의 여관 겸 고급 요정으로 사용되었다. 오죽 규모가 크고 위치가 좋았으면 한국전쟁 중 인천상륙작전을 펼칠 때 상륙지점이 되었을까. 인천각이 너덜너덜해지도록 포탄을 퍼붓고 응봉산의 조용한 공원을 초토화한 후 유엔군은 유유히 인천에 입성했다. 사진 속에서 멀쩡히 살아 있는 건물을 보니 곧이어 닥칠 비극적인 상황이 떠올라 약간의 서글픔이 느껴진다.

그렇다면 여인이 서 있는 곳은 각국공원이다. 서울의 탑골공원보다 먼저 조성된 우리나라 최초의 서양식 공원인데 이곳의 명칭은 시절이 바뀌면서 서공원, 만국공원, 자유공원으로 변화했다. 왼쪽 옆에 있던 석재 아케이드는 사바틴이 지은 세창양행 숙사의 일부이다. 아케이드에 담쟁이넝쿨이 무성하게 자란 자료사진을 본 적이 있는데 이 엽서사진은 분명 그보다 전에 찍은 것이다.

사진 위쪽에 씌어진 '仁川名所　西公園絶頂の景'(인천 명소, 서공원 절정의 경치)라는 문장에 또 하나의 단서가 숨어 있다. 각국공원이 서공원으로 불린 때는

1914년 이후의 일이니, 여인의 가족은 한일병합 이후 식민지 땅에 도착한 일본인들이었을 것이다. 나는 몇 장의 엽서를 골라 얼른 값을 치르고 걸음을 돌려 인천으로 향했다.

낯선 여인이 있는 한 장의 사진

여인의 이름은 무엇일까? 유미코나 하루코, 아니면 조선의 황태자와 결혼한 황족 여인처럼 마사코 같은 이름이었을까? 어쩌면 잘 여민 두툼한 코트 안쪽으로 배가 부풀어 오른 것 같기도 하다. 물설고 말 설은 낯선 땅에서 가진 두 번째 아이. 여인은 심란한 눈빛으로 첫 아이의 손을 꼭 부여잡고 사진기를 든 남편의 얼굴을 바라보고 있다.

여인의 마음은 늘 고국으로 줄달음치는데 남편의 생각은 달랐다. 그는 온천이 솟아나듯 땅에서 돈이 불어나는 인천의 화려한 삶에 푹 빠져 있었다. 일확천금의 신천지. 인천은 상하이와 나가사키에서 한탕을 꿈꾸고 찾아온 사람들이 마지막 배팅을 외치던 장소였다. 여인의 남편은 마코토나 히로시 같은 이름으로 불렸을까? 그는 이 땅에서 큰돈을 벌어 풍요롭게 살고 있었다. 자신의 능력과 신분으로 일본에서는 불가능한 일이었다. 그때, 인천은 무엇이든 가능했다.

일본인들은 인천 앞바다를 매립하여 땅을 매매하고, 상하이와 나가사키 사이에서 생필품을 수출입하고, 빈 땅을 개발하고, 조선의 수산자원과 광물자원, 사금을 매매해 큰 이득을 얻었다. 그리고 대부업과 금융업을 교묘히 활용하여 벌어놓은 재산을 차곡차곡 더 크게 불렸다.

개화기 이후 인천은 재빠른 속셈으로 상륙한 각국의 상인들에게 속수무책이었다. 거대한 저택과 양관은 조선인의 것이 아니었다. 제대로 돈맛을 본 그는 아내에게 모피 코트와 보석을 선물하며 부를 과시했다. 그들은 최고급 다다미가 깔린 2층짜리 일본식 전통 목조주택에서 살았으며 먹고 마시고 쓰는 모든 물건들은 일본에서 수입한 비싼 것들이었다.

일본인들은 자신들이 모여 살던 거류지 중심을 본정통*이라 불렀고 곳곳에 그 흔적을 남겼다. 인천항 조계지는 청국과 일본국이 조계협정을 맺은 조계다리를 경계로 서로 완전히 다른 풍경으로 존재했다. 청국 조계지는 소청국이었고 일본 조계지역은 소일본이었다. 응봉산 각국공원 주변으로는 그 외 서양의 여러 나라들이 자신들만의 거류지를 형성하며 살고 있었다. 각기 다른 나라의 풍습이 그대로 유지되던 조계지역은 한일병합 이후 일본의 막강한 힘에 의해 점차 사라지고 모든 것이 일본식 풍습으로 대체된다.

인천의 황금어장, 본정통 은행가

일본인 조계지가 있던 옛 본정통 중앙로에는 그들이 벌어들인 여유자금을 차곡차곡 쟁여놓던 일본 은행들이 그 모습 그대로 남아 있다. 옛 은행 건물에서 견고한 위엄이 느껴진다. 일본제1은행, 제18은행, 제58은행의 세 개 은행을 차례대로 지나가면서 당시의 분위기가 어땠을지 상상해본다.

은행 앞에 붙은 뜬금없는 숫자들도 나름의 이유가 있다. 일본은 1872년에 실시된 국립은행조례에 의해 인가된 허가번호를 은행 이름 대신에 사용했다. 1번부터 153번까지 있었고 이들 은행은 서로 인수와 합병을 거듭해 새로운 이름을 부여받곤 했다. 제18은행은 나가사키에 본점을 두었고, 제58은행은 오

* **本町通**, 도시의 중심가를 가리킨다. 일제강점기에 일본은 정町, 동洞, 통通 등으로 구분해 구역 명칭을 정했는데, 구역이 클 때는 다시 '정목'丁目을 붙여, 예컨대 1정목, 2정목 등으로 지번을 삼았다.

옛 조계지의 풍경이 지금도 완연한 인천 거리. 중국풍, 일본풍, 서양풍의 건물들이 길을 사이에 두고 마주보고 있다.

사카에 근거지를 두었다.

상업과 무역의 산물인 이들 은행은 해운과 무역이 발달함에 따라 자연스럽게 함대와 상선을 타고 제물포에 상륙했고, 이들의 금고와 창고 속에는 번쩍이는 금괴와 미곡, 천연직물 등 값나가는 물건들이 쌓여갔다. 열 곳이 넘는 은행과 열세 곳이 넘는 보험사가 각축을 벌이며 기회의 땅 인천을 마음껏 독식했다.

천일은행만이 유일하게 조선인이 출자한 은행이었을 뿐, 그 외에는 일본에서 조직적으로 건너온 금융사들이었다. 요즘도 문턱 높기로 은행만 한 데가

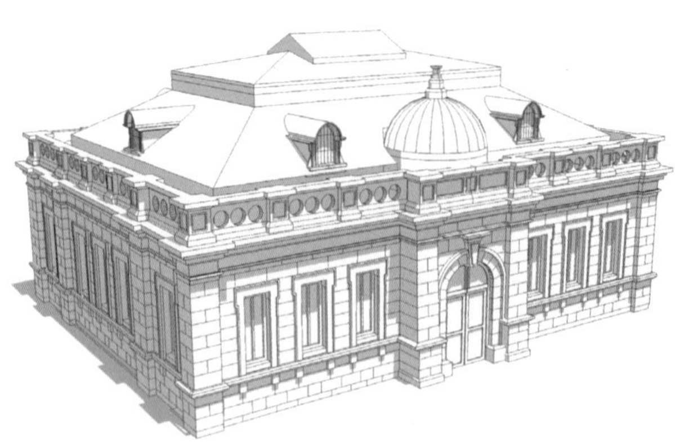

일본제1은행은 1899년에 인천 본정통에 자리 잡았다. 조선은행으로 사용된 흔적이 뚜렷이 남아 있다.

없고 알다가도 모를 금융상품들이 쏟아지는데 금융 활동이 드물던 시절에는 낯설고 당황스런 장소였을 것이다. 화폐가 수시로 바뀌고 새로운 금융 시스템이 하루가 멀다 하고 시작되었으니 제도가 혼란한 틈을 타서 금융 사기가 기승을 부렸다.

일본제1은행은 근대금융의 시작을 알리며 1873년 부산에 처음 상륙했다. 인천이 개항하자마자 지점을 설치하여 영업에 들어갔고 1899년 본정통 2정목에 신사옥을 지으며 황금어장을 개척하기 시작했다. 화강석 석조건물에 검푸른 돔까지 얹은 고압적인 형태에 층고는 또 어찌나 높은지 찔러도 피 한 방울 나오지 않을 고리대금업자의 저택처럼 느껴진다. 당시 일본에서 활발하게 건축 활동을 하던 니이노미 다카마사新家孝正가 건물의 설계를 맡고 모래, 자갈, 석회를 제외한 모든 건축 재료들, 즉 벽돌, 석재, 시멘트, 목재 등을 전부 일본에서 수입해서 지었다.

건물 출입구 상단에는 조선은행이라고 뚜렷하게 새겨져 있는데, 일본제1은행이 식민지 시대 중앙은행인 조선은행으로 승격되면서 얻게 된 이름이다. 광복 후에는 한국은행으로 자연스럽게 역할이 이어졌지만 30년간 새겨진 조선은행의 자취를 완전히 지울 수는 없었던 모양이다.

중앙은행이었던 이 건물은 세월이 흐르면서 조달청으로, 1996년까지는 법원과 등기소로 사용되었다. 그사이 보일러실이 생겼다 뜯겨져 나갔고 사무실이 만들어졌다가 사라졌다. 페인트로 덧칠이 되었다 벗겨지고 지붕에 얹은 기와는 함석으로 바뀌었다. 창문이 막혔다 다시 열리고 천장이 내려앉았다. 바닥에는 깊게 균열이 생겨나고 눈에 잘 띄지 않는 구석에는 습기와 녹이 벽화처럼 퍼져나갔다. 빠른 재생 버튼을 누른 듯, 눈앞에서 백여 년의 역사가 숨 가

장식적인 아름다움이 돋보이는 일본제58은행. 출입구 위의 테라스가 독특하다.

쁘게 지나간다. 건물은 남아서 그 시간에 일어난 일들을 환영처럼 보여준다.

제18은행과 제58은행은 작은 공터를 사이에 두고 나란히 서 있다. 2층의 발코니가 드러난 당당한 석조건물인 제58은행은 석재 장식의 화려한 면모가 돋보인다. 출입구를 둥글게 에워싼 아치 부분과 창문 주변의 석재 장식에 특별한 정성을 기울였다. 기둥이 지붕을 받치고 있는 발코니가 눈에 띄는데, 건물이 지어질 당시에는 기둥이 양쪽에 각각 두 개씩 있었다고 한다. 제58은행은 1892년부터 이 자리에서 영업을 시작했다.

제18은행은 가로로 쌓은 화강석과 흰색의 시멘트 패널이 가로줄 느낌을 강하게 주는 아담한 건물이다. 사각뿔 모양의 지붕이 가볍게 얹히고 큰 장식 없이 단출한데도 기묘하게 당당하다. 제18은행은 직물의 중개무역과 관련한 금융 업무를 위해 1890년 인천에 상륙했다.

만약 사진 속의 여인이 오사카에서 왔다면 제58은행을 주로 이용했을 것이고, 나가사키 출신이라면 제18은행을 주거래 은행으로 이용했을 것이다. 어느 쪽이건 순수 금융회사라기보다는 대부업을 겸한 은행들이었다. 세상 물정에 어두운 사람들은 약삭빠른 은행의 술수를 이길 수가 없었다. 당연히 은행은 큰돈을 챙길 수 있었다.

인천 개항장 풍경에 젖어들다

나는 제18은행의 문을 열고 들어가보았다. 다른 두 은행 건물은 일반인에게 공개되지 않지만, 제18은행은 '인천근대건축역사관'으로 단장하여 인천의 옛 모습을 감상할 수 있는 장소가 되었다. 모형으로 만든 인천지형도 위

일본제18은행은 인천 개항장 풍경을 보여주는 '인천근대건축역사관'으로 개장되어 일반인에게 공개되고 있다.

에는 조그마한 건물 모형들이 해당 위치에 자리 잡고 있다.

엽서 속의 건물 존스턴 별장은 과연 인천 어디에서나 보일 만한 언덕에 위치하고 있고, 멀지 않은 곳에 세창양행 숙사가 있다. 지금도 그 모습을 여전히 간직하고 있는 제물포구락부와 답동성당, 인천우체국이 당당히 서 있고 영국대사관, 알렌 별장, 인천해관처럼 사라진 건물들도 모형으로 복원되어 있다. 개항지 인천의 옛 풍경을 미니어처로 감상하면서 제1은행에서 느낀 비장한 감정이 조금 의연해진다.

전시물들 사이로 제18은행 건물의 옛 흔적이 조금씩 엿보인다. 천장에는 목조로 된 지붕의 뼈대가 고스란히 드러나 있다. 바닥과 벽도 새로운 재료를 발라 막지 않고 건물의 원래 재료를 그대로 남긴 채 유리 패널로 또 다른 벽과 바닥을 만들어 전시물을 표현했다. 2층 사무실로 올라가는 계단도 그대로 남아 있다. 가장 구석에 있는 엽서전시관으로 걸음을 옮겼다. 엽서를 복제한 자료들로 인천 개항장 풍경을 추억하고 있다. 왼쪽 창에서 은은하게 새어드는 빛이 아늑하다.

존스턴 별장이 사라진 자리에는 한미수교 백주년 기념탑이 세워졌고, 세창양행 숙사가 있던 자리에는 맥아더 기념탑이 있다. 몇 해 전에는 냉전주의를 상징하는 두 조형물을 없애고 존스턴 별장과 세창양행 숙사를 복원하여 인천의 새로운 상징으로 만들자는 여론이 일어 찬반양론이 뜨거웠었다.

나는 다시금 여인의 모습이 담긴 엽서를 들여다보았다. 이 사진을 찍은 사람은 무엇을 보고자 했던 것일까? 중국과 인천을 오가며 화려한 생활을 영위했던 존스턴의 별장일까, 조선에서 이권을 챙기며 승승장구했던 세창양행일까? 아니면 이 모든 것을 장악한 일본일까? 인천 개항장의 제국주의자들이 한 장의 사진에 담겼다.

자유공원에서 내려다본 인천의 풍경은 침착하고 고요하다. 한때 인천에서 가장 번잡하고 화려했던 이 지역은 이제 송도 국제도시에 그 역할을 양도한 채 세월의 숲에 묻혀 있다. 바다를 메워 땅을 만들고 그 위에 건설한 송도 국제업무지구는 외국인 투자가를 불러 모으는 신조계지이며 돈과 꿈을 품게 하는 신천지다.

다른 문명의 사람들을 필연적으로 받아들이는 것, 그것은 해안의 끝에 위치한 도시들의 운명일까? 지금도 바다를 매립한 땅으로 이주해온 타국의 여인이 바다를 바라보며 망향의 그리움을 달래고 있을지 모른다. 세상의 모든 일은 이렇게 반복되는 것인가?

개항기 인천을 장식했던 수많은 건축물들을 모형과 엽서로 살펴볼 수 있다.

백년 동안의 고독

벨기에 영사관

목요일 오후 3시 30분, 애매한 시간이다. 사당역에 가게 되는 시간은 늘 이렇다. 무언가 다른 일을 하다가 대충 시간이 남으면 "아, 거기 한번 가볼까?" 하는 생각이 든다. 아침부터 분주히 찾아갈 일도 없고 그렇다고 저녁 늦은 시간까지 머물러 있기도 내키지 않는다. 외곽으로 빠지는 십차선 도로와 길게 휘어지는 고가도로가 땅에서 솟아오른 고목의 뿌리인 양 박혀 있는 사당역 교차로에 서면 무미건조한 도시의 풍경에 맥이 풀린다.

눈길을 끌 만한 근사한 상점가도, 걸음을 붙잡는 살뜰한 풍경도 없다. 은행 간판이 내걸린 4층짜리 평범한 사무용 건물과 프랜차이즈 레스토랑 사이에 있는 아름다운 석조건물 하나가 아니었다면 지하철을 나와 사당역 바깥 풍경을 바라볼 기회란 영원히 없었을지도 모른다. 도로의 소음을 모른 척하고 길

1905년에 완공된 벨기에 영사관. 2층에 자리 잡은 테라스식 회랑인 로지아는 르네상스 스타일의 건축물에 자주 나타나는 형태다.

을 따라 걸어 올라간다. 이윽고 단단한 석재로 기틀을 잡고 붉은 벽돌과 고풍스런 석조 장식을 결합한 고전 양식의 건물이 눈앞에 나타난다.

약간 빛바랜 장밋빛이 감도는 이 건물은 1905년 우리나라에 최초로 세워진 정식 벨기에 영사관이다. 건물이 마치 품위 있는 귀족 여인 같다. 이 건물을 볼 때마다 그런 생각이 든다. 왜 벨기에 영사관은 이곳에 있는 걸까? 다른 곳에 있었다면 좀 더 많은 사람들이 들고나는 근사한 장소가 되었을 텐데. 호젓한 정동길 어느 모퉁이쯤에 있어도 좋았을 테고, 안국동 안쪽이라면 고즈넉이 숨어 있어도 찾아내는 사람들이 많았을 텐데.

장밋빛 벽돌을 쓴 건 아니지만 붉은 벽돌을 종횡으로 쌓고 밝은 회색빛 석재로 가로줄을 넣어 장밋빛처럼 보인다. 건물 정면의 몸체 양쪽에는 테라스

형식의 회랑이 덧붙어 있다. 한쪽 벽이 뚫린 테라스를 로지아loggia라고 부르는데 르네상스 시기의 이탈리아 건물에서 흔히 볼 수 있는 형태다.

로지아가 장밋빛 건물에 낭만적인 분위기를 더한다. 길게 늘어지는 펜던트형 조명등이 달려 있어 밤에 불을 켜면 더 운치가 있을 것 같다. 진한 에스프레소와 벨기에 초콜릿을 맛볼 수 있는 테라스 카페가 있으면 딱 좋을 자리인데, 로지아로 나가는 문은 굳게 닫혀 있다.

이 건물은 처음 사용한 사람들이 불렀던 대로 '구舊 벨기에 영사관'이라 표기되고 있지만, 현재의 서울 시민에게는 '서울시립미술관 남서울분관'으로 더 잘 알려져 있다. 현재 벨기에 공관은 한남동에 새로이 터를 잡았고 안타깝게도 그들이 최초로 이 땅에 세운 건물은 더 이상 그들의 소유가 아니다. 기억이 사라지면 존재도 사라진다고 하지만, 다행히 건물은 사라지지 않았다. 그리고 그 이름을 지금까지 유지하면서 그 시절을 일깨우고 있다.

백국인 조선 상륙기

광무 4년(1900년) 11월 16일 고종실록이 전하기를,

이번에 벨기에와 통상조약을 의논하기 위하여 특별히 외부대신 박제순을 선발해서 전권대신으로 임명하여 벨기에 군주가 파견한 전권대신과 회동하여 마음을 다해서 의논하여 타협을 이룩함으로써 되도록 두 나라로 하여금 우호를 두텁게 하려고 한다. 이에 특지를 내리고 친필로 서압하며 국새를 찍음으로써 믿음을 보이고자 한다. 황제의 명령은 이러하다.

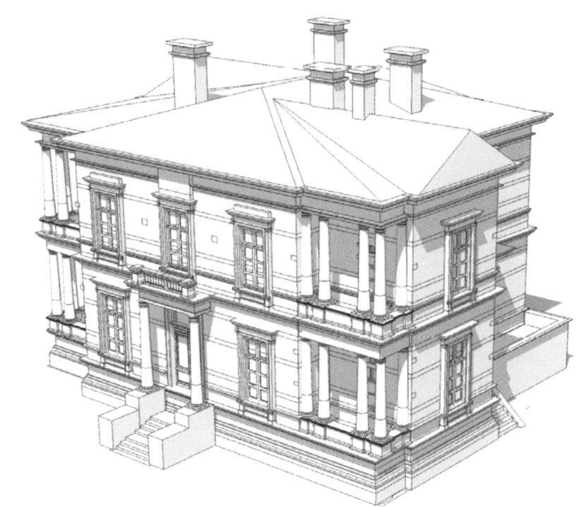

붉은 벽돌과 회색 석재가 뒤섞여 우아하고 부드러운 분위기를 풍긴다. 서울시립미술관 남서울분관으로 사용되고 있다.

이로써 벨기에는 대한제국의 열 번째 수교국이 되었다. 이듬해 3월 23일 상세 조항에 합의한 두 나라는 특명의약전권대신인 레옹 뱅카르Leon Vincart를 총영사로 임명하여 벨기에의 외교활동이 공식적으로 시작됨을 선포했다. 벨기에를 백이의白耳義 혹은 비리시국比利時國이라는 이름으로 불렀기에 이 조약을 조백수호조약 혹은 조비수호조약이라 칭한다.

레옹 뱅카르가 황성(서울)에 첫발을 디뎠을 때 그를 환영하는 그럴싸한 공관 건물은 없었다. 고종이 정궁으로 삼은 경운궁(현 덕수궁) 주변에는 미국, 영국, 프랑스, 러시아의 공사관들이 자리 잡고 있었다. 정동은 임금과 가장 가까운 곳에서 정치적인 외교를 펼칠 수 있는 지리적 이점이 있었고 수많은 외교관들이 거주하는 치외법권지역이기도 했다. 일본영사관은 운현궁, 창덕궁과 가까운 교동에 있었는데 일본 공사들은 고종이 경운궁을 정궁으로 삼은 것이 내내 못마땅했다.

정동에는 초대 미국 공사인 루시우스 푸트Lucius H. Foote 등 외교관의 사택과 더불어 알렌, 언더우드, 스크랜튼, 아펜젤러 등 선교사들의 저택과 이화학당, 배제학당 등 그들이 운영하던 학교가 구석구석에 자리 잡고 있었다. 경운궁 돌담 안쪽에도 서양식 건축물들이 지어지고 있었으며, 정동 안쪽에는 고종에게 매일 가배차(커피)를 손수 만들어 올린 손탁 여사가 운영한 손탁호텔도 있었다.

이곳은 서양의 거리와 다를 바가 없었다. 당장 공관 건물을 짓기 어려웠던 벨기에 외교사절은 정동 안쪽에 있는 건물에 첫 둥지를 마련했다. 그들은 손탁호텔에서 훌륭한 서양식 식사를 즐겼고 정동의 외국인들과 프랑스어로 대화를 나누며 서울 생활에 쉽게 적응할 수 있었다.

본격적인 공관 건물은 정동과는 떨어진 남산 방면 회현동에 계획되었다. 이미 포화상태에 이른 정동에 터를 구하기도 어려웠을 뿐만 아니라 경운궁 중건 계획으로 정동의 땅을 대한제국 정부가 다시 사들이는 바람에 기존 공관들의 자리보전도 어려워졌기 때문이다. 몇 해 못 가서 소박한 저택을 연상시키던 독일영사관은 정동 바깥 회동(남창동)으로 자리를 옮겼고 정동에서 가장 아름다운 건물이라 손꼽히던 프랑스 공관도 건물을 포기하고 서대문 밖 합동으로 이전했다.

레옹 뱅카르는 벨기에 왕국의 번영과 권세를 보여줄 대규모의 공관을 꿈꾸고 있었다. 그는 일본인 건축가 고다마小玉와 함께 다른 나라의 공관과는 비교할 수 없을 정도로 크고 웅장한 건물의 설계도면을 그려냈다. 1903년 일본 호쿠리쿠北陸 토목회사가 공사를 시작했지만 러일전쟁이 발발하면서 공사는 차질을 빚게 되고 3년 만인 1905년에 겨우 완공을 보게 되었다.

그런데 본격적인 외교 업무가 시작되려던 찰나 을사조약이 체결되어 공관 업무가 중단되는 사태를 맞이하고 만다. 을사조약으로 대한제국의 외교권이 일본으로 넘어가게 되면서 대한제국은 수교국들과 자동적으로 단교하게 된 것이다. 외국 공관들의 업무는 공사관 급에서 영사관 급으로 지위가 격하되었고 1910년 한일병합이 이루어지자 공관 정리 업무 외에는 더 이상 이 땅에서 할 일이 없어졌다.

또한 제1차 세계대전이 발발하면서 영세중립국이던 벨기에가 프랑스와 독일 사이에서 유린되는 상황에 처하게 된다. 벨기에는 오랫동안 강대국의 식민지였다가 19세기 중엽 독립한 후 레오폴드 1세와 2세의 치세 동안 콩고를 식민지로 삼아 거대한 부를 축적한 신흥강국이었다. 하지만 그것도 잠시, 20세기를 뒤흔들었던 두 번의 세계대전은 작은 영세중립국을 그냥 지나치지 않았

벽난로는 원형을 재현했지만 굴뚝과 연결되지 않아 실제로 사용하기는 불가능하다.

다. 험준한 산이 없어 작은 평원 같던 벨기에를 강대국의 군대가 번갈아 짓밟았다. 벨기에는 영사관 건물을 요코하마 생명보험사에 4만 원에 팔아 자금을 마련한 뒤 충무로로 자리를 옮긴다. 그리고 얼마 되지 않아 전쟁의 후유증을 앓고 있는 고국으로 되돌아갔다.

영사관이 한강 너머로 옮겨간 사연

벨기에 영사관은 1930년부터는 일본 해군성 무관들의 관저로 사용되었고 광복 후에는 우리 해군 헌병대가 머물렀다. 1968년에 상업은행의 소유가 된 이 아름다운 건물은 고작 창고시설로 전락하게 되었다. 택지개발이 한

창이던 1980년에 지가가 높은 회현동 자리에 사무용 고층건물을 짓기로 결정한 은행 측은 문화재관리국(문화재청의 전신)과 협의를 시도한다. 1977년에 사적史蹟으로 지정된 장밋빛 건물을 처리할 방법을 찾아내기 위해서였다.

문화재로 지정되지 않았다면 이 건물 또한 개발논리에 떠밀려 흔적도 없이 사라졌을지 모른다. 이들은 협의 끝에 다른 곳으로 건물을 이전 복원할 것을 결정했다. '이전 복원'이란 건물을 석재 하나, 벽돌 한 장 모두 분해하고 해체하여 지정된 곳에 다시 하나하나 재조립하는 것이다. 그리하여 선택된 장소가 당시에는 허허벌판이었던 남현동이었다. 건물이 위치한 장소의 역사적 성격도, 건물의 의미도 무시된 채 자신의 삶과 전혀 상관없는 곳으로 내쳐지는 것이 이 건물의 운명이었다.

1980년 3월 21일, 육중한 건물이 하나하나 해체되기 시작한다. 천장을 덮고 있는 지붕판이 조각에 따라 하나씩 떼어지고 지붕을 지탱하는 목재도 하나씩 분리되었다. 건물 표면을 이루던 벽돌도 숫자를 매겨가며 떼어졌고 건물벽을 이루는 창틀과 석재 장식들도 모두 벗겨졌다. 파손된 벽돌은 교체하기로 했다. 기둥들은 맞물리는 부분에 기호를 붙여가며 서로 섞이지 않도록 정리되었다. 내부의 계단과 바닥재로 사용한 마루널도 조심스럽게 해체되었다. 이렇게 분리된 자재들은 트럭에 실려 한강을 건너 남현동으로 옮겨진 후 현장에서 재조립되었다.

벨기에 영사관은 국내 최초로 문화재를 이전 복원한 사례라고 기록되어 있다. 당시는 문화재 보수 관련 전문가들이 부족했기에 이전 복원은 새로 짓

중앙 복도를 중심으로 양쪽에 방이 배치되어 있다.

는 것만큼이나 어려운 일이었다. 실내 부조 장식과 몰딩 부분의 파손된 자재를 해결해줄 미장공도 없는 상황이었다. 발코니의 타일은 최대한 복원했으나 부족한 부분을 대체할 모조품을 만드는 기술이 부족하여 일반 타일을 섞어 쓴 부분도 있다.

벽난로는 파손된 조각을 기초로 원형을 재현했지만 굴뚝과 연결되지 않아 실제로 사용하기는 어렵게 되었다. 이전 복원 작업은 아쉬운 부분도 많았지만 성공적으로 이루어졌다. 이제 벨기에 영사관은 새로운 장소에서 새로운 이름으로 더 많은 사람들과 만나게 되었다.

장미 향기가 흐르는 영사관의 추억

건물에서 가장 눈에 띄는 것은 거대한 기둥이다. 1층과 2층의 주두柱頭 장식이 서로 다른 것이 독특하다. 1층은 원판을 겹친 주두를 가진 토스카나식 기둥이고, 2층은 물결무늬의 주두가 있는 이오니아식 기둥이다. 두 개의 토스카나식 기둥으로 점잖게 장식한 현관 앞에는 열 개 남짓한 계단이 있다. 이 계단 덕분에 급히 건물 속으로 들어가지 않고 조금 마음의 준비를 할 수 있다.

검은 나무문은 군데군데 상한 흔적은 있지만 백 년의 시간이 무색할 만큼 여전히 위풍당당하다. 유리를 통해 실내의 샹들리에 불빛이 흘러나온다. 묵직한 나무문을 힘껏 밀어 건물 안으로 발을 디딘다.

등 뒤로 문이 닫히면 사당교차로에 몰린 자동차들이 목청껏 울어대던 소음이 일순간에 검은 나무 바닥 사이로 사라진다. 먼지와 불순물이 가득한 외부의 빛도 유리를 통과하면서 투명하게 걸러져 온통 하얀 벽과 천장에 반사된

천장의 몰딩 장식과 샹들리에가 단아한 아름다움을 더한다. 검은 계단 끝에 마주친 순백의 공간이 더없이 우아하다.

다. 서늘하고 고요한 정적. 백 년 동안 이 건물 속에는 달콤한 온기보다는 서늘한 적요가 감돌았던 것일까?

중앙에 복도와 2층으로 올라가는 계단이 있고 양측은 모두 다섯 개의 홀로 구성되어 있다. 층고가 보통 저택들보다 훨씬 높고, 홀의 규모도 큰 것부터 작은 것까지 다양하다. 크기가 큰 작품들도, 작고 아기자기한 작품들도 모두 수용할 수 있어 전시공간으로 사용하기에 좋겠다.

2층에는 더 큰 규모의 홀이 있다. 이 정도 규모의 공간이라면 옛날에는 어떤 용도로 사용했을까? 각국 공관의 공사들과 그의 부인들이 모여 연회라도 즐겼던 것일까? 슬그머니 빠져나간 남녀가 로지아에 숨어드는 일도 있었을까?

그러나 지금은 삐걱거림 외에는 바람소리조차 들리지 않는 고요한 공간이다. 전시실로 사용하기 위해 햇살이 들어오는 창문을 막고 문도 잠갔다. 눈을 감고 숨을 죽인 공간에서 응축된 침묵이 느껴진다. 벽과 바닥과 천장이 소리를, 시간을, 시선을 블랙홀처럼 빨아들인다. 이곳에서는 공기의 흐름도 멈추고 시간도 더디 간다. 여기에 전시되는 작품들은 언제나 수준 높은 것들이지만 공간의 짓누르는 힘을 이길 수 없다. 세월을 먹은 건물이 풍기는 압도적인 공간감과 분위기 속에서 작품은 늘 빛을 잃는다.

건물 밖으로 나와서 다시 한 번 뒤돌아보았다. 사철 짙푸른 키 큰 나무들로 둘러싸여 무척이나 평화롭게 보인다. 건물 주변에 장미나무를 심으면 장밋빛 벽돌과 잘 어울리겠다. 붉게 꽃을 피운 장미의 농염한 향이 건물을 가득 채워 싸늘한 침묵도 녹여버리도록 말이다.

백 년 전 벨기에 외교사절이 영사관에 머무는 동안 공관 정원에는 3백여 그루의 장미나무가 가득 심어져 있었다고 한다. 공관 건물이 요코하마 보험회사에 매각된 후 아름다운 장미나무들은 조선호텔 후원에 옮겨 심어졌다. 로즈가든 혹은 월계화원으로 불리던 이곳은 경성 귀족들의 아름다운 안식처가 되었다.

장미꽃이 만발하는 여름밤이면 로즈가든이 활짝 열렸다. 오케스트라의 연주를 들으며 신사들은 맥주를, 숙녀들은 아이스크림과 레모네이드를 테이블에 올려놓고 분위기를 잡았다. 장미향이 가미된 과자와 케이크도 먹을 수 있고 풍요로운 꽃향기 같은 '가피'(커피)와 '홍다'(홍차)도 마실 수 있었던 로즈가든은 연애에 목마른 경성의 청춘들을 밤과 꽃의 향기로 홀려 서로에게 자석처럼 끌리도록 마법을 부렸을 것이다. 떠나간 사람들의 흔적은 이렇듯 곳곳에 뿌려지고 스며들어 새로운 추억을 남겨주었다.

조선은 영세중립국 벨기에를 닮고 싶어 적극적으로 수교를 맺었으나, 역사의 소용돌이는 이 두 나라를 가만두지 않았다. 한쪽은 유럽의 끝에서, 다른 쪽은 아시아의 끝에서, 대륙의 양쪽 끝에 있는 두 나라의 역사는 이렇게 이어져왔다. 벨기에에서 온 외교사절은 처음 조선에 도착하여 정동에서 야심만만한 꿈을 키우던 그날을 어떻게 기억하고 있을까? 손탁호텔에서 우아한 점심식사를 하며 프랑스어로 조선의 임금과 조선 사람들과 외교관들의 가십거리를 소곤거리던 그때가 무척이나 그립지 않았을까? 세상이 이토록 참혹하게 파헤쳐지지 않은, 아직은 모든 것이 장미꽃처럼 붉고 야심찼던 그 시절이.

궁궐의 꽃, 양관

| 정관헌 · 중명전 |

덕수궁은 참 흥미로운 곳이다. 궁궐의 원형을 잘 보여주는 건물이 있는가 하면, 옆 건물과 브리지로 이어진 2층 궁궐도 있다. 위아래로 열리는 창문과 둥근 손잡이가 달린 문처럼 서양식 코드를 살짝 가미한 궁궐도 있고, 석조전이나 정관헌처럼 서양식 구축법으로 지어진 장소도 있다. 각각의 궁들이 서로 잘 어울려 고즈넉한 운치가 가득하다. 궁궐을 거닐다보면 꽃담과 겹처마의 우아함과 석조기둥의 과감함이 서로 겹쳐지고 뒤섞이면서 만들어내는 풍경에 마음이 설렌다.

함녕전 후원에는 소나무 숲으로 둘러싸여 황금빛 난간과 푸른색 지붕 장식만 슬쩍 보이는 정관헌이 있다. 고종은 이곳에서 각국의 외교사절을 초대하여 연회를 베풀고 음악을 들으며 여유로움을 만끽했다.

정관헌에는 커피와 관련한 이야기가 많이 전해지고 있다. 이곳은 손탁 여사가 고종을 위해 매일 커피를 끓인 곳이기도 하고, 역관 김홍륙이 커피에 아편을 타서 고종을 암살하려 한 장소이기도 하다. 주말에는 일반인들도 커

▲ 화려한 색감으로 장식된 정관헌.

▶ 박쥐, 사슴, 당초와 소나무처럼 귀한 사물의 문양이 깃들어 있다.

피타임을 경험할 수 있도록 이따금 내부를 개방하기도 한다.

양관이라 부르고는 있지만 정관헌에서는 다소 동양적인 면모를 느낄 수 있다. 난간과 아케이드에는 박쥐와 사슴, 당초와 소나무 등 전통적으로 귀하게 여긴 문양들이 새겨져 있고, 화려한 금칠을 더해 왕가다운 기품을 나타냈다.

대한제국 시기 덕수궁(경운궁)의 규모는 크게 확장되었다. 덕수궁은 성공회 정동성당 뒤편과 미국대사관 앞쪽까지 넓게 이어져 있었다. 하지만 궁궐은 자주 불타고 헐렸으며 궁 사이로 길이 생겨났다. 중명전이 별채처럼 정동극장 뒤편, 미국대사관 바로 옆에 위치하고 있는 이유가 바로 그것이다.

중명전重明殿은 그 이름이 암시하듯, 암울한 시기에 빛을 던져주고 싶어 지어진 곳이었다. 1899년 대한제국의 황실도서관으로 지어진 중명전은 당시 몇 개의 작은 건물들이 함께 세워져 통칭 수옥헌이라 불렸다. 1904년 덕수궁이 화재로 불타자 고종은 중명전으로 편전을 옮겨 이곳에서 모든 업무를 보았다. 중명전의 내부는 서양식으로 꾸며졌다. 카펫이 깔리고 테이블과 의자가 놓인 화려한 방에 프랑스제 크리스털 잔과 독일제 찻잔을 갖추고 외교 사절을 맞았다.

중명전은 헤이그에 특사를 파견하기로 결정한 장소이자 을사늑약이 체결된 비운의 장소이기도 하다. 역사적인 장소임에도 이후 이 건물은 잊히고 묻혔다. 정동구락부라는 외국인 클럽으로 운영되다가 사무실 건물로 임대되기도 했다. 양관은 겉과 속을 바꿔가며 원래의 모습을 잃어갔다. 2007년에야 비로소 중명전의 가치를 재조명하면서 사적으로 격상되어 복원공사를 시작했다. 흰색 페인트로 칠해진 외벽을 걷어내자 그 속에 숨어 있던 붉은 벽돌 아케이드가 부끄럽게 속살을 드러냈다. 이제야 옛 모습을 되찾게 된 것이다.

▲ 손잡이가 있는 현관문과 오르내리창이 있는 덕수궁의 한옥 궁궐.

▶ 최근 복원을 끝낸 중명전.

최초의 우편엽서

우정총국 • 인천우체국 • 진해우체국

사람은 가도 우표는 남는다는 것은 아이러니한 일이 아닐 수 없다. 1884년의 일을 보자. 고종 임금에게 우정사업을 건의한 초대 총판 홍영식은 고심 끝에 우리나라 최초의 우표 도안을 완성했다. 태극무늬를 중심으로 그 둘레를 당초문이 에워싸고 있다. 5문, 10문, 25문, 50문, 100문의 다섯 가지 우표가 만들어졌고 이를 '대조선국우초'大朝鮮國郵鈔라 했다. 화폐단위를 문文으로 불렀기에 문위우표라 부르기도 한다(문은 1푼을 뜻한다).

총 280만 장의 우표가 일본 우정국에서 인쇄되었고, 우정총국 개국일인 음력 10월 1일에 1문과 5문짜리 우표 2만 장이 한성에 도착했다. 나머지는 4개월 후에 도착할 예정이었다. 그런데 갑신정변으로 우정국이 사업을 시작한 지 단 20일 만에 폐쇄되었다. 우표는 창고에 방치되었다.

1

2

3

1. 1895년에 발행된 23푼짜리 우표.
2. 1900년에 발행된 10푼짜리 우표.
3. 1904년에 발행된 2전짜리 우표.
우표수집가들 사이에서는 독수리 우표라 불린다.

사용해보지도 못한 우표 수백만 장이 그대로 쓰레기가 될 위기에 처했고, 일본은 인쇄 대금을 달라고 보챘다. 이를 중간에서 해결한 것이 독일계 무역회사인 세창양행이었다. 왕실 대신 우표 대금을 해결한 세창양행은 깨끗한 우표를 모두 독일로 가져갔다. 이 우표들은 '코리아 최초의 우표'라는 수식어를 달고 포장지로 예쁘게 꾸며져 서양의 수집가들에게 팔려나갔다. 홍영식 대감에게는 안된 일이지만 정변 덕분에 한국의 우표수집가들도 비교적 저렴한 가격에 깨끗한 상태의 문위우표를 구매할 수 있게 되었다.

수집가들이 가장 바라는 꿈의 우표가 있으니 '엔타이어entire 문위우표'다. 우정총국이 업무를 수행한 스무 날 사이에 사용된 우표, 즉 우정총국의 소인이 찍힌 우표(소인이 조작되지 않았음을 확인할 수 있도록 봉투에 붙어 있어야 한다)를 말하는데, 지금까지 한 장도 발견되지 않았다고 한다. 수십 장 정도는 사용되었으리라 추측만 할 뿐이다. 이 우표가 발견된다면 가격은 천만 원을 호가할 것이라고 한다. "아, 정변이 좀 연기되어서 우표가 시중에 더 팔렸더라면, 엔

타이어 문위우표를 보는 일도 그리 어려운 일이 아니었을 텐데!"라며 우표수집가들은 안타까운 한숨을 쉴지도 모르겠다. 하지만 그들의 바람과 무관하게 정변은 일어났다. 갑신년 음력 10월 17일(양력 1884년 12월 4일)의 일이다.

우정총국, 젊은 피가 흩뿌려진 정변의 현장

그날은 찬바람이 불긴 했지만 구름 한 점 없이 화창한 날이었다. 아침이 밝아오자 평소와 마찬가지로 분주하게 움직이는 사람들이 궁성 앞 거리를 가득 채웠다. 경천동지할 사건이 일어나리라고는 짐작하기 어려운 일상적인 풍경이었다. 종로는 물건을 사고파는 상인들로 어수선한 분위기였다.

종로에서 북촌 양반댁이 밀집한 안동 쪽으로 가는 길에 유려한 기와지붕이 날렵하게 얹힌 작은 관청이 있었다. 궁 바깥에 거주하던 왕족들을 진료하고 약재를 정비하던 전의감 관청이다. 250여 년의 세월을 지켜온 이 관청의 주인이 얼마 전에 바뀌었다. 이제 겨우 서른을 넘긴 젊은 병조참판 홍영식을 총판으로 하는 우정총국이 들어온 것이다.

임금의 명으로 신식 우편 업무를 준비한 지 반년이 흐른 지난 시월 초하루(양력 1884년 11월 17일)에 조선 땅에서 '우표를 붙인 편지'라는 새로운 통신수단이 등장했다. 일본, 영국, 홍콩 등과 우편협정을 맺어 국제우편 업무도 시작되었다. 서양 문화가 성공적으로 정착하게 된 이 일을 자축하고자 젊은 관료들은 각국의 공사들을 초대하여 우정총국에서 연회를 열기로 했다.

그러나 홍영식은 조선 최고의 엘리트 지식인이자 호조참판인 김옥균, 한성부판윤 박영효, 개화파 관료인 서재필 등과 함께 다른 꿈을 꾸고 있었다. 역사

책에 서술되어 있듯이, 그날의 연회는 부지불식간에 유혈 정변으로 바뀌었고 세상을 변혁하고자 했던 그들의 거사는 실패했다. 다른 이들은 목숨을 부지하러 도망쳤으나 홍영식은 끝까지 임금의 곁에 있다가 정변을 진압하러 온 청국 군인에게 죽임을 당했다.

그날 이후 정변에 가담한 자들의 친인척까지 솎아내는 엄청난 재앙이 시작되었다. 사람들은 죽고 버림받고 도망갔다. 갑신정변에서부터 이후 재앙의 현장까지 속속들이 지켜본 자가 있었으니, 미국 대사의 통역관 윤치호였다. 그는 자신의 일기에서 누가 어떻게 죽음을 맞고 세상에서 사라졌는지 피비린내 나

갑신정변이 일어났던 우정총국. 조선 시대에는 전의감으로 사용되었던 한옥 관청이다.

는 정황을 자세히 밝혀두었다. 그리고 "밤에 큰 눈이 내렸다"라는 서늘하고 문학적인 글귀로 그날의 일기를 마무리했다.

지금도 종로 견지동 그 자리에 그대로 남아 있는 우정총국은 역적모반이 일어난 장소로서 한동안 금기의 이름이었다. 젊고 참신한 관료들이 한꺼번에 사라졌으니 모든 개화의 움직임이 멈추었다. 조선의 새로운 통신수단은 사라졌고, 구시대적인 역참제도가 다시 시행되었다.

개화기 조선의 우체국 자료를 보여주는 체신 박물관으로 꾸며져 있다.

이듬해 전보 업무만 전담하는 전보국이 발족했으나 신식 우편제도가 다시 시행되기까지는 십 년의 시간이 더 필요했다. 이때도 우정총국은 전우총국으로 이름을 바꾸어야 했다. 19세기 말, 우리의 통신산업은 서구의 다른 나라들과 비교할 수조차 없는 수준이었다. 첨단정보산업의 중심이자 IT 강국이라 불리는 지금의 상황과는 사뭇 달랐다.

우정총국은 지금 체신박물관으로 운영되고 있는데, 몇 가지 사료를 조촐하게 전시한 채 조심스럽게 얼굴을 들고 있다. 의연하고 당당한 자태를 가진 전통 한옥 관청이건만, 불명예스러운 정변 이후 지금까지 한 번도 크게 주목받은 적이 없는 건물이다. 건물 앞마당에 깔린 석재 블록 중간 중간에 끼워진 기념우표 주물 타일이 이 오래된 한옥에서 최초의 우표가 탄생했음을 설명해주고 있다.

절제된 웅장함, 인천우체국

1895년 신식 우편 업무가 다시금 본격적으로 개시되자, 인천을 비롯해서 개성, 부산에도 우체국이 문을 열었다. 문위우표를 대신해서 새로운 우표가 사용되었고 간단하게 연통을 전할 수 있는 1전짜리 우편엽서도 등장했다. 외국의 풍경과 조선의 풍속을 사진으로 담은 관광엽서는 인기가 무척 많았다. 산맥과 바다를 넘나드는 편지와 엽서의 양은 하루가 다르게 늘어났다.

우체사가 우편낭을 들고 올 때마다 동경으로 유학 간 도련님의 소식을 애타게 기다리는 동네 처녀도, 경성으로 일하러 간 아들 생각에 목이 멘 늙은 어미도 가슴이 타들어갔다. 한글도 일문도 까막눈인 사람들조차도 읽기 위해서가 아니라 품기 위해서 편지를 기다렸다.

바다 건너에서 새로운 문물을 보고 들은 사람들이 길고 짧은 이야기를 편지에 실어 보낸다. 망국의 날을 맞은 통한의 소식들과 강제소환장과 징집명령서가 바람결에 실려 온 먼지처럼 우편함에 쌓인다. 연애지상주의를 꿈꾸던 모던걸과 모던보이에게 들끓는 감정을 일깨워준 것도 밤새 쓴 러브레터였으니, 편지가 없었더라면 삶과 사랑의 기쁨을 어떻게 전달할 수 있었겠는가.

우체국은 체신 업무뿐만 아니라 우편환, 저금, 전기, 통신 등의 업무를 모두 맡아하는 곳이었다. 국제우편을 취급하다보니 외국인들의 고충을 해결해주는 곳도 우체국이었다. 1904년 러일전쟁을 취재하러 온 스웨덴 기자 아손

항구와 가까운 곳에 자리 잡은 인천우체국. 지어진 당시 이곳에는 해관 등 관공서들이 밀집해 있었다.

그렙스트Ason Grebst는 통역이 없어 어려움을 겪게 되자 곧장 우체국으로 달려갔고, 당시 세계공통어인 프랑스어에 능했던 우체국장은 아손의 답답한 속을 시원하게 풀어주었다.

업무량이 늘어나자 전국의 우체국은 서양식 건축양식으로 규모 있는 건물을 세우기 시작했다. 인천에는 1924년 가을에 본정통과 멀지 않은 항정 6정목(현 항동)에 4층짜리 건물이 들어섰다. 인천우체국은 인천항과 곧바로 연결되는 위치에 있었고, 인근에 해관(현재의 세관)과 같은 관공서가 함께 모여 있어 업무를 더욱 효율적으로 처리할 수 있었다.

인천우체국의 외부를 장식하고 있는 석조 장식. 복원할 때 기둥의 주두 부분이 사라져 아쉬움이 남는다.

큰 도로가 직교하는 길모퉁이에 있는 우체국의 위풍당당한 풍채를 사람들은 길 어느 쪽에서도 바라볼 수 있었다. 당시 인천에는 기괴할 정도로 화려한 유럽 양식의 건물들이 무수히 지어졌는데, 이 건물은 관공서 건물의 당당함을 강조하기에 적합하도록 양식을 단순화하고 과한 장식을 하지 않은 것이 특징이다. 섬세한 장식은 없지만 장식용 기둥이 입체감 있게 서 있고 상단에는 두 개의 붉은 띠줄이 둘러져 흰색 건물에 강한 인상을 심어준다.

외벽에 모르타르*로 석조 모양을 표현한 탓에 석조건물처럼 보이지만 전체 구조는 벽돌조로 이루어져 있다. 출입구는 돌출된 형태로 화강암을 둘러 이질적인 느낌이 두드러진다. 건물은 외벽의 돌출 기둥들과 1, 2층 창을 서로 연결한 수직의 사각형 무늬들이 연속되어 있어 상승하는 느낌이 강렬하게 다가온다. 창호 주변이나 건물 상단을 띠 모양으로 장식한 코니스cornice 부분에 기하학적 무늬가 뚜렷이 드러나는데 동시대 유럽의 아르데코 스타일도 엿보인다.

2층 창문 하반부를 장식하고 있는 타원형 부조 패널이 유난히 눈에 띈다.

*mortar, 시멘트와 모래를 물로 반죽한 것.

여성스러운 장식이 거의 없는 건물이기에 이 패널의 의미가 자못 궁금하다. 한국은행 본점의 외벽 상단에도 굵은 사선이 두드러지는 부조 패널이 장식되어 있는데, 미치 중세의 성주들이 자신들의 문장을 건물에 장식하던 관습과 유사하다. 상징하는 바가 있다면 숫자나 글자를 첨부하여 더 그럴싸하게 보이도록 했을 터인데, 이 부조 패널은 장식적인 장치 외엔 별다른 의미는 없어 보인다.

1869년 오스트리아에서 최초로 우편엽서가 등장한 지 30여 년이 지난 1900년에 우리나라도 우편엽서를 제작해서 통용했다. 문위우표보다 정교하고 화려한 우표 문양이 왼쪽 상단에 새겨져 있고 가장자리에도 정교한 격자무늬가 둘러져 있다. 디자인이 품위 있고 고급스러우며 상쾌한 푸른색 잉크로 선명하게 인쇄되었다. 오스트리아에서는 우편엽서가 선풍적인 인기를 끌어 제작 첫해에만 5천만 장이 팔려나갔는데, 우리나라에서는 큰 반응을 얻지 못했다고 한다. 넓은 한지에 글을 쓰던 사람들이 손바닥만 한 종잇조각에 안부를 묻는다는 것이 영 탐탁지 않았던 듯하다.

엽서가 날개 돋친 듯 팔려나간 시점은 사진기가 보급되기 시작한 다음이었다. 이때부터 새로운 건물이 지어져도, 큰 행사를 해도, 관광지를 가도 기념사진을 남겨 엽서를 발행했던 것이다. 가장 인기 있는 여행지였던 금강산을 비롯해서 경성, 인천, 부산, 목포, 평양 등 여러 도시의 모습이 사진엽서에 담겨 있다.

전차가 다니고 총독부 건물이 세워지고 일본군이 남대문을 지나 진격하고 수많은 미곡이 군산항을 떠나는 장면이 사진엽서에 인쇄되었다. 일본제국주의가 조선을 식민지로 삼은 것을 정당화하기 위한 선전용 사진이 많았음에도,

엄청난 양의 우편엽서가 제작된 덕분에 당시를 연구하는 학자들이 생생한 현장의 모습을 찾아볼 수 있게 되었다. 이들 그림엽서를 보려면 우정박물관이 아니라 옛 물건을 파는 골동품 가게를 찾아가면 된다.

4월의 벚꽃 같은 러브레터, 그리고 진해우체국

진해는 벚꽃 날리는 4월이 가장 아름답다. 간드러진 꽃잎이 바람 따라 도시 곳곳에 흩어진다. 눈처럼 뿌리는 꽃잎 사이로 옛 건물들이 보인다. 군항제가 한창인 도시는 어딜 가나 들뜬 기운이 역력하다. 군항제 행사의 하이라이트는 중원로터리에서 벌어진다. 특산물과 먹을거리가 가득한 장이 서고 차량 출입을 막은 로터리 임시 공연장에는 관악대의 연주와 행진도 한창이다.

중원로터리를 바라보는 도시의 중심지에 우체국이 있다. 1913년에 지어져 지금까지도 원형을 유지하고 있는 아름다운 건물이다. 날개를 펼친 새처럼 전면부는 진취적이고 적극적이며, 작은 광장을 감싸는 듯한 후면부는 편안하고 포근하다.

진해는 군사도시의 특성상 도심개발이 신속하게 이루어지지 않아 일본식 가옥이 지금까지도 많이 남아 있다. 1905년에 개량 한옥으로 건축되어 이승만 대통령 재임 시절에 별장으로 사용했던 건물도 손질이 잘 된 상태로 남아 있으며, 광복 후 적산가옥으로 불하받아 사용해온 옛날 가옥들도 많다.

특히 우리나라에서 가장 오래된 군항도시답게 해군작전사령부 본관과 별관, 기지사령부 본관, 해군의료병원 등 주요 군사시설들이 1910년대에 완공된 서양식 벽돌조 건물들이며 원형을 그대로 유지하고 있다. 군사시설이라 훼손

진해우체국
POST OFFICE

되지 않고 지금까지 살아남았지만, 같은 이유로 문화재로 지정하여 연구하는 일도, 일반인에게 공개하는 것도 불가능한 건물들이다.

1930년에 도심지를 찍은 자료사진을 보면 반듯반듯한 도로를 따라 지어진 일본식 목조가옥이 꽤 규모 있게 전개되어 있어 도시의 성격을 짐작할 수 있다. 상업 용도로 사용된 2층 가옥도 상당수 눈에 띈다. 진해는 애초에 군항지로 설계된 모범적인 계획도시였고, 직교하는 도로를 중심으로 구역을 촘촘히 나누고 가옥의 건축양식도 엄격히 규제했다. 1978년도 자료사진을 봐도 도시의 모습은 크게 달라지지 않았다. 다만 중원로터리 중앙에 심어진 나무가 세월이 흐름에 따라 가지도 촘촘하고 잎도 무성하게 바뀌었을 뿐이다.

50년의 차이가 있는 두 장의 사진에서 가장 눈에 띄는 건물은 진해우체국이다. 우체국의 주소지는 통신동 1번지(당시 지명은 현동 1번지)다. 1번지라는 지번을 가졌으니 우체국의 역사가 곧 동의 역사나 다름없다. 설계자도 시공자도 알려져 있지 않은 이 건물은 건축 당시 인근에 러시아 공사관이 있었기 때문

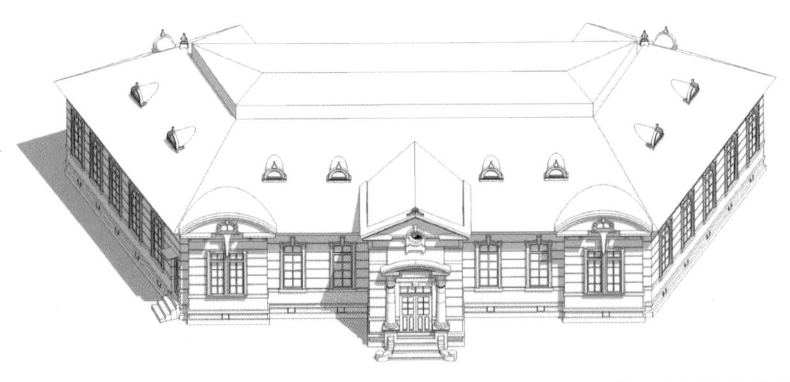

원형 로터리인 중원로를 바라보고 있는 진해우체국. 평면 형태가 부채꼴 모양으로 펼쳐져 있다.

에 형태적으로 그 영향을 많이 받았으리라 짐작된다.

단층이지만 부채꼴 모양의 대지에 들어맞도록 뒷부분이 살짝 퍼진 형태로 건물이 이루어져 있어 정면에 보이는 것보다 실제 규모가 훨씬 크다. 목조주택이 즐비하던 도로변에 러시아 들판을 덮은 눈처럼 새하얀 건물이 들어섰으니 시선을 사로잡기에 충분했을 것이다.

정면에서 보면 현관실이 돌출되어 출입구가 유난히 두드러지게 보이고 객장으로 이루어진 실내공간은 살짝 뒷걸음질한 것처럼 보인다. 출입구는 아치를 올린 둥근 벽기둥(필라스터*)으로 장식되어 있는데 이 기둥의 흐름이 계단 아래까지 자연스럽게 흘러내린다. 오르내리창도 창틀을 석조로 꼼꼼히 장식했다. 창 아래 양 옆으로 화단을 조성해서 길게 자란 소나무가 건물을 살짝 가리고 있어 건물에 운치가 감돈다. 지붕은 녹색이 도는 노르스름한 동판으로 덮었다.

건물은 연둣빛과 노란색, 흰색이 자연스럽게 어울려 상쾌하고 세련된 인상을 준다. 군항제가 열리는 4월의 햇살 아래에서는 싱그럽고 낭만적이기까지 하다. 심란하게 흩어지는 벚꽃의 이파리를 보면, 빨간 우표를 붙인 엽서 한 장을 보내고픈 낭만적인 생각이 머릿속을 떠나지 않는다. 엽서는 그 빨간 인연의 실을 따라 누군가에게 전달될 것이다. 꽃잎 같은 빨간 심장을 안고서.

우체국 업무가 늘어나자 진해우체국도 바로 옆에 신관을 짓고 모든 업무를 옮겼다. 한때 교육실과 휴게실로 사용되던 옛 우체국은 문화재 보수공사 이후에 빈 공간으로 남았다. 그리운 여인을 기다리는 해군 청년과 전국에서 꽃구경 온 사람들, 그리고 난장에서 기념품을 파는 상인들조차 한창 들떠 있는 군항제 기간에도 우체국의 문은 굳게 닫혀 있었다.

*pilaster, 벽면에 각주의 모양을 부조하여 기둥 꼴로 나타낸 것.

창틀 장식과 통기창 주변 등 섬세한 곳까지 멋을 냈다. 창틀에서도 세월이 느껴진다.

기념엽서와 기념우표를 팔고 간단한 우편 업무를 보는 공간으로 다시 살려내면 좋겠다. 꽃처럼 아름다운 시절을 기념하려는 이들에게 꽃잎 같은 엽서를 팔고, 그리운 이의 이름을 부르고 싶은 사람들에게 빨간 우표를 팔면 좋겠다. 한쪽 구석에 작더라도 편지를 쓸 공간을 만들어주어도 좋겠다. 기념할 만한 우체국이 많아진다면, 손 글씨로 쓴 편지를 보내는 일도 많아지지 않을까? 우표는 수집을 위해서만 존재하고 편지가 더없이 낯설어진 세상이라도.

철과 유리로 지은 집

창경궁 대온실

1884년 6월 12일자 한성순보에 이런 기사가 실렸다.

영국 수도에서 40리 되는 곳에 수정궁이 있는데, 수십 년 전에 궁에서 파견한 백작 박서돈(팍스턴)이 세운 것이다. (…) 기능은 주철로 하였고 상하사방을 모두 유리로 장식해 멀리서 바라보면 빛깔이 휘황찬란해서 사람의 눈과 마음을 현란시키기 때문에 이름을 수정궁이라 하였다.*

조선 사람들은 이 기사를 읽으면서도 주철과 유리가 어울린 현란한 건물이 어떤 모양일지 상상하기 어려웠다. 우리나라 최초의 유리공장은 20세기에 들어서야 비로소 등장하는데 그때도 유리는 음료를 담는 병으로 사용된 게 고

*김정동, 「개화기 한국 근대건축의 전개」, 『한국건축역사학회 창립 학술발표회 논문집』(1991. 6)에서 재인용.

옛날 엽서에 담긴 창경궁 대온실의 모습. 현재는 클리어스토리의 모듈이 조금 달라졌다.

작이었다. 서양식 가옥의 창문에 끼워 넣는 유리는 모두 외국에서 수입해 오는 실정이었으니 당시 조선 사람들에게 유리는 말 그대로 "뭣에 쓰는 물건인가?" 싶은 것이었다.

"우리에게는 몇 번이나 단단하게 풀을 먹인 문종이가 있지 않은가 말일세" 라며 서양인의 저택 옆 초가삼간에 사는 노인네는 담뱃대를 털며 먼 산을 바라보았을 것이다. 뱃길로 족히 몇 달은 걸리는 영국이라는 땅은 또 어디란 말인가? 그곳에 유리로 지은 집이 있다니, 세상에는 참 모를 일도 많았다.

25년의 세월이 흐른 후 사람들은 '유리로 지은 집'을 목전에서 구경하게 되었다. 놀랄 만큼 투명한 유리판이 날렵하게 빚은 주철 기둥에 잘도 엮여, 안이 훤히 비쳐 보이면서도 햇살 아래에서는 놀랄 만큼 반짝거렸다. 투명한 방 안에는 뜨거운 태양 아래에서만 자란다는 먼 열대의 갖가지 식물들이 향기를 풍기며 화려한 한때를 보여주고 있었다.

그곳은 대한제국의 마지막 황제가 무력한 주먹을 쥐고 가슴을 치며 하루하루를 보내던 궁 안이었다. 을사조약 이후 왕보다 더 큰 힘을 휘두르던 초대 통감 이토 히로부미는 순종의 울적한 마음을 달래준다는 구실로 창경궁 내부의 전각을 헐고 동물원과 식물원 그리고 박물관을 들여놓았다.

궁궐은 더 이상 지엄하신 왕이 계시는 그곳이 아니었다. 유리와 철로 만든 창경궁 대온실은 1909년에 맹수와 조류의 소란스런 우리로 바뀐 궁궐을 내려다보는 자리에 그렇게 세워졌다. 옛 황성의 시민들은 맹수와 나라의 보물과 '마음을 현란시키는' 유리로 지은 집을 보기 위해 궁으로 몰려왔다.

궁궐 안에 세워진 서양식 온실

대온실은 창경궁 북편, 춘당지春塘池의 동북쪽에 자리 잡고 있다. 창경궁은 아름다운 소나무와 어여쁜 꽃나무들이 궁성의 담과 전각을 편안하게 감싸고 있어 다른 궁보다 고즈넉하다. 쉽게 보지 못하는 백송나무가 신령한 기운을 내뿜는다. 길게 뻗은 버드나무가 연못 물 속으로 팔을 담그고 있는가 하면 잘 다듬어진 관엽식물들이 밀도 있게 펴져 있어 산책을 즐기기에 이만한 곳이 또 있을까 싶다.

소춘당지와 대춘당지는 인공 연못이다. 1909년 동물원과 식물원, 박물관을 들이는 창경궁 개조사업 때 연못을 조성했다. 후에 '수정'水亭이라는 일본식 정자까지 만들어놓은 것을, 1987년 창경궁 중건 공사 때 우리나라 전통 연못 형식으로 고쳤다. 검은 기와와 목조로 지어진 전통 전각들 사이로 이와

흰색으로 칠한 철제 뼈대와 투명한 유리의 빛나는 조화. 창경궁 대온실은 예나 지금이나 독특한 아름다움을 느끼게 하는 건축물이다.

는 전혀 다른 재료들로 지어진 대온실이 멀찍이 보인다.

궁궐 속 은밀한 곳에 반짝반짝 빛나는 유리 온실이 있다니 조금 의아해진다. 봄이면 새잎이 돋고 가을에는 붉게 단풍이 들고 겨울이면 열매도 꽃도 씨앗도 없이 메말라가는 것이 나무의 생애이고 자연의 순리이거늘, 겨울에도 봄꽃을 보고 북쪽에서도 남쪽 나무를 보려는 인간의 욕심이 서린 온실은 자연의 흐름에 순응하는 전통적인 정서와는 부합되지 않는 듯하다. 유럽의 궁전이나 귀족의 대저택에는 하나쯤 없으면 아쉬운 유리 온실이 우리 궁궐 안에서는 무척 이질적으로 느껴진다.

또 한편 건물이 참 아름답다는 생각이 고개를 드는 것도 어쩔 수 없다. '마음을 현란시키는' 건물이 어떤 의미인지도 알 것 같다. 지금도 많은 건축가들이 마음을 현란하게 하는 건축을 선보이기 위해 반짝이고 투명하고 혹은 빛을 반사하는 새로운 재료들을 개발하느라 여념이 없으니 말이다.

창경궁은 조선왕조 내내 왕과 왕비의 사랑을 받았던 곳이다. 조선의 왕은 경복궁에서 국가행사를 치렀지만 신하를 맞이하고 정사를 집전하며 왕손을 얻던 장소는 주로 창덕궁과 창경궁이었다. 고종은 새로운 나라 대한제국을 열면서 경복궁도 창덕궁도 아닌 경운궁을 정궁으로 삼아 정사와 생활을 모두 그곳에서 했다. 고종이 강제로 보위에서 물러나고 조선의 마지막 임금이 된 순종은 경운궁에 머물던 태왕과 격리되어 창덕궁으로 돌아온다.

그러나 다시 돌아온 창덕궁과 창경궁은 이미 일제의 주도면밀한 계획 하에 유린되어 있었다. 창덕궁의 아름다운 전각은 일제의 통감부 관리들이 마음대로 연회를 베푸는 연회장으로 전락했고, 창경궁은 동물원과 식물원이 조성되면서 왕가의 품위를 떨어트렸다. 창경궁 명정전 일대에는 '이왕가박물관'이 들어서 국가의 보물을 공개했다. 1911년 4월 이후에는 창경궁을 창경원이라는 격하된 이름으로 부르게 했다. 전각의 규모만 해도 2,379칸에 이르렀던 풍요로운 궁궐은 벚나무가 가득한 유락시설로 변질되었다.

흰색 철재 프레임과 초록빛 숲의 정갈한 어울림

1908년 이토 히로부미는 도쿄의 신주쿠 어원(어원御苑은 '황실의 정원'이라는 뜻이다)에서 원예책임자로 일하고 있던 후쿠바 하야토福羽逸人를 불러 창경궁 대온실의 설계를 맡긴다. 건물이 지어질 터를 정하고 그 주변상황을 잘 반영하여 건물을 설계하는 것이 정석이지만 하루라도 빨리 대온실을 완성할 필요가 있었던 이토 히로부미에게는 그럴 겨를이 없었다. 적절한 규모의 계획안이 먼저 결정된 후 그에 어울리는 장소를 물색했고 춘당지 북쪽 지금의 자리에 건물이 들어서게 된다.

후쿠바 하야토는 프랑스 베르사유 원예학교에서 유럽식 정원을 공부한 원예학자로, 도쿄로 돌아와 신주쿠 어원의 원예책임자로 오랫동안 재직한다. 그는 신주쿠 어원에 서양식 온실을 건축하는 등 전통 일본식 정원에 프랑스식 정원 풍경을 조금씩 이식하여 새로운 전통을 만들고자 한 인물이었다. 신주쿠 어원에 만들어진 서양식 온실은 창경궁 대온실을 설계하는 데 기본 바탕이 되었다.

신주쿠 어원의 온실보다 네 배 정도 큰 규모의 창경궁 대온실은 조금 더 디테일이 가미되고 기술이 향상되었지만 신주쿠 어원의 온실과 거의 흡사하다. 공사는 프랑스 회사가 담당했다. 뼈대가 되는 주철과 판유리는 국내에서 생산

중앙 출입구의 모습. 현관문에 대한제국 황실을 상징하는 오얏꽃 무늬가 새겨져 있다.

철재 트러스가 시원하게 뻗은 대온실의 천장.

이 불가능해 전량 수입에 의존해야 했다. 다행히 프랑스의 유리산업이 급속도로 발달하여 판유리의 가격이 어마어마한 수준은 아니었다. 후쿠바는 자서전 『후쿠바 회고록』에 창경궁 대온실을 설계한 정황과 건축 도면까지 상세히 기록해두었다.

대온실 앞에는 중앙의 분수를 중심으로 기하학적인 구조를 가진 프랑스식 정원이 펼쳐진다. 이 정원도 당시 공사를 담당하며 서울에 머물던 후쿠바가 설계한 것으로 알려져 있다. 대온실은 한눈에 다 들어오지 않을 정도로 규모가 크다. 넓이가 36미터, 폭이 15미터, 최고 높이가 10.7미터에 달하는 투명하고 하얀 건물 앞에 서니 초록빛이 넘실대는 풀과 나무들이 모두 그 건물의 배경이 되는 것처럼 절묘하다. 푸른 나무와 하얀 철골 프레임의 조화가 산뜻하

직사각형의 중심 공간을 주변의 회랑이 감싸는 듯한 구조로 이루어져 있다.

다. 푸른 숲이 건물을 돋보이게 하고 투명하고 하얀 건물이 숲을 도드라지게 한다.

남쪽으로 난 출입구에 오얏꽃 무늬가 장식된 프랑스식 현관문이 있다. 세 개의 꽃술과 다섯 개의 꽃잎이 활짝 펴진 오얏꽃 무늬는 대한제국의 상징이다. 현관문을 열고 대온실에 들어서는 순간, 하늘색까지 알아볼 수 있을 정도로 환하고 투명한 천창에 시선이 머문다. 이어서 천창을 향해 둥글게 엮인 가늘고 흰 주철 트러스*로 시선이 옮겨간다. 온실 내부 가장자리로 복도가 에워싸고 복도를 따라 잘 자란 식물을 전시해놓은 진열대가 있다.

주철 기둥으로 둘러싸인 신랑** 부분에는 키가 높이 자라는 남국의 식물과 활엽수가 가득하다. 복도보다 약간 바닥이 낮은데다 작은 초록 숲이 형성

*truss, 직선으로 된 여러 개의 뼈대 재료를 삼각형이나 오각형으로 얽어 짜서 지붕이나 교량 따위의 도리로 쓰는 구조물.

**身廊, nave, 교회 건축에서 좌우의 측랑 사이에 끼인 중심부.

되어 공간에 깊이감을 준다. 신랑의 가장자리를 따라 수로가 형성되어 있고 물소리가 흘러나온다. 후쿠바가 설계한 당시의 구조 그대로다. 뼈대를 이루는 재료는 모두 주철이지만 그 외의 부위에는 값비싼 철을 마음껏 사용할 수 없어 주철처럼 보이도록 세공한 목재를 활용했다. 대온실 내부의 프레임과 트러스, 이음부위의 골조를 잘 살펴보면 철과 목재를 구별해낼 수 있다.

온실이 궁궐 속 나른한 휴식터라고만 생각하면 이 건물이 가진 중요성을 간과하기 쉽다. 온실은 꽃과 나무를 키우는 곳이기 이전에 건축의 발전된 기술과 시스템을 실험하는 특별한 장치이기 때문이다. 식물을 관리하기 위한 난방 시스템은 기술의 발달에 따라 바뀌었지만, 채광 시스템은 지금도 그대로 사용되고 있다. 한국전쟁 때 폭격으로 온실의 유리와 프레임이 파손되어 대대적인 보수가 이루어진 사례도 있고 증기난방에서부터 석유보일러 온풍 시스템까지 난방공사를 차례차례 진행하기도 했지만, 온실의 구조와 디자인은 원형을 거의 유지하고 있다.

지붕창이 원래의 형태보다 조금 단순해지고 유리 프레임의 모듈이 늘어나 밋밋해진 것이 아쉽다. 현재 유리 프레임의 폭은 60센티미터인데, 예전 프레임은 35센티미터 정도였으리라 추정된다. 지금보다 유리가 훨씬 촘촘하게 들어가므로 자잘한 프레임이 강조되어 장식의 효과를 겸했을 것이다.

온실 내부의 바닥재는 초창기엔 벽돌 마감이었지만 1980년대에 정성도 멋도 없는 시멘트 미장 마감으로 바뀌었다. 현재는 사방 20센티미터의 노란색 타일 마감으로 정착했다. 대리석은 아니더라도 초록빛 작은 숲을 품고 있는 희고 투명한 공간에 어울리는 재료였다면 더 좋았을 것이다.

용마루에도 오얏꽃 무늬로 장식했다.

번영하던 제국주의의 쓸쓸한 자취

온실은 기본적으로 특별한 기능을 위한 시설이지 보고 즐기기만 하는 건물은 아니다. 창경궁 대온실도 식물을 배양하는 부대시설이 함께 설계되었기에 잘 키운 꽃나무를 관람하는 장소로서 기능하긴 했지만, 건물을 보고 건물 자체를 즐기는 곳은 아니었다. 따라서 전각이나 서양식 관공서처럼 외장에 치장을 하거나 값비싼 재료로 화려하게 장식하지 않았다.

날아갈 듯한 처마선을 만들지도 않았고 단청처럼 그림을 그려 넣지도 않았다. 뼈대가 되는 주철과 목재, 그리고 건물의 외피를 입혀주는 유리로 이루어진 지극히 단순한 건물이다. 건물의 형태 또한 철저히 기능을 위해 디자인되었다. 채광이 좋도록 지붕 아래 창을 뚫어 지붕창(클리어스토리*)을 만들고 천창을 잘 지탱하기 위해 트러스의 모양을 견고하게 잡았을 뿐이다.

* **clear story,** 지붕 밑에 한 층 높게 창을 내어서 채광하도록 한 장치.

장식이라고는 지붕창 바깥 부분에 장식된 이화문양과 트러스 모서리의 빈 부분에 철재 장식, 용마루 부분에 얹은 조그마한 장식이 전부다. 그럼에도 불구하고 대온실을 보는 사람들은 무척 장식적이고 아름답다고 느끼게 된다. 외관을 별스럽게 치장한 현대건물들보다 단아하고 멋스러워 보이는 것도 사실이다. 균형과 비례감이 좋아 어색한 구석이 없으며, 기능을 하는 부자재가 무척 섬세하게 디자인되었기 때문이다.

도르래를 사용해서 높은 데 있는 창문을 여닫을 수 있고, 햇볕을 가리는 막도 사용할 수 있게 한 것이 눈길을 끈다. 버튼 하나면 자동으로 창문이 여닫히는 요즘 건물과 비교할 바는 못 되지만 물리적인 방법으로 클리어스토리의 창문을 하나씩 여닫을 수 있다. 기능을 유지하는 정도라면 이것으로 충분하다. 전자동 원터치 버튼은 인간이 손으로 활동하는 시간과 수고로움을 다른 동력의 힘을 빌려 대신했을 뿐이지 기능이 진보한 것은 절대 아니다. 편리함은 인간의 활동 가능성을 그만큼 줄어들게 한다.

서양의 유리 온실은 귀족들의 변덕스럽고 호사스런 취미에서 시작되었다. 실내에서 푸르른 꽃나무를 보고 싶었던 귀족들은 온실과 유사한 겨울정원을 만들고 우아한 드레스에 얇은 비단 구두를 신고 푸른 정원 속에서 유희를 즐겼다. 연회와 사교모임을 할 수 있을 정도로 규모가 컸던 겨울정원은 식민지에서 들어온 희귀한 식물들을 줄줄이 전시하며 귀족들의 별스런 취향을 마음껏 자랑하는 공간이기도 했다.

주로 오렌지나무를 재배하는 곳이기에 온실을 '오랑제리'Orangery라고 부르는데, 본격적으로 식민지를 구축하던 시기에는 아프리카와 서인도 제도의 식물들이 오랑제리의 초대 손님이 되곤 했다. 야자나무를 수집하는 것이 부의

상징이라 여긴 당시 사람들은 이 키 큰 나무들을 자유롭게 감상할 수 있도록 오랑제리의 규모를 점점 더 키웠다.

온실을 짓고 난방시설을 들이려면 만만치 않은 돈이 들지만 식물 수집이라는 매력적인 취미를 포기할 수는 없었다. 다윈이나 월리스 같은 동식물학자들이 등장하게 된 뿌리가 바로 온실이 아니었을까? 새로운 식물을 들이는 재미가 쏠쏠했던지 온실은 부르주아들까지 탐내는 장소가 되었고 그들은 야단스럽게 꾸민 온실을 일반인들에게 공개하며 취향과 부를 과시하기도 했다.

그리고 1851년 역사상 가장 거대한 온실 '수정궁'이 런던의 하이드파크에 만들어졌다. 길이가 564미터에 달하고 높이는 33미터나 되는 이 광대한 온실은 만국박람회를 통해 보여주고 싶었던 영국의 부와 기술 그리고 번영의 상징이었다. 당시 영국 유리의 3분의 1에 해당하는 30만 장을 들여 만든 휘황찬란한 궁전 앞에서 사람들은 새로운 세상을 보았다.

세계 각국의 온갖 작품들을 전시하고 높이 10미터에 이르는 느릅나무를 심을 수 있었던 유리와 철로 만들어진 수정궁은 산업사회의 획기적인 성과를 보여주기에 충분했다. 그해 만국박람회에서 가장 인기를 모았던 전시물은 바로

수정궁이었다. 그 속에 담긴 수십만 점의 작품들은 모두 잊혀도 수정궁의 압도적인 형태는 수십 년이 지나도록 각인되었다. 박람회 이후 헐릴 예정이던 수정궁은 뜨거운 인기 속에 시든햄으로 옮겨져 관람객을 맞이하다가 1936년 화재로 장렬히 전소했다.

건축으로 새로운 시대를 열었던 수정궁도 불길 속에 사라지고 후쿠바가 심혈을 기울여 설계한 신주쿠 어원의 온실도 미군의 폭격으로 파괴되었지만 창경궁 대온실만은 그 자리에 그대로 살아남았다. 철과 유리는 부와 힘을 가진 근대화의 상징이지만 우리에게는 유린된 시간을 기억하는 대상으로 남았다.

적자생존의 법칙은 적어도 건축의 역사에서만큼은 지켜지지 않는다. 건축은 아름답고 가치 있는 것이 살아남는 것이 아니다. 오히려 살아남았기에 중요한 가치를 지닌다고 해야 할 것이다. 살아남은 것이 얼마 되지 않는 우리나라에서는 더욱 그 가치와 중요성이 높아진다. 건축은 온몸으로 역사를 보여주고 시대를 증언한다.

역사의 흐름 속에 유구히 파묻혀 건축이 건축임을 잃어버릴 때 진정한 건축이 되는 것은 아닐까? 시간은 건물에 담긴 자욱한 이데올로기와 정치적 의미들을 사라지게 한다. 가슴 아픈 역사의 시간은 궁궐이 살아낸 5백 년의 시간에 비하면 대수롭지 않다. 대온실은 창경궁 담장 뒤편에 있는 비밀의 숲인 창덕궁 후원으로 발길을 인도하는 서곡에 불과하다.

전각은 훼손되어도 꽃과 나무는 살아남는다. 말 못하고 움직이지 못하는 약한 것들이 누구보다 긴 삶을 이어간다. 창경궁 대온실은 넘실대는 식물의 온기, 시간이 흐르도록 변치 않는 그 온기의 힘이 살려낸 것인지도 모른다. 유장한 시간의 흐름 속에 건축은 겸손해질 수밖에 없다.

도시의 외인촌, 선교사 마을

대구 동산의료원 선교사 주택 • 대전 오정동 선교사촌

루소건 칸트건 괴테건 앞서 살아간 철학자들이 모두 그랬다. 살던 도시를 산책하며 고요히 사색에 빠질 시간이 필요하다고. 그래서 그들은 일정한 시간이 되면 집을 나서서 길을 걷곤 했다. 그렇다면 오늘날 도시의 산책자들은 어떤 도시를, 어떤 거리를 걷고 있는지 궁금해진다.

런던이나 파리나 도쿄와 비교해서 서울은 유난히 걷기가 힘든 도시다. 자동차의 굉음, 수많은 교차로와 좁은 보행로, 매캐한 공기와 고층건물이 만들어내는 서늘한 그늘, 그리고 너무나 바삐 걸어가는 사람들. 이 도시에서 걷기란 일일노동자의 피곤한 실존을 증명하는 고단한 일이다. 그러니 도시의 산책자들은 자신의 행위가 낯설지 않을 만한 장소를 찾아야 한다. 그들에게는 기꺼이 발품을 팔아도 될 장소를 알려주는 특별한 지도가 필요하다.

조선을 찾은 외국인 성직자들을 블레어 주택 내부에 전시된 사진으로 만나보았다.

걷는 행복을 느끼려면 옛 건축물들이 있는 장소로 가면 된다. 건축이나 디자인 전문가들은 인간을 중심으로 한 척도라는 뜻의 '휴먼 스케일'이라는 말을 자주 쓴다. 휴먼 스케일이 반영된 곳은 인간의 감각에 익숙하면서 편안하여 긴장이 풀어지게 된다. 옛날부터 있던 골목길과 길 속에 숨은 옛 건물들은 인간이 걷고 말하고 보는 것이 가능한 관계 내에서 형성되어왔기에 굳이 휴먼 스케일이라는 어려운 외래어를 가져오지 않아도 그 의미가 충실히 반영되어 있다.

어깨와 담이 스치기도 하고 손을 뻗으면 집 안 정원수의 나뭇잎을 만져볼 수 있고 눈앞에 조그마한 창문이 있고 가끔은 그 속을 들여다볼 수도 있으며 집 안에 사람이 있다는 뜻으로 텔레비전이나 라디오에서 소리가 흘러나오기도 하는 그런 스케일. 사람이 살아가는 흔적을 나의 감각으로 충분히 인지할 수 있는 그 정도의 길이라면 도시의 산책자들이 희구의 눈빛을 던질 만하다.

옛 사람들은 작은 공간에서 몇 가지 안 되는 물건들만 갖고 살았다. 물건을 많이 사들여도 공간이 작으니 모두 집 안에 들일 수도 없었다. 왕족이 쓰던 궁궐이 아니고서야 한옥의 방은 그 규모가 놀랍도록 작다. 작은 방 안에 규모에 딱 맞을 정도의 세간을 들이고 살림살이를 갖췄다. 재화가 부족하던 시절에 궁핍하게 살았던 풍경이 아니라, 그 이상의 것이 필요 없었기 때문이다. 불필요한 것을 욕심 부리는 것처럼 아둔한 일이 또 있을까. 그런데 우리 옛 건물이 아니어도 이런 사소하지만 깊은 가르침을 주는 장소들이 또 있다. 오늘은 옛날 선교사들이 살던 주택에 가볼 참이다.

개신교 선교사들, 조선에 상륙하다

개화기부터 지속적으로 외래 종교의 선교사들이 우리나라로 들어왔다. 미국에서 들어온 개신교 선교사들은 서울과 인천 등지에도 그 수가 많았지만 철도가 놓이고 해외와 교류가 잦아지자 부산, 대구, 대전, 광주, 개성, 원산 등 전국 곳곳으로 퍼졌다. 그중에서도 광주와 대전, 대구는 선교사 주택단지가 문화재로 지정되어 잘 보존되고 있다.

당시 선교사촌은 도시 외곽의 호젓한 언덕배기에 자리 잡았다. 그도 그럴 것이 읍성의 터줏대감들은 자신의 거처 가까이에 낯선 외국인들이 사는 것을 반기지 않았고, 읍성 내에는 이미 지역민들이 바글바글하게 살고 있었기에 쉽게 집을 구할 수 없었던 것이다. 읍성 바깥에는 빈터가 많았고 지가가 낮아 이

오래된 풀과 나무가 자연스럽게 뒤덮여 평화로운 풍경을 보여주는 챔니스 주택.

양인들도 넓은 터를 운용할 수 있는 여유가 있었다. 북장로회 선교사 알렌이 머물던 서울 정동도 도성 안이기는 했으나 전통적인 양반가문들이 많이 살던 북촌과는 거리가 멀고 빈터가 많았던 도시의 외곽이었다.

선교사 주택은 선교사들이 전교 활동도 하고 사람들을 모아서 회합하는 장소로도 활용되었지만, 무엇보다 일상생활을 하며 머물던 장소이기에 그들의 삶의 태도와 흔적이 고스란히 남아 있다. 선교사이기 전에 이방인이었던 그들이 낯선 땅에서 느꼈을 충격과 피로감은 얼마나 컸을까? 이 따뜻한 보금자리가 있었기에 그들은 이 땅에서 견뎌낼 힘을 얻었다.

그들은 조선 땅에서 난 음식들을 먹고 조선인들과 만나면서도 자신들이 살던 방식을 하루아침에 버릴 수는 없었다. 그들은 벽돌로 지은 2층집에서 침대와 식탁을 사용했고 집 안에 있는 욕실에서 편안하게 목욕을 하며 라디에이터로 난방을 했다. 고향에서부터 커다란 원목 책상과 피아노를 배로 실어와 마음껏 글을 읽고 노래를 했다.

조선인들에게 서양식 삶의 패턴은 처음에는 무척 낯설게 느껴졌지만 그들과 교류를 계속하면서 점점 친숙해졌다. 조선 사람들은 이양인 선교사들에게 안련(알렌), 현거선(핸더슨), 감부열(캠벨), 배유지(유진 벨), 인돈(린튼), 우일선(윌슨), 오기원(오웬)이라는 우리식 이름을 선사했다.

아늑하고 다정한 집, 대구 선교사 주택

계수나무가 많은 산이라 하여 예부터 '계산'이라 불리던 대구의 어느 아담한 언덕배기에 미국 북장로회 소속의 선교사들이 살았던 고즈넉한 세 채

서양식 벽돌주택에 한식 지붕을 얹어 절충적으로 지어진 스윗즈 주택.

의 주택이 있다. 이 주택을 짓고 살던 선교사들의 이름을 따 스윗즈 주택, 챔니스 주택, 블레어 주택이라고 불린다.

이 세 채의 건물은 공통점이 많다. 모두 1910년경에 지어져 같은 시기에 선교사들이 입주했으며 지상 2층으로 비슷한 규모이기도 하다. 대구 최초의 근대식 병원인 제중원을 이어받은 동산의료원에서 이 주택들을 관리하고 현재는 박물관으로 운영되고 있다는 점도 공통된다.

스윗즈 주택의 창은 스테인드글라스로 장식되어 있다.

하지만 건물의 모양과 내부는 완전히 다르게 디자인되었다. 어느 나라나 표준화된 주택의 형태가 있고 적은 비용으로 빨리 짓기 위해서는 비슷비슷한 형태를 따르기 마련인데 각각 다른 건축가가 집주인의 취향에 따라 건물을 디자인한 것처럼 세 채의 주택이 각기 개성적인 공간으로 구성되어 있다.

마르타 스윗즈Martha Switzer 여사가 살던 스윗즈 주택은 한식과 서양식이 묘하게 혼합된 2층 주택이다. 외부 형태로 보나 내부 구조로 보나 서양식 건물의 기본을 따르고 있는데 붉고 흰 돌과 기와지붕 덕분에 한옥의 느낌도 풍긴다. 깊게 떨어지는 지붕의 경사면이 경쾌하다.

한옥의 창호와 모양과 비례가 비슷해서 돌출된 창문을 썼어도 서양식이라고 느껴지지 않는다. 이렇듯 한옥과 서양식이 혼합된 형태를 한양절충식 형태라고 부른다. 대구 읍성을 철거할 때 나온 커다란 안산암 돌을 가져와 밑바닥에 탄탄하게 기초를 쌓고 그 위에 붉은 벽돌을 길이와 너비로 모양을 내어 집의 몸체를 쌓아올렸다.

실내의 층고는 높지 않으나 1층에 널찍하게 열린 홀이 반갑게 느껴진다. 마르타 스윗즈 여사가 살던 때는 이곳에 편안한 나무의자와 테이블을 두고 사람들을 맞이했겠지만, 지금은 성물이 담긴 전시함과 벽에 걸린 패널들이 주인 없는 집을 채우고 있다. 내부 복도는 계단도 좁고 문도 창도 아담하다. 창에는 스테인드글라스를 장식했는데, 스윗즈 여사가 살았던 당시에는 없던 것이다. 여사는 이 집에서 생의 마지막 날을 맞았고 그녀의 묘는 집 앞의 선교사 묘역에 있다.

중앙에 자리 잡은 챔니스 주택은 가장 서양식 건축물다운 풍모를 지녔다. 경사도가 큰 박공지붕을 얹은 붉은 벽돌주택인데, 후면에 건물을 덧붙인 듯 흰색 콘크리트 공간이 두드러진다. 계단을 따라 올라가면 달랑거리는 팬던트 등이 달린 현관 포치가 있는, 미국 영화에서 흔히 볼 수 있는 형태의 집이다. 넓은 응접실과 환한 주방이 한눈에 보인다. 홀 안쪽에는 아늑한 빛이 새어 들어오는 서재가 있다. 책을 읽으며 깊은 사색에 잠길 수 있는 서재 공간이 무척 마음에 들었다.

선교사들이 사용한 피아노도 있다. 미국에서 배를 타고 부산으로, 다시 부산에서 기차를 타고 대구까지 지구 반 바퀴를 도는 여행을 한 피아노다. 현이

챔니스 주택의 2층은 선교사들이 살던 당시의 모습을 재현하고 있다. 많은 의료 선교사들이 이곳을 거쳐갔다.

뜯겨나가고 건반이 망가져 더 이상 소리를 내지 못하지만 세월의 향기가 검고 흰 건반 하나하나 사이에서 풍겨난다. 고향 생각이 날 때마다 이 피아노는 노래를 들려주며 사람들의 마음을 나독여주었을 것이다. 그들이 느꼈을 그리움과 고단함, 그리고 노력한 뒤에 얻은 기쁨이 지금까지도 생생하게 느껴진다.

방문객들은 세 채의 주택 중에서 챔니스 주택에 가장 깊은 인상을 받는다. 공간이 주는 아늑한 매력과 더불어 2층 전체를 선교사들이 사용하던 모습 그대로 재현해놓았기 때문이다. 창문을 통해 햇살이 환하게 들어오는 방 안에는 선교사들이 예전에 사용하던 물건들이 그대로 남아 있다. 작은 홀에는 앤티크 테이블이 있고 낡은 목재 장식장 안에는 옛 사람들이 사용하던 손때 묻은 찻잔과 접시들이 차곡차곡 들어 있다.

낡았지만 깨끗하게 손질된 책장과 서랍장, 낮은 테이블과 의자들, 여전히 보들보들한 카펫과 깨끗하게 정돈된 침대까지 그날의 모습 그대로다. 1948년에 이곳에 거주했다가 고국으로 돌아간 선교사 하워드 모펫Howard F. Moffet이 아흔네 살이 된 지금까지도 일 년에 한 번씩 대구를 방문해 바로 이 방에서 머물고 간다고 한다. 혼신의 힘을 다해 일하던 젊은 시절을 기억하기에 이곳만큼 적절하고 절실한 곳은 없을 것이다.

가장 북쪽에 위치한 블레어 주택은 깊은 경사의 박공지붕과 붉은 벽돌 몸체가 잘 다듬어진 소나무에 살짝 가려 한층 고즈넉하다. 오래된 목재와 주철 장식의 분위기 있는 베란다가 현관 서쪽에 이어지는데, 하얀색 티테이블을 내놓고 바깥을 구경하며 차를 마시면 좋을 것 같다.

블레어 주택은 교육역사박물관으로 활용되고 있는데, 민속사료와 항일운동 자료 등을 설치하기 위해 그 시절의 흔적을 거의 지워버렸다. 이 때문에 챔

아늑하고 평화로운 블레어 주택. 지금은 교육역사박물관으로 사용되고 있다.

니스 주택에서 느꼈던 따뜻한 인간의 체취를 이곳에서 기대하긴 어렵다. 내부 공간의 아기자기한 매력이, 빼곡히 채워진 박물관 자료에 억눌린 느낌이다.

2층으로 올라가는데 계단 양편에 아래층으로 연결된 문이 나타난다. 슬며시 문을 열어보니 컴컴한 복도가 지하층으로 이어져 있다. 한번 내려가볼까, 호기심이 생겼지만 삐걱거리는 계단과 서늘한 공기에 눌려 다시금 문을 닫았다. 오래된 집에 하나쯤 있을 법한 비밀스런 공간이 있는 것은 아닐까? 혹시 세 채의 주택에 지하로 연결된 비밀통로가 있고 이 문이 그곳으로 통하는 것은 아닐까?

숲 속 철학자의 집, 오정동 선교사촌

대전 한남대학교 내부에 오정동 선교사촌이 있다. 이곳으로 향하는 길은 놀랍게도 아스팔트가 덮지 않은 편안한 오솔길이다. 하늘 높은 줄 모르고 솟은 나무들 사이로 흙과 나뭇잎을 밟아보는 기분이 달콤하다. 소란스런 자동차 소음도, 사람들의 날카로운 목소리도 바람 속에 사라진다. 내 발걸음에서 나는 소리조차 누군가를 방해할 것만 같은 고요한 길. 이 길이라면 산책자의 길이라고 해도 좋고 철학자의 길이라고 해도 좋겠다.

길을 걷다보면 나란히 서 있는 세 채의 집을 발견하게 된다. 한옥처럼 보이기도 하고 서양식 주택 같기도 한, 세쌍둥이처럼 꼭 닮은 집이다. 이 주택들에는 인돈하우스와 인돈기념관이라는 이름이 붙어 있다. 인돈과 많은 선교사들이 이곳에 살던 1955년경에 지어졌는데, 이제는 한국인 학자들이 사용하고 있다. 인돈印敦은 윌리엄 앨더맨 린튼William A. Linton에게 붙인 우리식 이름이다.

한남대 내부에 자리 잡고 있는 오정동 선교사촌. 숲 속에 고즈넉이 자리 잡은 벽돌 한옥이 멋스럽다.

길은 집 뒤로 이어지고 다시 선교사촌 입구에서 만난다. 넓은 공터에 키 큰 플라타너스들이 시원스럽게 뻗었다. 이곳에서는 구름도 바람도 쉬어갈 것만 같다.

세 채 모두 중정을 둘러싼 ㄷ자 형태의 단층 주택이다. 붉은 벽돌로 단단하게 몸체를 쌓고 용마루가 있는 기와지붕을 올렸다. 층고가 높지 않고 창문이 많아 아담하고 편안한 느낌이다. 지금은 손보지 않아 잡초가 무성한 중정에 드문드문 유실수 몇 그루가 보인다. 햇살이 집 안으로 골고루 들어가도록 중정에 면한 부분은 유리문과 유리창으로 처리했다.

유리창으로 연결된 부분 안쪽에는 길게 복도가 이어진다. 거실을 중심으로 방이 붙어 있는 구성이 요즘의 아파트형 평면이라면, 이곳은 중정을 따라 길

게 복도가 이어지고 각 방과 거실, 서재, 욕실, 주방이 복도와 연결되어 있어 공간이 훨씬 다양하고 아기자기하다. 각 방들은 서로 연결되거나 단절되어 동선의 흐름을 자연스럽게 유도하고 있다. 인돈하우스는 아직 보수가 제대로 이루어지지 않아 문이 닫힌 상태지만 나머지 두 채는 연구실로 사용되고 있다.

중앙에 위치한 기념관 안으로 들어가 내부를 살펴보았다. 현관홀을 중심으로 좌측에 규모가 큰 거실이 있고 우측에 서재, 식당 등 부속시설이 연결된다. 침실은 모두 뒤편에 있다. 모든 방에 창을 여러 개 내어 햇살이 아늑하게 스며든다. 선교사들이 쓰던 가구들도 여전히 남아 있다. 작고 낡은 책장에는 오래된 문고본 영문 원서들이 빼곡히 꽂혀 있고 낡은 책상 위에 따뜻한 열기가 느껴진다.

화려하지 않지만 품위 있게 공간을 장식하는 물건들도 가득하다. 붉고 푸른 꽃이 피는 화분을 놓아두었을 것 같은 창가에는 지금도 꽃이 담긴 화병이 놓여 있다. 주방은 요즘 식으로 말하자면 홈바 스타일로 꾸며져 있어 당시에 매우 이국적인 분위기를 연출했을 것이라 짐작할 수 있다. 오래된 빈티지 오븐과 그릇장도 그대로 사용되고 있다. 1960년대가 지나서야 보편화된 보일러와 수세식 화장실 시설이 당시에 이미 잘 정착되었다는 것도 이 주택의 독특한 점이다.

거실에 들어서면 천장의 서까래와 벽난로, 햇살이 환하게 들어오는 넓은 창이 한눈에 들어온다. 천장은 서까래를 노출시키고 회벽을 발라 마감했으며 창문틀도 모두 서까래와 같은 짙은 갈색으로 칠해서 고전적인 한옥의 느낌과 모던한 서양식 풍경이 잘 어우러진다.

그 옛날과 변함없는 고즈넉한 오솔길 풍경이 창밖으로 흘러가고 시간이 먼

아담하고 평온한 분위기가 실내에도 그대로 남아 있다. 작고 낮은 방과 좁은 복도가 유기적으로 연결되어 있다.

지처럼 내려앉은 방 안에도 그날과 똑같은 햇살이 스며든다. FM 라디오에서 흘러나오는 음악소리가 아니었다면 마냥 꿈결 같은 눈빛으로 시간을 보낼 것만 같은 곳이다.

말 그대로 자연이 집을 품은 듯한 고즈넉한 선교사촌도 한때 위기에 처한 적이 있다. 남장로회 선교사들이 본국으로 돌아가면서 한남대와 대전신학교에 무상으로 선교사촌 일대의 땅을 기증했는데, 대전신학교에서 절반에 해당하는 땅을 건설사에 팔고 다른 곳으로 캠퍼스를 이전하기로 한 것이다. 건설사가 원룸아파트의 공사를 서두르자 대전 시민들이 이 아름다운 장소를 살려내고자 '오정동을 사랑하는 시민의 모임'(이후 '오사모'로 약칭)을 결성해 자발적으로 문화유산 보존 운동을 펼쳤다.

중정을 사이에 두고 ㄷ자 형태로 구성된 절충형 한옥 세 채가 길게 이어져 있다.

시민들의 모금만으로 단기간에 큰 소득을 볼 수 없다고 판단한 '오사모'는 한남대로 하여금 이 땅을 매입하고 관리하도록 독려했고 한남대에서도 적극적으로 이를 받아들여 위기를 모면했다. 오사모의 지속적인 활동으로 오정동 선교사촌은 대전시 문화재로 지정될 수 있었고, 지금은 정부의 보호와 지원을 받으며 망실의 위기에서 벗어난 상태다.

사람들은 집을 고를 때 어떤 것을 기준으로 삼을까? 잘 디자인된 공간은 어떤 것이며 좋은 공간을 가진 집은 어떤 것일까? 나는 그 해답의 실마리를 옛날 건물들을 돌아보면서 조금씩 얻곤 한다. 작고 좁은 공간의 매력이 무엇인지, 필요한 것만 갖는 생활의 미덕이 무엇인지 옛집을 보면 알 수 있다.

집 안을 가득 채운 가구들보다 창밖의 아름다운 풍경이 집을 더욱 풍부하게 만든다는 것도 알았다. 옛 건물을 보면, 지금 우리가 살고 있는 공간이 얼마나 천편일률적인지 깨닫게 된다. 집이란 살고 있는 개개인의 철학을 담고 있을진대, 우리는 어떤 철학으로 그 공간을 채우고 만들고 있는지 다시 생각해볼 일이다.

꽃피는 고향

| 광주 양림동 선교사 마을 |

늦봄의 광주는 조용하고 평화롭다. 이 도시의 공기는 우리에게 봄날의 곰처럼 늘어져 있어도 된다고, 시간이란 하염없이 늘어나는 것이므로 천천히 움직여도 된다고 말하는 듯하다. 하지만 우리는 걸음을 재촉했다. 양림동 일대의 선교사촌을 둘러보기 위해 이 도시에 왔고, 오늘은 도코모모 코리아 춘계 답사팀과 함께 움직여야 하니까.

근대건축연구소를 운영하는 각 대학의 교수들과 연구원들, 대학생들, 실무 건축가들 그리고 출사를 나온 사진동호회 회원들로 답사팀이 꾸려졌다. 모두 서른여섯 명. 답사를 다니면서 이렇게 사람이 많았던 것은 처음이다. 다들 건물 답사에는 일가견이 있는 사람들이었다. 걷고, 보고, 설명을 듣고, 사진 찍고, 메모하고… 빡빡하게 짜인 일정에 따라 일사분란하게 움직인다. 우리도 쉴 틈 없이 걷고 하나라도 놓칠세라 귀를 세웠다.

도코모모DOCOMOMO라는 이름이 낯설다. 어떤 단체인가 하니, '근대운동에

◀ 미국식 주택 형식을 따른 우일선 선교사 사택.
▶ 전쟁 후 부모를 잃은 어린이들을 보육했던 충현원의 내부. 세면대와 변기, 선반과 계단 등 모든 것이 어린이가 사용하기 쉽도록 작고 낮게 만들어져 있다.

관한 건물과 환경 형성을 기록·조사하고 보존하는 조직'Documentation and of buildings, sites and neighborhoods of the modern movement이다. 근대건축을 보존하기 위해 1990년 네덜란드 아인트호벤 공과대학에서 도코모모 인터내셔널이 설립되었고 2002년부터 파리 국립건축박물관을 거점으로 활동하고 있다.

우리나라에서는 등록문화재 제도가 결의되면서 근대건축물 보존과 관련한 논의가 한창 들끓던 2005년에 관련 전문가와 연구진을 중심으로 '도코모모 코리아'가 탄생했다. 문화재 건물을 연구하고 보존하는 단체는 여럿 있지만, 근대건축으로 시대를 한정하여 집중적으로 연구하는 단체는 도코모모 코리아가 대표적이다.

광주는 무등산 언저리에 호젓하게 자리 잡은 의재미술관을 방문하러 들른 적이 있었다. 양림동은 그날의 호젓함과는 또 다른 평화로움이 있다. 개화기 무렵에 개신교 선교사들이 개척한 양림동은, 수피아여학교와 선교사 주택과 같은 서양식 건물과 조선 말엽에 지어진 한옥 고택, 한국전쟁 시절에 부모 잃은 아이들을 거두었던 오래된 보육시설 같은, 뿌리도 콘텍스트도 서로 다른 건물들이 긴 도로를 따라 오종종 놓여 있었다.

우일선 선교사 주택 앞에는 몸통이 굵고 파삭거리는 잎사귀가 늘어진 야자수가 높게 서 있다. 그렇지 않아도 미국식 스타일로 지어진 집인데 야자수까지 있으니 하와이 어디쯤에 뚝 떨어진 느낌이 든다. 텃밭에 떨어지는 햇살은 또 어찌나 따가운지. 여름이면 밭을 일구던 손도 느려졌을 것이다. 호젓한 별장 같은 건물의 모든 창문이 열려 있던 그날을 잠시 상상해보았다. 우일선이 누구인가 했는데, 윌슨이라는 미국 선교사를 우리식으로 부른 이름이었다.

선교사 주택과 멀지 않은 곳에 자리 잡은 보육시설의 이름은 충현원이다. 1946년 박순이 여사가 선교사들과 함께 부모 잃은 아이들을 보호하면서 설립한 곳으로 전쟁 후에 많은 아이들이 이곳을 거쳐갔다. 자물쇠로 잠긴 문 안쪽으로 들어가니 50년 전 아이들이 모여 살던 집터가 등장한다. 키가 낮고 자그마한 아이용 세면대가 있는 수돗가에는 붉고 푸른 꽃들이 만발하다. 나무로 만든 시소와 그네는 여전히 친구를 기다리고 있는 것일까?

팬지와 초롱꽃이 핀 꽃밭 너머에 아이들이 잠자고 놀던 장소가 있다. 밥을 먹고 공작을 하고 영어공부를 했던 테이블이 그대로 남아 있는 이 집은 언제부터 비어버린 것일까? 커서 미국으로 건너간 충현원 아이들이 다시 광주로 돌아와 이곳을 재건하기로 했다고 한다.

오기원기념각으로 내려오니 한낮의 태양이 살짝 기울었다. 장방형으로 넓게 열린 공간을 회색 벽돌이 차곡차곡 둘러싸고 있다. 오래된 대학 건물처럼 품위가 느껴진다. 오기원 또는 오원이라 불리던 클레멘트 오웬Clement C. Owen 선생은 이 건물처럼 과묵한 학자 같은 분위기를 풍겼을까? 목재 트러스가 지붕을 단단히 지탱하고 있는 넓은 예배당은 전통적인 양식에서 벗어나 있기에 자유롭고 그래서 더 경건하다.

선교사들이 이 땅에 왔을 때, 그들도 이 땅에서 평화를 보고 느꼈을까? 아니면 짧고 진한 행복이라도 얻었을까? 길고 길면 그것은 평화가 아니다. 행복이란, 평화란 짧기에 더욱 소중한 것이다. 그때건 지금이건, 누구에게나 그러하듯이.

자유롭고 평온한
오기원기념각.
회색 벽돌로 지어진
정방형의 건물에서
굳은 신념을 읽을 수 있다.

조선을 유람하는 사람들

서울역사 • 벌교 보성여관

부산에서 서울로 가는 야간열차는 각종 설비가 잘 되어 있고 편안하고 깨끗하였으며, 두 겹의 유리창 사이로 아침 해가 떠오르는 것을 볼 수 있었다. 창밖으로 펼쳐지는 나무 하나 없는 야트막한 언덕의 경치는 원시적 아름다움을 드러내고 있었다. 아직 봄은 일러서 겨우 나온 볏잎은 약간의 푸른빛을 보일 뿐이었고, 동산들은 그 둥근 모습이 마치 오래된 한국 도자기를 닮아 사람을 매혹시켰다.

—엘리자베스 키스 · 엘스펫 K. 로버트슨 스콧,
『영국 화가 엘리자베스 키스의 코리아 1920~1940』

스코틀랜드 출신의 화가 엘리자베스 키스Elizabeth Keith는 조선의 풍경을 좀 더 가까이 보려고 창 쪽으로 몸을 바짝 붙였다. 그녀는 이윽고 조선의 여인들을 보게 된다. 강인한 생명력의 현신으로 다가온 여인들의 모습.

> 이윽고 부인들과 여자아이들이 보였다. 그들의 치마는 엄청 폭이 넓고 저고리는 짧았는데, 빨강, 파랑 또는 초록색 등이 주조를 이루고 있었다. 아침 해가 떠오르자 거무튀튀한 산들이 붉게 변하면서 밝은 색 옷을 입은 사람들이 파스텔 색을 배경으로 이리저리 움직이고 있는 것이 보였다. 참으로 보기 좋은 광경이었다.
>
> —앞의 책

부산에서 서울까지 가는 기찻길에는 수많은 역이 있었다. 그녀는 역마다 무장한 일본 군인 두세 명이 삼엄하게 경계하고 있는 풍경을 발견했다. 조선 땅을 뒤흔든 3·1만세운동 소식은 일본에서 들어 알고 있었다. 분노와 염원의 감정이 폭발하여 반도 전체를 만세 소리로 뒤덮은 지 6개월이 지난 지금, 반도의 풍경은 조바위를 쓴 한국 여인의 얼굴처럼 평온해 보였다. 엘리자베스 키스는 금세 이 작은 땅에 매료되었다. 여행은 예정했던 3개월을 훌쩍 넘겼다.

엘리자베스 키스가 그린 조선의 풍경
〈신부 행차〉, 채색목판화, 1921

엘리자베스 키스가 조선을 여행하며 그린 그림들에는 여인들의 역동적이고 단정한 자세가 잘 표현되어 있다. 아이들은 놀이에 열중하고 여인들은 규방에서 일을 한다. 마을 어른들은 긴 담뱃대를 물고 서책을 읽고 있다. 우아하고 품위 있는 왕족 여인도, 관복을 갖춰 입은 내시도, 선비와 학자도 엘리자베스 키스의 화폭에 담겼다. 그녀가 그린 조선 사람들은 모두 진솔하면서도 위엄이 있다.

그들의 우아한 태도와 단정한 자세, 분명한 눈빛에서 화가는 깊은 감명을 받았다. 엘리자베스 키스의 한국식 이름은 기덕奇德이다. 그녀는 작품에 E. K. 외에도 때때로 기덕이라는 서명을 써서 조용한 아침의 땅에 대한 애정을 표현했다. 그녀가 없었더라면 조선의 모습은 관광홍보엽서에 담긴, 짧은 저고리 아래로 가슴을 드러낸 여인과 더럽고 지저분한 몰골의 아이들로만 알려졌을 것이다.

부산에서 시베리아까지, 철도의 시대가 열리다

엘리자베스 키스가 여동생 엘스펫과 함께 처음 부산항에 도착해 다시 서울로 가기 위해 오른 경부선 열차는 마흔 개가 넘는 역을 지나치게 된다. 열 시간 가까이 기차 속에서 잠자코 있어야 하지만 너른 벌판과 높은 산, 이따금 보이는 도시의 풍경으로 지루할 겨를이 없었다. 경부철도가 개통된 것은 1905년, 그 뒤로 서울과 신의주를 잇는 경의선이 개통되고 남만주까지 철도가 이어졌다. 바야흐로 부산에서 만주를 거쳐 시베리아 횡단철로까지 연결되는 철도의 시대가 열리게 된다.

마음만 먹으면 부산에서 파리까지 기차로 여행할 수 있게 된 것이다. 일본은 경인선 부설권을 미국에게 빼앗긴 아쉬움을 만회하고자 경부선과 경의선을 철저하게 준비했고 그들의 야심대로 철도는 계획대로 개통되어 북으로 연결되었다. 만주를 집어삼킬 야욕이 부산에서 출발한 특급열차에 진득하게 달라붙어 있었다.

부산이 일본과 대륙을 연결하는 거점이 되면서 부산항과 부산역 주변이 변화하기 시작했다. 세관과 잔교棧橋가 만들어지고 관광안내소가 등장했으며 여관이나 숙박시설도 우후죽순 생겨나게 된다. 서구적인 건축기법에 따라 붉은 벽돌과 화강암으로 화려하게 멋을 낸 부산역이 1910년에 완공되고 그 안에 고급 철도호텔이 들어서면서 대륙을 향한 유람의 발걸음은 더욱 빨라진다.

1953년 12월에 화재로 사라질 때까지 부산역은 부산항에 도착한 수많은 외국인들을 북쪽으로 모셔가는 관문으로 당당하게 서 있었다. 여행자들은 일본에서 관부연락선을 타고 부산에 들어왔다. 그리고 크고 작은 역을 지나 어느덧 반도의 중심 경성에 도착했다. 육중한 돔이 얹힌 거대한 경성역은 새로운 역사의 상징이었다.

경성역의 화려한 시절

1925년 9월, 오래된 남대문정거장이 경성역이라는 새로운 옷으로 화려하게 갈아입었다. 경성역은 그 어떤 역과도 다른 호화로운 장소였다. 유럽식 아침식사와 홍차를 주문할 수 있는 세련된 양식당과 승강기가 있었고 VIP 손님들을 맞이하는 귀빈실도 따로 있었다. 고급스런 연회장의 규모도 다른 역과는 비교할 수 없을 정도였다.

남대문정거장을 개축하여 위풍당당하게 탄생한 경성역.

신장新裝한 경성역

이전 남대문뎡거댱 터에 새로 지은 부흥식 련와煉瓦 이층 양옥 경성뎡거댱京城停車場도 머지안아 손님을 마주고(맞이하고/인용자) 보내게 된담니다. 이 뎡거댱은 사 년 전 즉 임술壬戌년 륙월 초하로 날에 공사를 시작하야 금년 구월 금음날 만 사십 개월 만에 공사를 맛칫담니다. 내부의 수쇄(수세水洗/인용자)를 맛친 후 오는 십월 십이일 오전 열한시 반에는 뎡거댱 압 널분 마당에서 수발제修祓祭를 지내고 십사일 오후 한시부터 다섯시까지는 뎡거댱 내부를 일반사람에게 공개를 한담니다. 건물의 연면뎍延面積은 일만 칠천이백륙십구 평방'메들'(미터/인용자)인데 본관 디계면적地階面積만이 이천칠백사십칠 평방'메들'로 총 공사비금이 일백구십사만 오천구백사십륙 원이람니다. 이 집구조의 내용은 가보시면 아시려니와 내부에는 승강긔와 난방暖房장치도 잇고 아래층에는 예전과 가치 일이삼등 대합실 외에 부인 대합실과 귀빈실 강객실降客室도 잇담니다. 이층에는 리발실과 크고 적은 식당食堂이 잇다는데 이백여 명분의 연히설

비도 할 만하답니다. 그중에도 우스운 것은 중계中階에는 돈을 내야 들어갈 수 잇는 변소便所를 만들어두엇답니다.

—동아일보 1925년 10월 8일 기사

여행객들만 이곳을 오고 간 것은 아니다. 경성역에는 귀빈실에 머물며 양식당에서 최고의 셰프로부터 음식을 대접받던 사람도 있었지만 그들을 암살하러 모여든 자들도 많았다. 연고 없이 떠도는 사람들이 흔적도 없이 실종되기도 하고, 거사를 꿈꾸며 북쪽으로 가려는 사람들이 경찰에 체포되기도 했다. 때론 연애에 좌절한 젊은이들이 달리는 열차에 몸을 던지기도 했으니, 이 모든 이야기들이 경성역의 계단 하나하나에 씌어 있다.

고속철도가 개통되고 유리 커튼월*과 철골 트러스로 지어진 신역사에게 자리를 넘겨준 옛 서울역사는 시간이 멈춘 공간으로 남았다. 사용을 멈춘 지 고작 몇 해가 흘렀건만 건물은 몹시도 헐고 낡았다. 검푸른 돔이 얹힌 육중한 역사는 한때 새로운 시작을 꿈꾸는 사람들을 맞이하는 희망의 상징이었거늘, 기억에서 잊힌 건물은, 사람이 그러하듯 더 초라하고 초췌해지고야 말았다.

이따금 전시회를 열어 서울역을 기억하는 사람들의 발걸음을 조출하게 맞이하기도 하지만 이곳이 경부선 열차를 타러 자주 드나들던 그곳이었던가 의구심이 들 정도로 낯선 공간이 되어버렸다. 회상의 끈은 어느 순간 끊어졌고 옛 건물이 남겨준 기억은 점차 새로운 기억으로 채워져버렸다.

2008년 12월에 서울국제사진페스티벌이 옛 서울역사에서 열려 다시 한 번 건물 내부를 들여다볼 기회가 생겼다. 전시 개막시간이 늦은 오후여서 뜻밖에도 어두컴컴한 시간대에 이 낡고 거대한 건물을 돌아보게 되었다. 출품작이

*curtain wall, 칸막이 구실만 하고 하중을 지지하지 않는 바깥벽.

대형 연회홀의 거대한 샹들리에와 천장 장식이 경성역의 화려했던 시절을 보여준다.

워낙 많아서인지 옛 서울역사 안쪽까지 작품들이 전시되어 있었다. 덕분에 이전에 미처 들어가보지 못했던 구석구석까지 다 돌아보았고 그 독특한 분위기에 열렬히 매혹되었다.

그곳은 어느 사진작가가 보여주었던 낭만적인 폐허가 아니라 지독히 어둡고 황폐한 공간이었다. 헐어서 배선과 철근이 드러난 벽체, 무너질 것 같은 천장과 먼지가 가득한 창틀, 낡은 벽난로가 그로테스크하게 펼쳐져 있다.

또 한편 일본 양식의 내부 장식이 선명하게 드러난 곳도 많아서 묘한 이물감을 느끼게 했다. 무척 정교하게 세공한 천장의 나무 장식과 낡아서 벗겨지고 뜯겨진 얼룩덜룩한 벽체가 공교롭게도 한데 어우러져 있다. 세월에 수척해진 건물이 마음속에 알 수 없는 감정을 남겼다. 아름답고 서럽고 안타까운…

2층 안쪽에 거울벽 장식이 있는 넓은 홀이 등장했다. 2백 명을 가득 채울 수 있다는 연회장이 바로 이곳일 것이다. 샹들리에는 낡았으나 거대했고 어두운 공간에서 저 혼자 번쩍거렸다. 흰색 테이블보를 씌운 식탁과 의자가 놓이고 테이블 위에 은색 커트러리와 크리스털 잔이 차려져 있었다면 홀 전체가 황금빛 물결로 넘실거렸을 것이다. 화려한 경성역의 기억은 거기에서 멈췄다. 폐허 속에는 눈물겨운 노스탤지어만 남았다. 있었던 것들이 사라진 장소에서 느끼는 비애감이 겨울밤에 내리는 비처럼 차갑게 몸에 감긴다.

옛 서울역사를 어떻게 활용할 것인가, 아니면 이대로 버려둘 것인가. 꽤나 오랫동안 입에 오르내리던 문제가 복원공사를 시작하는 것으로 일단락되었다. 복원공사를 마치고 매끈해진 서울역사를 보고 이전과 같은 장소라고 느낄 수 있을지 확신할 수 없다. 사람들은 '복원'을 옛 건물을 살리는 완벽한 해답으로 알고 있지만 그렇지 못한 예들이 너무나 많다.

우리 시대 최고의 화가인 나혜석과 이응로가 거쳐간 수덕여관이 그랬다. 수

덕산 입구의 수덕여관은 복원공사 이후 민속촌 한옥처럼 되고야 말았다. 화가의 발자취를 찾아나선 사람들에게 추억을 이어줄 먼지 한 줌 남지 않은 반짝반짝한 공간이 된 것이다. 평면 구조만 같을 뿐 완전히 다른 건물이라고 볼 수밖에 없다. 이곳에 화가의 작품을 걸어놓은들 온전히 감정이입할 수 있을까?

건물의 구조는 복원할 수 있지만 정취까지 복원하기는 어렵다. 어떤 식으로든 건물을 계속 사용하는 것이 건물의 정취를 유지하는 방법이다. 낡은 부분은 정성스럽게 갈아 끼우고 부족한 부분은 보충하며 우리의 삶과 함께 조금씩 변화해가는 건축물을 볼 때, 진정한 아름다움을 발견하게 된다.

문화재 건물을 보호한다는 명목으로 문을 걸어 잠근 채 비워둔 건물만큼 안쓰러운 것도 없다. 안전하게 관리한다는 이유로 정작 건물의 중요한 쓰임을 망각하는 어이없는 상황이 발생하는 것이다. 쓰다 만 가전제품이 금세 녹슬듯이, 사람이 살다가 떠난 건물은 더 빨리 노쇠한다.

서울역이 복원되면 그 옛날 있었다는 서양식 식당과 연회장을 온전한 형태로 다시 한 번 보고 싶다. 그때가 되면 이 헐고 낡은 벽과 천장에 대한 기억은 사라질 것이다. 낡은 것 속에 담긴 옛 기억과 정취들도 모두 먼지처럼 흩어질 것이다. 잠깐 동안이라도 폐허가 된 서울역을 경험한 것도 꽤 값진 일이 될 것 같아 그날의 사진을 소중히 보관하기로 했다.

일본식 목조여관의 아름다운 변화

유람을 떠나는 사람들이 모두 만주로 가는 것은 아니었다. 관광객들이 가장 많이 찾은 곳은 금강산이었고 전통적인 관광지였던 평양과 개성도 찾는 이들이 많았다. 서구의 색채가 짙어진 인천도 인기 있는 관광지였고, 관부연락선이 취항하는 부산과 전통적인 휴양도시였던 온양은 온천을 적극적으로 개발하여 관광객을 모았다.

부산에는 기생이 있던 호화로운 온천여관인 봉래관과 명호여관, 동래관 등이 성업 중이었고, 고급 요정인 정란각도 관광객을 위한 명소로 알려졌다. 일본식 저택처럼 지어진 정란각은 지금도 그 자리에서 일본인 관광객을 맞으며 영업을 계속하고 있다.

관광객의 숫자는 지속적으로 증가했는데, 그중에는 수학여행을 떠나는 학생들 무리도 섞여 있었다. 해수욕장과 명승지를 돌아보는 수학여행을 떠나기 위해 학생들은 열심히 용돈을 모아야 했지만 여행지에서 찍은 사진과 기념엽서만큼 감동을 주는 것도 없었다. 유람인구가 늘수록 일본식 여관이 전국 곳곳에 생겨났다. 진해, 부산 등지에는 여전히 살림집으로 사용하는 여관 건물이 상당수 남아 있으며, 벌교와 영광에 남아 있는 일본식 목조여관은 문화재로 지정되어 보호되고 있다.

전남 보성군 벌교읍의 중심가는 문자 그대로 50여 년 전으로 되돌아간 듯한 인상을 준다. 적산가옥에 간판만 붙인 상점과 시멘트블록으로 지어진 이발소, 좁은 골목 안으로 이어진 낮은 가옥들이 한적하기 이를 데 없다.

그러나 단순히 전원도시라고 하기에는 읍내 규모가 상당히 크고 구조가 현대적이다. 예부터 관광객들도 많이 드나들었던 듯 도시는 활기가 넘치고 독특한 정취가 스며 있다. 때마침 벌교금융조합과 보성여관 두 채의 근대문화재를 중심으로 도심 정리 사업이 한창이다. 소설 『태백산맥』의 무대가 된 벌교읍 전체를 '태백산맥 문화의 거리'로 조성하는 사업이다.

벌교 시내를 이루고 있는 갖가지 건물들의 모습.
아래 왼쪽이 근대건축물 등록문화재로 지정된 벌교금융조합이다.

일본식 여관의 전형적인 모습을 갖춘 보성여관.
보성여관의 내부는 보이는 것 이상으로 넓어 수
많은 방과 독채가 연결되어 있다.

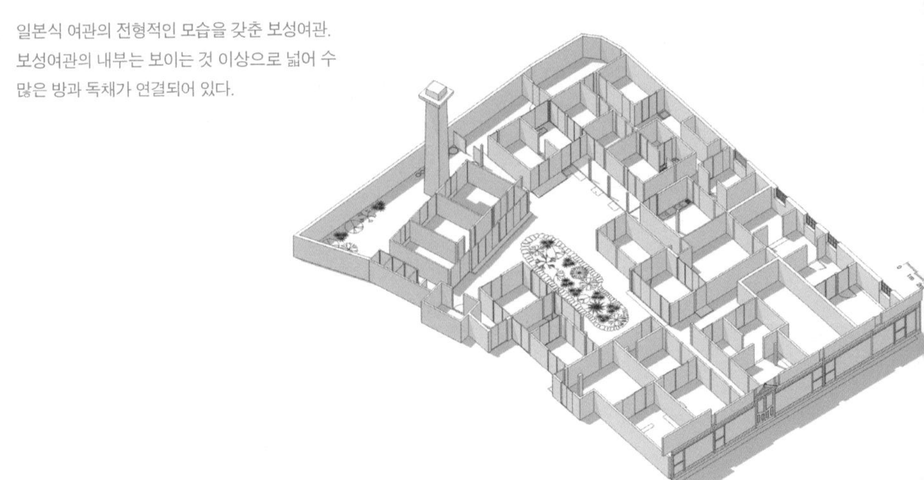

작은 포구로서 조용하기만 하던 벌교는 1910년대부터 일본인 사업가와 자본가들이 포구에 정착하면서 도시의 규모가 커진 지역이다. 시가지가 정비된 1930년대에는 1천 호가 넘는 주거지역과 상업시설이 들어올 만큼 성장했고 광주-여수 간 사설철도가 벌교포구를 지나갈 정도로 남도의 소중심지 역할을 톡톡히 했다. 조선식산은행이 벌교에 지점을 내고 무역회사와 토지회사들도 다수 설립되어 소읍을 든든하게 뒷받침해주었다.

보성여관은 벌교가 한창 물오른 서대처럼 헤엄쳤던 1935년에 벌교 읍내 본정통에 들어섰다. 다다미가 깔리고 일본식 미닫이문이 있는 객실이 열 개가 넘고 넓은 연회장까지 갖춘 일본식 여관이었다. 이곳을 이용하는 사람들은 대부분 벌교를 찾아온 일본인 관광객이거나 사업가였을 것이다. 남도의 누런 곡창지대와 섬을 둘러보며 재산을 불리겠다는 욕심을 부린 자들도 많았고, 도자기와 불상에 눈독을 들인 이들도 있었다. 2층 연회장은 소읍이 점차 자리 잡아가는 것을 지켜보며 술잔을 기울이는 일본인 사업가들의 차지였다.

보성여관은 광복 후에도 줄곧 여관과 상점으로 사용되었다. 그러다 1983년 바로 옆에 자리 잡은 벌교초등학교로 인해 학교정화구역으로 설정되면서 여관업을 포기하고 상점과 살림집으로 쓰였다. 그러나 더 이상 사용하기 어려울 정도로 낡은 목조건물을 보수해야 하는 문제에 부딪히면서 건물의 쓰임새를 두고 의견이 분분했던 모양이다. 문화재청이 4억 8천만 원을 들여 여관을 매입했고 문화재보존단체인 문화유산국민신탁이 위탁 관리하면서 이곳을 문화공간으로 바꾸기로 결정했다.

70년이 흐르면서 변형된 부분은 최대한 원형에 가깝게 복원하고 갤러리와 카페, 작가들의 창작 공간으로 내부를 바꾸어나갈 계획이라고 한다. 문화재라

보성여관은 문화유산국민신탁이 위탁 관리하며 문화공간으로 바꾸어갈 계획이다.

는 고정관념을 벗고 조금 더 사람들에게 가까이 가려는 움직임이 무척 반갑게 느껴진다. 관람객이 숙박할 수 있는 시설도 일부 있다고 하니 그것 또한 가슴 설레게 한다.

나 역시 옛 건물을 찾아, 사라져가는 것들을 찾아 이 땅을 거니는 유람가다. 거닐면서 느끼게 되고 보면서 알게 되는 이 땅의 정취를 사랑한다. 정취란 것이 거창한 데 있는 것은 아니기에, 옛날 여관에서 차를 마시고 하룻밤 쉬어 가는 것만으로 유람가의 가슴은 뭉클해진다.

여학생, 여학교에 가다

부산진 일신여학교 • 광주 수피아여학교 수피아 홀, 윈스보로 홀

세피아 빛으로 바랜 옛 사진 속에 앳된 눈빛의 여학생이 도톰한 입술을 깨물고 있다. 검은 교복을 입고 왼쪽 가르마의 단발머리에는 눈에 띄지 않는 검은 실핀을 꽂아 앞머리가 흘러내리지 않도록 했다. 단발머리는 사춘기가 시작된, 이제 자의식이 생겨버린 여학생들의 표상이었다. 여고생의 스타일은 조금 달랐다. 갈래머리를 양쪽으로 땋아 내리고 넓은 흰색 칼라의 교복을 입은 여고생들은 청순함의 상징이었고 까까머리 남학생들은 그 단아한 모습을 첫사랑으로 품고 가슴속에 불을 지피곤 했다.

꽤 오랫동안 이어온 하얀 칼라와 검은 교복의 행렬은 지금은 사라진 풍경이지만 이전 세대들의 향수 속에 여전히 남아 있다. 내가 여중과 여고를 다니던 무렵에도 모든 학생들은 단발머리나 땋은 머리를 하도록 교칙으로 정해져 있

힘차게 도약하는 단발의 여신 최승희.

었는데 어찌된 일인지 청순하다거나 어여쁘다는 인상은 전혀 없었고 어설픈 규율 속에 갇힌 답답한 청춘들로 보였다. 요즘도 긴 머리를 싹둑 잘라낸다는 것은 큰 결심을 가슴에 품고 있다는 뜻으로 풀이되곤 하듯이 여성에게 긴 머리와 단발머리는 묘한 대립각에 위치하고 있다.

여인들이 긴 머리를 잘라낸다는 것을 상상도 하지 못하던 백 년 전에도 과감하게 단발머리를 고수한 여인이 있었다. 경성 최초로 단발머리를 감행한 여인은 기생 강향란이라고 한다. 1922년의 일이다. 당시 기생들은 유행의 선두주자였고 남성들과 당당히 눈을 마주칠 수 있는 권리를 가진 유일한 여성들이었다. 강향란은 바지 슈트를 입고 남성들과 함께 강습소를 다니며 새로운 문화를 배웠다.

단발이 차지하는 의미는 컸다. 신여성을 뜻하는 '모단-걸'이라는 표현에서 볼 수 있듯, '모단'毛斷이 곧 '모던'modern을 뜻했다. 나라에서 시행하는 강제적인 단발령에 마지못해 상투머리를 잘라버린 남성들과 달리, 여성들은 스스로 긴 머리를 잘라냈고 금지된 것들에 온몸을 부딪쳐가며 자의식과 자존감을 끌어올렸다.

단발머리의 강렬함과 아름다움을 여신의 경지로 끌어올린 인물은 무용가 최승희다. 그녀의 춤을 기억하는 사람들은 거의 남지 않았지만 길고 아름다운 다리로 거침없이 땅을 구르며 뛰어오르는 힘찬 동작은 사진 속에 온전히 남았다. 눈빛이 강렬한 초상 사진과 신명난 춤동작을 담은 사진 속의 무용가는 여성의 육체가 얼마나 강하고 아름다운지를 보여준다. 반달 모양으로 가늘게 그린 눈썹과 강렬한 눈빛은 요염하다기보다 당당하다. 찰랑거리는 머리카락을 보라. 귀밑에서 싹둑 잘렸으나 춤을 출 때마다 자유롭게 휘날리는 단발머리.

최승희는 1930년대 반도와 일본에 열렬한 팬을 두었고 미국과 유럽, 라틴아메리카까지 수십 차례 순회공연을 펼친 월드스타였다. 무용계뿐만 아니라 광고계의 퀸이었고 파파라치가 들끓는 셀러브리티celebrity였으며 모던하고 획기적인 스타일 감각은 여성 잡지가 사랑할 수밖에 없는 패셔니스타의 그것이었다.

그녀의 트레이드마크는 단연 반짝거리는 검은 단발머리다. 단발은 글과 새로운 문물을 배운 여인들만이 할 수 있는, 시대의 악습을 단호히 거부하는 용기 있는 결단이었으며, 더 이상 남성과 관습의 규제에 머물지 않겠다는 자유로운 외침이었다.

최승희는 일본 무용계의 거장인 이시이 바쿠石井漠의 가르침을 받기 위해 일본으로 떠날 무렵만 해도 숱 많은 긴 머리를 양 갈래로 땋아 내린 소녀였다. 월반을 할 정도로 성적이 우수했고 누구보다 자존심이 강했던 여학생 최승희는 경성에 공연하러 온 이시이 바쿠를 만남으로써 새로운 운명을 맞게 된다. 3년 후 경성으로 돌아온 그녀는 더 이상 예전의 얌전하고 착실한 여학생이 아니었다. 좌중을 압도하는 몸짓을 펼치는 '모단'의 여신이었다.

최승희는 교육받은 여성이었다. 여학생이었고 신여성이었으며 예술가였다. 배움으로 얻은 것은 새로운 세계와 스스로에 대한 자신감이었다. 자신감은 사상과 감정을 모두 자유롭게 했으니, 학교는 이 시대 여성들에게 가장 중요한 화두였다. 학교는 새로운 세계를 경험하는 장소였다. 학교가 있었기에 여자아이들은 부엌과 안방의 울타리에서 벗어날 수 있었다. 바다 건너 다른 세상까지 여자라서 가지 못할 곳은 없었다. 이렇듯 확장된 세계관은 여학생들의 상상력 또한 풍성하게 해주었다.

독보적으로 성공의 길을 걸었던 여인은 최승희로 대표되지만 그녀만큼 배움의 기쁨을 누렸던 수많은 여학생들이 있었다. 눈을 빛내며 외국어를 배우고 노래를 부르고 산술과 기술을 배우던 여학생들은 조화롭게 혹은 불협화음으로 시대 속으로 섞여들어 흔적을 남겼다. 모든 금지된 것들을 힘겹게 쟁취해낸 여인들의 희망과 의지가 남아 있는 여학교를 찾아가보기로 했다.

소박한 배움터, 일신여학교

부산진 일신여학교는 부산진교회 앞 경사로 안쪽에 조용히 자리 잡고 있다. 2층짜리 장방형 건물인데도 경사로에 묻혀 그 모양이 쉽사리 눈에 들어오지 않는다. 건물을 둘러가는 길 위에는 연립주택들이 조촐하게 자리 잡고 있다. 부산은 지형의 굴곡이 많은 곳이라 급경사의 비탈길에도 집들이 들어차 있다. 부산항을 내려다보는 산동네는 전쟁 후 판자촌이 층층이 들어섰던 곳이다.

1905년에 벽돌건물로 일신여학교가 지어졌을 무렵 이곳은 한적한 언덕배기였다. 언덕 높은 곳에 위치한 학교는 멀리서도 눈에 띄었다. 여학생들은 학교 가는 일이 꽤나 신났을 것이다. 벽돌로 지어진 커다란 양관에서 공부하는 것

호주 선교사들이 개교한 부산진 일신 여학교. 단층 건물로 지어졌다가 학생 수가 늘어나자 2층을 증축했다.

2층 교사로 올라가는 목조계단. 목조계단과 창문의 연결이 다소 어색한 것도 필요할 때마다 증축해온 현실을 보여주는 중요한 요소다.

도 그렇고 파란 눈의 선생님이 "잘한다"를 외치며 여학생들의 기를 살려주었을 터이니 남들과 다른 특별한 존재라는 인식이 생기지 않을 수 없었다. 보자기에 싼 책보퉁이를 들고 가장 깨끗한 옷을 입고 학교 가는 날은 콧노래가 절로 나왔다.

일신여학교는 부산 최초의 여학교다. 1895년 호주의 장로교 선교사인 벨리 맨지스Belle Mengies가 한국인 선교사를 양성할 목적으로 좌천동의 작은 한옥에서 여자아이들을 불러 모아 주간 학교를 설립한 것이 그 시작이다. 시작은 작고 보잘것없지만 나날이 번창하리라 기원하며 지은 이름이 일신Daily-New이다. 성경과 교리 중심의 3년 연한의 소학과 과정으로 시작한 이 작은 학교는 1905년에 이르러 서양식 벽돌건물을 지어 어엿한 학교로 새롭게 출범하게 된다. 이때 여학생 수는 모두 85명이었다.

부산 지역은 개항 후 일본인의 이주가 상당히 많았던 곳이다. 1919년에 이

르면 일본인의 비율은 46퍼센트를 차지할 정도로 높아진다. 이들 일본인은 한국인과는 삶의 질에서도 교육의 정도에서도 차이가 날 수밖에 없었을 것이다. 일본인 교육기관은 19세기 말엽부터 꾸준히 운영되었으며 무척 활발했다. 4, 5세 아이들을 위한 유치원도 운영되고 있었으니 교육의 불균형은 대단히 심화된 상태였다.

한국인 남학생들을 대상으로 한 교육은 실업과 기술에 치중되었고 여학생들이 교육 받을 수 있는 공간은 전무한 상황이었다. 이런 가운데 일신여학교가 출범하게 되었으니 얼마나 인기가 높았을지는 가히 짐작할 수 있다. 1909년에는 수업연한 3년의 고등과가 병설되어 조금 더 수준 높은 교육이 진행되었다.

처음 건물이 지어졌을 때는 단층 건물로 보통과 학생들만 수업을 받았다. 경사로에서 내려다보면 장방형의 평면이 좀 더 뚜렷이 드러나는데, 40평가량의 공간이 세 개의 교실로 나뉘어 있었다. 각 방향마다 커다란 유리창이 뚫려 있어 햇살도 잘 들고 바람도 드나들었다. 높은 경사지에 위치하다보니 남동쪽으로는 멀리 바다가 보이고 서남쪽 창으로 얼굴을 내밀면 부두와 항구를 중심으로 형성된 부산의 시가지도 볼 수 있었다.

일신여학교는 호주 선교사들이 자신이 거주하던 주택과 유사한 방식으로 지었기에 크게 멋을 내지도, 정교한 디테일도 없는 무척 서민적인 형태로 완성되었다. 그럼에도 사람들 눈에는 특별해 보일 수밖에 없었다. 당시 부산에 지어진 대부분의 근대식 건물이 일본인이 만든 목조 건축물이었던 것에 반해 호주 선교사가 교육을 위해 세운 건물은 훨씬 낯선 서양식 건물이었으니 사람들도 경외심을 갖고 바라보았을 것이다.

고등과가 개설된 후에는 학생들이 늘어나 1915년 무렵에 교사를 한 층 더 올렸다. 십 년의 시간차로 인해 1, 2층의 재료도 달라졌는데, 석재로 지어진 1층과는 달리 2층은 모두 벽돌을 쌓아 만들었다. 가벽과 계단을 세우고 목조 테라스를 만들어 지금과 비슷한 형태로 공간이 완성되었다.

출입문과 창문을 가로지르는 계단의 위치가 조금 어색하다. 전문 건축가가 지은 것이 아니라 선교사들이 그때그때 필요에 따라 공간을 축조했던 터라 급조한 정황이 엿보일 수밖에 없다. 그러나 그런 어색함조차 당시 상황을 설명하는 지표라고 할 수 있다.

여학생 문화가 등장하다

가부장적인 전통, 금기가 많은 풍습, 여성을 유난히 약자로 만드는 사회적 통념을 거부하고 스스로를 자각하기 시작한 여성들이 출현한 것이 이때가 처음이라는 뜻은 아니다. 그러한 각성이 근대기에 이르러 대규모로 일어났다는 말이 더 정확할 듯하다. 배우려는 열망은 강했고 딸자식도 아들과 같이 교육시키려는 부모들도 많았다. 초기에 여학생의 수는 남학생의 10분의 1 정도에 불과했지만 점점 여학생의 수는 증가하고 그녀들의 정신세계 또한 복잡하고 오묘해진다.

1920년대에는 여학생의 수가 폭발적으로 증가했다. 이때는 스포츠가 교과목에 도입되어 속곳 같은 짧은 바지 운동복을 입고 체조와 구기 운동을 하는 여학생들도 볼 수 있었다. 하이킹, 댄스, 수영을 직접 즐기기도 하고 구경도 하면서 건강한 신체를 드러내기 시작했다. 최승희가 긴 다리를 드러내며 춤을 추는 모습에 반한 것은 비단 남성들만이 아니었다. 여학생들은 건강한 몸과 넘치는 자신감에 자신을 투영하며 미래에 대한 희망을 품었다.

여학생들은 꽉 죄는 치마와 저고리에서 벗어나 개량식 한복과 서양식 정장을 입기 시작했다. 내로라하는 집안의 영양들은 경성 미츠코시 백화점에서 일본의 최신 유행을 즐겼고 조지아백화점과 화신백화점에서도 유행의 물결에 휩쓸린 여학생들이 시험기간이 끝나기가 무섭게 들이닥쳤다. 여학생 문화가 형성된 것이다.

공주님도 여학생이 되었다. 덕혜옹주는 네 살이 된 1916년부터 덕수궁 내의 준명당에 특별히 마련된 유치원에서 또래 귀족의 딸들과 함께 공부했다. 아홉 살이 된 1921년 4월에는 일본인 자제들의 기본교육을 담당하는 일출심상소학교 2학년에 편입했다.

일본 아이들과 함께 일본 옷차림에 일본어로 교육을 받게 된 덕혜는 학교 때문에 자유롭지 못했던 조선 유일의 여학생이었다. 자수와 서예에 능했던 공주님은 소학교를 졸업하자마자 일본 황족의 딸들을 교육하는 동경의 여자학습원으로 강제로 유학길에 올랐다. 반도에서 공부한 신여성들은 누구나 더 넓은 교육의 기회를 찾아 동경 유학을 간절히 원했건만, 이로 인해 심신이 피폐해지고 고통 속에 빠진 청춘도 있었으니 바로 조선의 마지막 공주가 그랬다.

학구적인 여학생을 닮은 수피아여학교

당시 신문에는 학교와 관련한 뉴스가 자주 등장했다. 몇 명이 졸업하고 몇 명이 입학했는지를 꼼꼼히 보도하는 것은 물론, 각 도시마다 주요 학교의 동정이 꾸준히 실렸다. 1928년 3월 17일자 중앙일보는 광주 수피아여학교 윈스보로 홀의 낙성식 소식을 사진과 함께 전했다. 맞배지붕 현관이 있는 2층짜리 벽돌건물은 사진으로 보아도 아이비리그에 있는 건물인가 싶을 정도로 무척 학구적인 분위기가 풍긴다.

수피아여학교는 설립 당시부터 지금까지 그 자리에서 여학생을 교육해온 사립학교다. 미국 남장로교 선교사인 배유지(유진 벨Eugene Bell의 우리식 이름) 목사 부부가 1908년에 선교회의 사랑방에서 여학생들을 모아 수업한 것이 학교의 시초가 되었다. 소녀들은 읽기, 쓰기, 셈하기의 기초학습과 성경을 배웠다. 한국 선생님과는 서당에서 공부하는 것처럼 큰 소리로 따라 읽으면서 하고 선교사들이 다가오면 목소리를 낮추고 조용히 공부했다는 일화도 있다.

이 학교는 1911년에 건축비 5천 달러를 들여 1층은 기숙사, 2층은 세 개의 교실로 구성된 수피아 홀을 언덕 높은 곳에 지음으로써 학교다운 면모를 갖추기 시작한다. 세상을 떠난 여동생 제니 스피어Jennie Speer를 기념하기 위해 거

수피아여학교에는 세 채의 서양식 건축물이 문화재로 지정되어 있다. 수피아 홀은 그중에서 가장 먼저 지어졌으며, 교실과 기숙사가 포함되어 있었다.

액을 선뜻 희사한 스턴스 부인Mrs. Stearns의 뜻에 따라 이 학교는 '제니 스피어 기념 여학교'(줄여서 수피아여학교)라는 정식 이름을 갖게 되었다. 수피아須彼亞는 스피어를 음차한 말이다.

수피아여학교의 초창기 역사를 담고 있는 수피아 홀은 현재 수피아여고 교정의 뒤편 언덕에 자리 잡고 있다. 독특하게도 회색 벽돌로 지어졌는데 무채색의 차분한 톤이 적벽돌 건물과는 느낌이 사뭇 다르게 다가온다. 출입구 2층에 발코니를 얹은 것과 다양한 벽돌쌓기로 외양에 멋을 낸 것을 제외하면 크게 눈에 띄는 장식이 없는 수수한 건물이다.

복도를 중심으로 양편에 기숙사가 배치되어 있고 좁은 계단으로 올라가면 넓은 홀을 통해 각각의 교실로 들어갈 수 있도록 구성했다. 뒤편에 기숙사를 신축한 후에는 1, 2층 모두 교실로 활용했다. 이곳에서 흰 저고리에 검은 치마를 입은 소녀들이 웃음을 터뜨리며 맑은 목소리로 노래를 부르고 셈과 읽기, 쓰기를 공부했던 것이다. 현재는 여고생들의 동아리 연습실, 가사실 등 특별교실로 사용하고 있다.

윈스보로 홀을 보려면 체육관과 운동장을 가로질러 가야 한다. 이 건물은 현재 수피아여중 2학년 교사로 사용되고 있다. 창문마다 내놓은 화분을 보니 여학교답다는 생각이 든다. 학생이 없는 토요일의 교정은 고요하고 평화롭다. 잘 자란 소나무가 교사를 향해 긴 팔을 축 늘어트리고 있어 고즈넉한 풍경이 더해진다.

두 개의 단단한 기둥이 맞배지붕을 받치는 고전양식의 현관 출입구 위에 고전풍의 서체로 'WINSBOROUCH HALL'이라고 씌어 있다. 현관 오른쪽에는 낡은 종이 매달려 있다. 이 종은 과연 울리는 것일까? 여학생들이 한바탕 소란을 피울 때마다 땡땡 큰 소리로 울려 경각심을 일으키는 그런 종일까?

건물 내부로 들어가니 반질반질한 마루널이 먼저 밟히고, 80년이라는 세월의 무게가 무색할 만큼 잘 관리된 교실과 복도가 등장한다. 매끈하게 잘 닦인 마루널 위에서 어떤 학생이 거칠게 뛰어다닐 수 있을까? 걸음도 조심스럽고 마음가짐도 저절로 반듯해질 것 같다.

복도의 천장은 운치 있게 둥근 라인이 잡혀 있고, 창틀은 최신 새시로 바뀌었지만 창문의 모듈은 예와 다름이 없다. 어두운 교실 안을 들여다보니 여학생들이 두고 간 사물들이 책상 주변에 흩어져 있다. 초창기 윈스보로 홀의 여학생들은 오동색 저고리에 검은 치마를 교복처럼 입고 몇 가지 안 되는 소지

학구적인 분위기가 풍기는 윈스보로 홀. 1928년에 완공된 이 건물은 당시 신문에 소개되기도 했다.

윈스보로 홀은 수피아여중 2학년 학생들의 교사로 사용되고 있다. 창호는 모두 새 것으로 바뀌었지만 창의 모듈은 이전과 변함없다.

품들을 몸에 꼭 지니고 다녔을 텐데, 요즘 아이들 생활은 또 이렇게 다르구나 싶다.

당시에도 스팀장치가 있어 난방이 되었고 수도시설과 수세식 화장실이 있었으니 윈스보로 홀은 첨단건물이었다. 의자와 책상이 서로 이어진 것을 사용했고 넓은 운동장에 체육관과 샤워시설도 구비되어 있어 학생들이 공부하기에는 더없이 훌륭한 환경이었다. 운동장 옆에 있던 별관은 1930년대 말에 지어진 건물로 섬세한 디테일이 조금 부족한 것을 빼면 윈스보로 홀의 클론을 보듯 닮았으나 2008년 부족한 교실을 신축하기 위해 허물고 말았다.

여성교육은 개신교를 중심으로 이루어졌다. 여성은 미래의 신도를 길러내는 모체라고 생각했기에 여학생들의 교육에 관심이 높았다. 관립여학교보다 10년, 20년이나 이른 시기에 선교사가 주도하는 여학교가 등장한 것도 그 때문이다. 부산과 광주뿐만 아니라, 우리나라 최초의 여학교로 불리는 이화학당을 비롯해서 전주 기전여학교, 목포 정명여학교, 군산 멜볼딘여학교, 원산과 평양 등 주요 도시의 여학교는 미션스쿨에서 시작된다. 교육 내용을 보면 종교와 관련한 것이 가장 중요했고 이와 함께 기본교육을 병행했다.

종교적 신념은 민족 감정으로 연결되어 3·1운동에 적극적으로 참여한 학생들도 많았고 신사참배 문제로 일제와 첨예한 갈등을 겪기도 했다. 일신여학교와 수피아여학교도 종교적인 신념에 위배되는 신사참배의 강압에 맞서기 위해 단호하게 폐교를 결정했다. 학교의 결정은 학생의 소망과 늘 같이하지는 못했다. 학생들은 학교의 폐교 결정에 눈물로 철회를 호소했지만 선교사들은 모두 철수했고 학교는 문을 닫았다.

일신여학교 고등과는 민간교육재단인 구산학원이 경영권을 인수하여 동래고등여학교로 교명을 변경했고 지금의 동래여중과 여고로 다시금 그 전통을 잇게 되었다. 수피아여학교는 폐쇄된 상태에서 광주상업실업학교, 광주의학전문학교가 들어와 건물을 사용하다가 광복 후 1945년 12월부터 다시 제 이름을 되찾고 여학생을 받아들였다. 여학생의 시대는 다시 시작되었다.

나의 아름다운 병원

| 대한의원 본관 |

시계탑이 있어 더욱 위풍당당한 대한의원.

대학로 서울대병원 중심에 고풍스런 건물이 한 채 서 있다. 붉은 벽돌과 화강석으로 치장하고 청동빛 돔을 얹은 건물은 도로 건너편 창경궁에서도 보일 만큼 당당한 자태를 자랑한다. 지붕선이 단정하고 부드러운 경사로로 이어지는 현관 포치가 위풍당당하다.

중앙에 우뚝 선 탑신에 시계가 걸려 있으니 이 건물은 아마도 공공건물일 터이지만 우아한 첫인상이 쉽게 발걸음을 돌리지 못하게 한다. 단단한 석재 현판에 한문으로 건물의 이름이 기재되어 있다. 대한의원. 1907년에 발족한 정부 산하 근대식 의원이다.

1908년 10월에 개원한 대한의원은 2층짜리 본관 건물 외에도 단층 벽돌조의 병실 일곱 개 동과 부속건물을 포함하고 있었다. 1910년부터 조선총독부의원이 되면서 규모가 더욱 커졌으며, 경성제국대학 의학부가 출범한 1928년부터는 경성제대 의학부 부속의원이 되었다가 광복 후에는 서울대 의대 부속병

원으로 그 명맥이 이어졌다.

이 건물의 스타일을 살펴보자면 한마디로 서양의 양식사를 두루 아우르는 절충식 건물이라고 할 수 있다. 네오바로크 풍의 시계탑, 르네상스 풍의 벽면 장식, 노르만 풍의 현관 등 건물을 아름답게 치장할 수 있는 다양한 양식들을 골고루 차용했다. 결과는 성공적이다. 한번 보면 잊을 수 없는 건물을 만들어냈으니까. 당당하고 자신감이 넘치는 건물 앞에 서면 이 건물이 지어질 당시의 위상을 읽을 수 있다.

건물은 지금도 교수연구실과 회의실로 사용되고 있으며 2층을 전시관으로 꾸며 의학박물관으로 개방하고 있다. 대한의원의 변천 과정을 살펴보고 돌아서면 백 년 전에 사용하던 다양한 의료도구들이 수수께끼의 유물처럼 놓여 있다. 전시실에는 당시의 분위기를 알 수 있는 의약품 광고들도 몇 점 살펴볼 수 있는데 톱스타였던 무용가 최승희의 대학목약 광고가 실린 동아일보 자료가 인상적이다. 아름다운 눈동자의 비결이라며 안약을 사용하라고 권하는 최승희의 눈빛이 은근하게 반짝거린다. 대학목약은 이 광고 덕을 톡톡히 보았으리라.

◀ 작은 출입구 캐노피와 창문틀 하나하나에도 세련된 장식을 덧붙였다.
▼ 2층 일부는 의학박물관으로 꾸며져 있다.
▶ 최승희가 등장한 대학목약 신문광고.

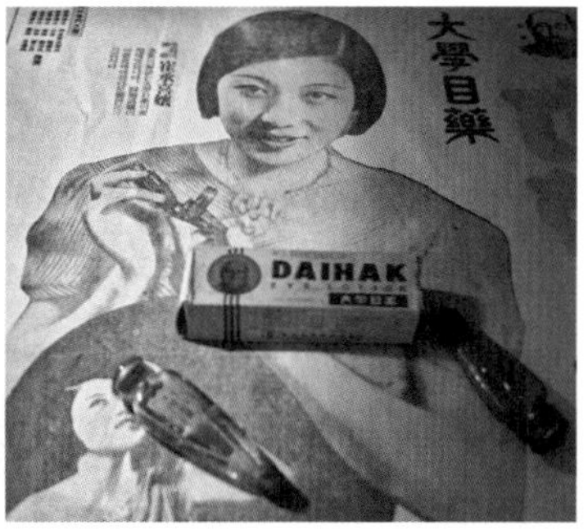

PART
02

그 길에 서면 시간도 거꾸로 흐른다

등대에 대한 짧은 보고서

호미곶 등대 • 가덕도 등대

등대를 찾아 호미곶으로 향한 날은 비가 조금 뿌리는 오후였다. 포항 시내에서 다시 남쪽으로 해안도로를 따라 구불구불 한참을 차로 달렸더니 이윽고 바다와 맞닿은 평평하고 널찍한 구릉에 다다랐다. 이곳이 호미곶이다. 바다에 이르니 바람이 꽤 거세다. 기념관, 박물관, 횟집 등이 모두 바다를 향해 바라보고 있다. 평평한 땅 한쪽에 넓게 등대박물관이 자리 잡고 있고 그 옆에 하얗고 긴 몸을 하늘로 곧추 세운 등대가 박물관을 내려다보고 있다.

땅 끝에 마치 신화 속 한 장면처럼 등대가 있었다. 땅에서 솟아오른 미끈한 몸이 당장이라도 하늘로 올라갈 듯하다. 소금기가 가득한 바닷바람에 당당히 백 년의 시간을 견뎠으니 승천의 시간이 얼마 남지 않았을 법도 하다. 진짜 등

대가 옆에 있는데 사람들은 등대박물관으로 먼저 들어간다. 아마도 멀리서 밀려오는 비구름을 피하기 위해서일 것이다.

등대를 제대로 보는 것은 생애 처음이다. 모르고 지나쳤다면 아까울 만한 건물이다. 흰색 페인트로 도색한 지가 그리 오래되지 않았는지 등대는 무척 깨끗했다. 등대 앞에 표지판이 없었다면 백 년이나 된 시설이라고 짐작하기 어려울 정도다.

등대의 몸체는 원통형이거나 원통에 가까운 다각기둥의 형태인 경우가 많다. 바람의 저항을 적게 받으면서 360도의 시선을 확보하기 위해서인데, 호미곶 등대는 하단부가 펑퍼짐하고 상층으로 갈수록 가늘어지는 팔각기둥의 형태를 취하고 있다. 멀리서 보면 흰색 콘크리트 건물처럼 보이지만 가까이 갈수록 등대의 몸을 이루고 있는 재료가 또렷이 드러난다. 붉은 벽돌이다.

벽돌을 하나하나 쌓아서 6층 높이의 등대를 완성했던 것이다. 뼈대를 넣지 않고 오로지 벽돌로 쌓아올린 정성과 기술이 놀랍다. 철근콘크리트로 짓는다 해도 이런 형태는 쉽지 않을 듯한데 설계자의 이름도 공사업체도 알려져 있지 않다. 설계자는 프랑스인이다, 영국인이다 결론을 내리지 못했고, 현장공사도 일본인이 했다, 중국인이다, 한국인 노동자다 의견이 분분하다.

몸길이는 정확하게 26.4미터. 이 정도면 엄청난 수의 벽돌이 필요했을 것이다. 동해안 벽촌에서 벽돌건물이라곤 구경조차 못 해본 사람들이 거대한 산처럼 벽돌을 싣고 오는 화물선을 보고 얼마나 놀랐을까? 게다가 2층을 넘는 집이라고는 들어본 적도 없는 한적한 어촌에 6층짜리 등대라니 이런 집에서 어떻게 사나 기겁했을 법도 하다. 하지만 산간지역보다는 화물선이 다닐 수 있는 포구가 차라리 벽돌건물을 짓기에는 더 수월했다. 모래와 흙이 좋은 곳에서 만들어진 벽돌을 실어오는 것으로 이미 등대의 절반은 지은 거나 다름없었다.

서울에 최초의 벽돌건물인 번사창飜沙廠이 지어진 때가 1884년, 그 후 30년 동안 우리나라의 벽돌건물 수는 폭발적으로 늘어났다. 근대적인 건물은 벽돌에서 태동한다고 주장이라도 하듯이 공관, 의원, 성당과 예배당, 학교, 관청, 역사가 모두 벽돌로 지어졌다. 1908년부터는 벽돌 생산이 늘어났으나 벽돌의 수입량도 이전의 열 배를 넘어서게 되는데, 이는 주택이나 민간인이 주도하는 여러 건축물에도 벽돌이 폭넓게 활용되었음을 의미한다.

호미곶 등대 또한 벽돌건물이 한창 지어지던 시기인 1908년 11월에 완공되었고 12월 20일부터 반짝반짝 불을 밝혔다. 이 근처에 선교사가 살았다면 크리스마스의 밤을 환하게 밝히며 보냈다고 다소 흥분된 감정으로 고국 친지들에게 편지를 썼을 것이다.

낮에는 희고 긴 몸체 때문에, 밤에는 깊고 환한 빛 때문에 등대는 시대의 명물이 되었다. 먼 바다까지 환한 빛이 닿아 물결에 흔들리니 밤의 예술이 따로 없다. 온통 고요하고 빛 한 점 없는 벽촌의 밤을 등대가 아니었다면 무엇이 밝혔을까? 밤이 어둡지만은 않다는 것을, 밤에도 낮처럼 일할 수 있다는 것을 사람들은 알게 된 것이다.

호미곶虎尾串. 포항시 장기반도의 끝에 영일만을 이루면서 돌출된 지역을 이렇게 부른다. 조선 중기의 풍수학자 남사고南師古가 한반도의 지형이 만주를 할퀴는 호랑이 형상이라 했는데, 꼬리가 휘감은 부분이 바로 이곳이라 붙여진 이름이다. 당시에는 이곳을 동외곶이라 불렀고, 일제강점기에는 장기곶이란 이름으로 바뀌었다. 등대도 동외곶 등대, 장기곶 등대, 다시 현재의 행정구역명을 따서 '대보 등대' 등 여러 차례 이름이 바뀌었다.

호미곶은 우리나라에서 해가 가장 먼저 떠오르는 곳이다. 새해 첫날 붉은 해를 바라보는 풍습이 언제부터 생겼는지는 모르겠지만, 바람이 세고 바다가 거친 호미곶에는 연말연초면 행복과 안녕을 기원하려는 사람들이 줄줄이 모여든다. 붉은 태양이 바다에서 불쑥 솟아오르는 순간, 사랑과 행복을 갈구하는 수많은 욕망의 속삭임을 들으며 등대도 붉게 물들었을 것이다.

분홍 오얏꽃이 활짝 피어 있는 호미곶 등대

천둥번개라도 치고 소나기라도 쏟을 것 같은 동해 하늘을 뒤로하고 등대 안으로 들어가본다. 가까이 갈수록 등대의 모양이 동화 속 장면처럼 현실감이 없다. 육중한 하단에 비해 날렵하게 솟은 상단부가 더욱 강조되어 보이기도 할뿐더러, 그리스 신전처럼 우아한 출입문과 나긋한 리듬감으로 솟아 있는 창틀이 몽환적인 분위기를 더한다. 등대의 가장 높은 곳에 등명기가 일순간 반짝거린다.

장식적인 박공지붕을 떠받치고 있는 기둥이 바닥에 닿아 살짝 둥글어진 부분과 펑퍼짐하게 넓은 등대의 하단부가 잘 어울린다. 박공지붕 정면부의 삼각형 페디먼트*에 부조 장식도 여전히 남아 있다. 서로 마주보는 넝쿨 모양의 무늬가 텅 비었다면 아쉬웠을 페디먼트 면에 매달려 있다. 층별로 각기 반대 방향에 창을 뚫어 건물에 리드미컬한 흔적이 생겼다. 창마다 르네상스식 페디먼트를 얹은 창틀이 부조처럼 돋아 있다.

창틀은 풍경을 가두어놓은 액자와도 같다. 모두 여섯 개의 창틀 속에서는 사랑스런 여인의 얼굴이나 근엄한 인물의 초상, 칼을 들고 말을 탄 영웅의 웅

*pediment, 고대 그리스식 건축에서 건물 입구 위의 삼각형 부분.

고전주의 양식으로 장식된 호미곶 등대의 출입문 상단.

대한 자태, 혹은 비밀스런 음모의 장면들을 엿볼 수 있을 것만 같다. 그 액자를 통해서 좁은 등대 안을 들여다보면 무엇이 보일까? 그 액자로 세상을 바라보면 저 바다는 어떤 모습일까? 탑 속에 갇힌 라푼젤의, 세상 밖으로 나가고 싶던 소녀의 열망 어린 시선을 상상해본다. 등대의 숙명이 그러하지 않을까?

등대의 내부는 생각보다 좁다. 1층은 회랑이 둘러진 둥근 전실이 있어 공간에 여유가 있으나, 2층부터는 올라갈수록 방의 크기가 점점 줄어들고 급기야 맨 위층은 몸을 돌릴 틈도 없이 꽉 조일 정도로 좁아진다. 주철로 만든 나선 계단이 사다리처럼 끝도 없이 이어진다. 나선 계단은 무너질 염려는 없지만 오르는 일이 만만해 보이지 않는다. 늘 오르내리는 등대원이라면 모를까, 발밑에서부터 스멀스멀 기어 올라오는 고소공포증 때문에 머리가 아찔해진다. 6층까지 올라갈 일이 까마득하다. 애써 엉덩이에 힘을 주고 한 계단 한 계단 몸을 위로 이동시켜본다.

주철 사다리계단이 6층까지 이어지고 오얏꽃 무늬가 천장을 장식하고 있다. 1층 회랑으로 은은하게 빛이 스며든다.

적막한 둥근 탑이 머리 위로 뻗어 있다. 사각형의 창틀로 어둡고 습한 하늘이 비죽이 스며든다. 공기의 흐름이 정지된 조용한 공간에 가쁜 숨이 부딪혀 큰 소리를 만들어낸다. 층층마다 천장 중앙에 꽃분홍 오얏꽃이 피어 있다. 대한제국 황실을 상징하는 오얏꽃이 새치름한 표정으로 엉거주춤하게 기어 올라가는 방문객을 내려다본다.

촘촘한 계단 위 마지막 층인 등롱*에 도착해서 번쩍거리는 등명기 앞에 섰다. 아무리 등대 건축이 훌륭하다고 해도 등대의 화룡점정은 바로 등명기다. 어둠 속을 헤치고 길을 알려줄 바로 그 환한 빛. 작은 빛을 크게 키우고 길고 힘차게 뿜어내는 등명기야말로 등대에서 기술이 가장 집약된 곳이며 등대의 얼굴이자 화려한 보석이다. 렌즈와 반사경이 눈부신 빛을 만들어 12초에 한 번씩 백섬광을 뿜는다.

처음 불을 밝힌 이후 지금까지 백 년의 시간이 흐르는 동안 한결같이 밤의

*등대 불을 밝히는 등명기를 보호하는 장치.

어둠을 밝혀왔다. 어떤 등대는 옆에 새로 지어진 등대에 제 할 일을 넘겨주고 전망대나 전시장의 역할만 하기도 하는데, 이 키 큰 등대는 줄곧 거칠 것 없는 땅 끝에서 바다로 시선을 던지고 있다. 흐린 불꽃을 피우기 위해 사람의 손이 필요했던 시절도 있었는데, 백 년 동안 등대 기술도 발전해서 이제 등명기는 스스로 광대한 빛을 뿜고 스스로 멈춘다.

아스라한 바다 끝에 무엇이 있기에 이토록 높은 등대탑이 필요했을까? 창밖으로 더욱 거칠어지고 검푸르게 변한, 갑옷 같은 바다가 일렁이고 있다. 나는 백 년 전 이 등대의 점화식을 지켜본 누군가를 상상해보았다. 나처럼 이 땅에서 일어나는 시시콜콜한 이야기들을 사람들에게 알려주고 싶어 몸이 근질근질했던 어느 신문기자 같은 이를. 추운 겨울밤에 등대의 빛을 보면서 놀랍고 복잡한 심경에 사로잡힌 그를 되살릴 수 있다면 좋겠다.

그때 그가 본 것은 무엇이었나? 그날의 불빛은 얼마나 눈부셨던가? 그때 누가 있었고, 어떤 이가 이 건물을 자랑스러워했나? 그리고 어떤 이가 슬퍼했던가? 오얏꽃 이파리가 일제히 파르르 떨리는 듯한 진동이 느껴진다. 다시금 검은 주철 사다리를 타고 아래로 몸을 내리면서 한 번도 먼 바다로 나가본 적 없는 조선이 이 높은 등대를 세운 이유를 더듬어보았다. 이유는 명확하다. 다른 이가 원했기 때문이다. 바로 곁에서 이 땅에 발을 디디고 싶어했던 이들.

등롱에는 스스로 작동하고 멈추는 등명기가 있다.

가덕도 등대, 육지가 된 섬에 남겨진 모호한 흔적

가덕도 등대로 가는 길은 절차가 몹시 복잡했다. 등대란 대부분 항만 관련 특수시설인데다 때로는 군사시설에 포함되기도 하기에 일반인이 방문을 하거나 특별한 용도로 촬영을 할 경우에는 미리 허가를 받아야 한다. 가덕도 등대는 이 두 가지에 모두 해당된다. 부산 해양항만청 등대관리소와 진해 해군사령부 두 곳과 여러 차례 통화한 끝에 드디어 촬영이 허가되었다.

푸른 하늘과 바다가 한통속으로 보일 만큼 푸르른 여름날에 가덕도를 향해 출발했다. 모든 사물과 풍경이 또렷하고 선명하게 창밖으로 펼쳐졌다. 가덕도는 더 이상 섬이 아니다. 부산 신항만과 가덕도는 이미 하나의 육지가 되었고 가덕도는 섬이라는 이름이 무색하게 육지의 한 끝자락이 되었다. 항만청 등대 홈페이지에는 육로로 가는 길이 전혀 표시되어 있지 않았건만, 최신 내비게이션은 그곳이 바다가 아니라 육지임을 분명히 알려주고 있었다.

길은 좁고 구불구불했으며 거제도와 가덕도를 잇는 거가대교 공사현장과 맞물려 무척 복잡했다. 가덕도 등대에 이르기까지 해군 초소의 검문을 두 번이나 받았다. 기지 내에 산재해 있는 군사시설은 절대 촬영해서는 안 된다는 주의사항을 몇 번이나 확인한 끝에 통과해도 좋다는 허락이 떨어졌다.

오프로드 승합차가 이럴 때 필요하구나, 하고 무릎을 칠 정도로 경사가 심한 산길을 지나갔다. 수십 년간 그 누구도 손대지 않은 야생의 숲은 햇볕도 들지 않고 길도 좁았다. 군사훈련지임을 알려주는 몇몇 시설물들이 언뜻 눈에 들어온다. 바짝 긴장한 채 숲길을 달리다보니 어느덧 하늘과 바다가 훤하게 드러난 섬의 가장자리에 도착해 있었다.

가덕도 등대는 등대원의 살림집과 등탑이 연결된 독특한 구조로 되어 있다.

옛날에는 섬이었고 지금은 육지인 가덕도의 남단 끝에 하얗게 등대가 서 있다. 섬에는 바람이 불었다. 땅은 푸릇하고 축축했으며 소금기가 가득한 바람이 묵직하게 얼굴에 달라붙었다. 바다처럼 파란 하늘에서 따끈따끈한 햇살이 내리쬐며 습한 땅을 말리고 있다. 거친 물소리나 야생의 바람소리도 없이 싱그럽고 고요했다. 욕조에 파란 입욕제를 푼 것처럼 맑은 하늘빛 바다가 사방에 흩어져 있다.

가덕도 등대는 특별한 구조를 가졌다. 등탑만 있거나 자그마한 사무실이 붙어 있는 다른 등대와 달리 특이하게도 등대원이 거주할 수 있는 시설이 함께 설계되어 단층 가옥에 등탑을 연결한 듯한 모양새다. 1층 내부에는 숙소와 부엌, 화장실과 세면장, 회의실과 휴게실까지 모두 갖춰져 있다. 3층으로 올라가면 등명기가 있는 등탑 꼭대기에 도달하게 된다.

3층까지 연결된 철제 계단은 호미곶 등대에서 본 것과 디테일이 같다. 사다리가 아니라 계단으로 연결되어 있지만 디딤 이음새의 구조와 재료가 동일해서 첫눈에 같은 회사에서 만든 제품이라는 것을 알아차렸다. 당시 세워진 다른 등대들도 주철 계단의 형태가 이와 유사한 것을 보니 동일한 회사에서 납품했거나 당시에 이 형태가 무척 유행했거나 둘 중 하나다. 가덕도에 등대가 세워진 것은 1909년, 호미곶 등대보다 일 년 늦게 완성되었다.

호미곶 등대에 비하면 벽돌을 쌓은 모양새가 거칠고 느슨하다. 급하게 축조해야 할 이유가 있었던 것일까? 혹은 세월의 흐름이 이곳만 급격히 지나간 흔적일 수도 있겠다. 반면 출입문에는 나무로 된 맞배지붕을 얹어 멋을 부렸고 지붕 앞에는 오얏꽃 무늬를 달았다. 레이스처럼 나무로 무늬를 낸 현관 상부 장식이 여유롭다. 1층 옥상에는 전체적으로 난간을 세우듯 벽돌로 모양을 냈고 상단부에도 벽돌을 돌려 쌓았다. 멋을 부려야 할 곳은 비껴가지 않고 알뜰하게 챙겼다.

호미곶 등대가 기하학의 원형原形을 취하여 전설적인 풍경을 드러냈다면 가덕도 등대는 일상의 집과 마찬가지의 형태를 취했다. 지붕이고 벽이고 등탑이고 눈이 부시도록 하얗게 칠한 덕분에 지중해 바다를 내려다보는 그리스 섬의 가옥처럼 낭만적인 분위기가 풍긴다. 등대원들이 쉬고 먹고 잠들던 곳은 지금도 깨끗하게 보존되어 있는데, 물을 데우고 밥을 짓던 가마솥이 놓여 있고 뒷간도 건물 한편에 마련되어 있다. 등대 안은 얼마 전까지도 사람이 살았던 것처럼 생생한 기운으로 채워져 있다. 하지만 이 등대는 지금 사용하지 않고 모든 기능과 역할은 2002년에 신축된 새 등대에서 이루어진다.

등대, 제국주의가 남긴 흔적

우리나라에 등대를 설치하자는 논의가 시작된 것은 청일전쟁 직후로 거슬러 올라간다. 경기만 풍도 부근에서 청국과 전투를 벌이던 일본군은 한반도 연안에 등대가 없어 통항에 어려움을 겪게 되었고, 전쟁에서 승리하자마자 전 연안을 샅샅이 측량하여 등대를 설치할 위치를 조사했다. 이를 바탕으로 우리 정부에 등대 설치를 촉구했으나 예산상의 문제로 결렬되었다가 해관에서 징수한 관세로 등대 건설을 결정한 것이 1901년의 일이다.

인천항로에 5기, 서해항로와 남해항로에 9기, 부산항로에 3기, 동해항로에 2기, 원산항로에 2기, 대동강항로에 4기, 마산항로에 3기 등 총 30여 기를 설치하기로 했고, 그 처음이 1903년에 불을 밝힌 인천 팔미도 등대다. 곧이어

러일전쟁이 터졌고 등대 건설이 가속화되었다. 우리나라의 등대와 등표, 부표 등 해양 표지시설의 대부분이 1910년 이전에 만들어졌는데, 이때 완성된 등대는 총 37기나 된다.

가덕도 외양포는 러일전쟁 당시 일본군 사령부가 주둔한 곳이다. 이곳에서 출군한 일본 해군이 쓰시마 해협에서 러시아 함대를 격퇴한 사건은 러일전쟁을 승리로 이끌 만큼 시기적절한 것이었다. 일본군은 가덕도를 대륙 침략의 전초기지로 삼았고 한일합병 이후에도 철수하지 않은 채 부산을 수비하는 데 전력을 다했다.

광복 후에는 미군정이 군사기지로 활용했고 이후 우리나라 해군이 그 뒤를 따라 들어왔다. 군기지가 위치한 전략적 요지로서 가덕도의 역할은 지금까지도 계속되고 있다. 통통배가 다니는 해안가에는 사람 사는 집들이 나른한 풍경을 이루고 관광하러 나온 사람들도 한창 먹고 마시며 유쾌한 한때를 보내고 있지만, 조금만 남쪽으로 향해도 정적이 감도는 무성한 숲이 긴장감을 자아낸다. 그 중심에 가덕도 등대가 있다.

등대 위에서는 바다 속에서 솟아난 작은 섬들의 봉우리만 간간히 보일 뿐, 모든 것이 짙푸른 바닷물이다. 무장한 함대가 바다로 출정하는 순간을 떠올려본다. 서로 다른 국적의 함대가 맞붙어 전투를 벌이는 장면. 그날도 바다는 이토록 잔잔하고 푸르렀을까? 먼 바다에서 함대의 포탄 소리가 쿵, 쿵, 쿵 메아리쳤던 것일까? 포탄의 연기가 검게 퍼지고 화염에 휩싸인 함정이 침몰하는 장면을 가덕도의 끝자락에서 볼 수 있었을까? 남들 싸움에 영토를 내주었다는 안타까운 사실과 일본 주둔군에게 집과 고향을 빼앗긴 사람들의 슬픈 운명이 매캐한 화약 냄새가 밀려오듯 목에 걸린다.

등대 내부에서 밖을 보니 푸른 바다가 시원하게 펼쳐진다.

햇살이 투명하고 맑은 오늘은 함대의 포격 이야기도, 군인들의 전투 행렬도 어울리지 않았다. 가녀린 바람이 풀잎을 쓰다듬고 지나간다. 등대원이 키우는 강아지 두 마리가 등대 주변을 신나게 뛰어다니더니 고즈넉한 바람을 이불 삼아 잠이 들었다. 숨 쉬는 생명을 바라보며 먼 옛날 이곳에서 살았을 사람들을 떠올려보았다. 삶이 계속된다는 것은 참 아름다운 일이구나. 먼 옛날 누군가의 삶을 내가 이어가고 또 나를 이어 누군가의 삶이 이 땅에서 펼쳐질 것이다. 땅 위의 삶이 끝없이 계속된다는 것, 안타까운 운명을 이야기할 때 그것만큼 큰 위로는 없다.

살림집, 그 낭만에 대하여

대전 대흥동 뾰족집 • 홍파동 홍난파 가옥

대전 대흥동. 키 낮은 주택들이 많다는 것은 조만간 이 거리에도 재개발의 바람이 불어 닥치리라는 것을 전제한다. 대흥동의 한쪽 모퉁이는 근대건축물들이 여전히 제 구실을 다하고 있지만 또 다른 지역에서는 곧 다가올 미래를 보여주듯 주택과 상가들이 흔적도 없이 사라지고 납작납작한 돌무더기들만 남았다. 한때 집을 이루던 돌과 시멘트와 철골이 바스라지고 다져져 땅 위에 평평하게 깔려 있다.

전국에서 벌어지고 있는 재개발의 현장에서 우리는 도시의 폐허를 충격적으로 목격하고야 만다. 오랫동안 사람이 살던 거리와 골목에 다시금 사람들이 북적거리려면 족히 몇 년은 흘러야 할 것이다. 이 골목이 모두 아파트로 채워질 때까지 기다려야 할 테니까. 골목은 사라지고 거리의 모습은 완전히 바

대흥동 재개발지역에서 살아남은 뾰족집. 이 작은 주택 한 채가 도시의 역사를 증언한다.

꿔게 될 것이다.

이 도시에 생긴 구멍은 공간적인 것만은 아니다. 유유한 세월의 흐름에도 빈 공간이 생겼다. 외과수술을 하듯, 있던 것을 들어낸 자리에는 연속성 없는 풍경이 이식된다. 어찌된 일인지 새로운 풍경을 이식한 도시는 다른 도시들과 점점 닮아간다. 건설사의 브랜드에 따라 선택된 도시의 풍경은 슈퍼마켓에서 공산품을 구입하는 것과 똑같은 시스템으로 이루어진다.

원통형으로 튀어나온 거실에도 뾰족한 지붕을 얹었다.

대흥동 429-4번지 주택. 일명 '대흥동 뾰족집'이 돌더미가 잘 다져진 재개발 구역에서 오도카니 먼 곳을 보고 있다. 뾰족집 대문에는 대전시에서 지정한 문화재이므로 훼손할 수 없다는 강력한 내용의 안내판이 붙어 있다. 뾰족집은 이 안내판으로 인해 폐허가 된 재개발 지역에서 살아남을 수 있었다. 뾰족집 주변에는 얼마 전까지 골목이었던 돌무더기를 사이에 두고 두어 채 주택이 외롭게 서 있다.

뾰족집. 한번 들으면 잊히지 않을 만큼 특별한 별명을 가진 이 집은 그 모양도 심상치가 않다. 서양 중세의 성처럼 지붕이 뾰족할 뿐만 아니라 거실 부분의 지붕도 원뿔형이라서 얻은 별명이다. 1920년대에 지어진 것으로 추정되는데 당시 철도국장의 관사로 사용되었다고 한다. 뾰족한 지붕의 살림집은 길고 긴 시간을 어찌어찌 살아남아 대전 지역 근대건축물 중에서 가장 오래된 주택으로 기록되었다.

사람이 떠난 살림집은 을씨년스러운 바람 속에서도 자태가 당당하다. 한때 화려한 레이스 테이블보가 깔린 멋진 식탁에서 서양식 식사가 차려지고 축음기에서 달콤한 노랫가락이 흘러나왔을 그곳에 자라다 만 나무만 무성하게 등걸을 지었다. 낮은 집들만 오막조막 모여 있던 촌락에서 유난히 키가 크고 독특하게 지어진 이 집은 만들어질 당시부터 유명세를 떨쳤을 것으로 짐작된다. 사람들은 "아, 그 뾰족집?" 하며 이방인들에게 자랑스럽게 집의 위치를 알려주고 뾰족집에 또 누가 방문을 했다는 둥 시시콜콜한 가십거리를 늘어놓으며 수다를 즐기지 않았을까.

둥그렇게 돌출된 2층 거실은 원뿔형 지붕으로 이어져 있다. 오래전 그곳에서 사람들이 모여 차를 마시며 두런두런 이야기를 나누는 풍경을 상상해본다. 뾰족한 지붕 아래에는 나무널이 깔린 다락이 있었을 것이다. 몰래 숨기를 좋아하는 아이들은 부모의 눈을 피해 사다리를 딛고 다락으로 기어 올라가 숨바꼭질을 하며 해가 넘어가도록 놀았고, 그러다 까무룩 잠이 든 아이들은 어둠이 내린 후 엄마의 목소리가 가물가물하게 들릴 무렵에야 사다리를 타고 내려왔을 것이다.

다락방의 작은 창에 눈이 시리도록 빨간 노을이 새어들면 소년의 마음은 흔들렸을 것이다. 작은 창에서 보는 세상은 결코 작지 않았을 테니까. 저 너머 먼 곳에는 무엇이 있을까? 그 먼 곳까지 가는 꿈을 꾸며 아이는 커갔다. 아이가 자라서 어른이 되는 과정을, 그 세월을 집은 말없이 지켜보고 있었다.

경성을 휩쓴 문화주택 열풍

서양식 외관과는 달리 뾰족집의 내부는 일본식 가정집의 전형적인 모습을 띠고 있다. 2층에는 짚을 두껍게 깐 다다미방과 '도코노마'라 불리던 일본식 주택에 흔한 붙박이 수납장이 있다. 1930년대에는 문화주택이라 하여 경성에서도 균일한 품질의 주택을 대규모로 축조하기 시작했는데, 그때의 건축양식을 보면 뾰족집의 내부에 사용된 일본식 가옥의 특성과 유사하다.

당시 경성을 비롯해서 도시에 살던 샐러리맨들은 집 한 채 갖는 것이 소원이었다. 모던한 신문화와 어울리는 신주택, 즉 문화주택은 지금의 브랜드 아파트와 맞먹는 인기가 있었고 다들 그런 주택 하나쯤 소유하려고 안달복달했다. 문화주택 개발업자들이 득세하면서 집값이 뛰었고 월급쟁이들은 은행 빚이라도 얻어 집을 사야 할까 고민하던 시절이었다. 백화점 경품으로 문화주택 한 채를 내걸었던 사례도 있었는데, 당시 사람들의 생각도 지금과 크게 다르지 않았던 것이다.

문화주택 개발 바람은 전통 촌락의 풍경을 완전히 바꾸어놓았다. 우리 고유의 주거양식이 개선의 여지가 많고 생활방식이 합리적이지 못하기에 완전히 개조해야 한다는 것이 문화주택의 논지였다. 주방과 변소를 개량하고, 집안의 대소사가 치러지던 대청을 가족과 손님들이 모이는 응접실로 바꾸며, 이 모든 장소들을 통합하여 실내 공간을 합리적으로 꾸미자는 것이다. 그러나 우리 땅에 지어진 주택은 서양식과 일본식이 섞인 집으로 당시 일본 중상류층의 가옥을 모방한 것이었다.

1930~40년대에 건축가로 활동했던 박길룡은 이 시기 주택 개량에 대해 아무리 서양 문화가 훌륭하다고 해도 경험하며 깨달아온 전통적인 생활방식을 모조리 잘라내서는 옳지 않다고 못 박았다. 이 땅에서 이루어지는 우리 민족의 삶이기 때문이다. 따라서 그는 한옥의 우수한 점과 서구식 건물의 편리한 입식 구조를 접목하여 합리적이고 효율적인 생활을 담을 수 있는 용기容器를

만들어야 한다고 설파했다. 집 안에 온기를 효율적으로 잡아두는 온돌은 그대로 두고 여인네들을 힘들게 하는 부엌은 개량하는 등 좋은 것은 취하고 불합리한 것은 개선하며 절충적인 형태의 주택을 만들자는 것이 그의 생각이었다. 한 시대를 풍미했던 TV 프로그램 〈러브하우스〉가 그 시절에도 있었다면 바로 박길룡이 단골 출연자였을 것이다.

집은 정신의 요구를 담는다

"이렇게 아파트가 많은데, 앞으로는 예술가의 생가를 찾아가려고 해도 H아파트나 L아파트 몇 단지 뭐 이렇게 찾아야 되겠다."

"그렇게 되면 예술가의 집이라는 것이 크게 의미가 없어지겠지. 또 한편 사람들은 자신의 로망을 투여할 세컨드 하우스, 그러니까 주말 주택이나 아틀리에 같은 것을 만드는 데 주력하겠지."

어느 순간, 살림집이 대단지 고층아파트의 작은 유니트를 지칭하게 되면서 우리는 집에 대한 상상력을 많이 잃어버렸다. 이러다가 삶의 방식과 문화도 브랜드화된 아파트처럼 규격화되는 것은 아닐까. 내가 어린 시절 살던 집은 '등나무 넝쿨이 있는 노란 나무대문 집'이었다. 그 집에서 살던 시절이 무척 행복했다고 생각되는 것은, 객관적으로 집이 잘 지어진 까닭인지, 아니면 어린 시절을 그리워하는 마음 때문인지 분간하기 어렵다. 하지만 마당 있는 집에서 살았던 기억은 내가 수많은 공간을 경험해온 지금까지도 가장 좋았던 일로 남아 있다. 아파트에서 태어나 일생을 아파트에서 살아가는 사람들이 마당의 풍요로움을 어찌 이해할 수 있을까.

어쩔 수 없는 선택으로 나의 삶 또한 고층아파트의 수많은 유니트 중 하나에서 이루어진다. 아무리 주거생활이 진화를 거듭했다고 해도 아파트의 본질이 바뀔 수는 없다. 아파트는 일관된 구조와 평수에 따라 문화의 패턴이 나뉜다. 삶을 담는 그릇이 똑같이 생겨서 사람들의 DNA도 똑같아졌는지 생각과 행동도 피차일반 닮은 것만 보인다. 사고와 문화가 단조로워지고 획일화된다. 기능과 효율, 제작비 대비 수익률의 측면에서 최고로 효율적인 아파트라는 주거 형태를 두고 옛 건축가들은 어떤 평가를 내릴까? 박길룡은 『삼천리』에 발표한 글에서 이렇게 이야기했다.

건축이 양식이라는 것은 그 시대에 그 땅에 가장 적합한 형식으로 표현되는 것이다. 그럼으로 건축에는 미학상 절대적 원칙은 업슬 것이다. 자동차가(자동차나/인용자) 기차에 대하야 우리가 미를 늣기는 것은 그것이 우리 생활의 적합한 까닭이겟다. 인간요구의 변화는 그 심경의 태도를 지시하는 것임으로 진정한 요구, 성실한 요구라는 정신요구가 내용이 되는 것이다.

—박길룡, 「대경성의 근대건축물 전망」, 『삼천리』 제7권 제8호, 1935년 9월 1일

우리가 살아가는 집이, 우리가 머무르는 거리가, 우리가 일하고 먹는 모든 건축적인 장소들이 우리의 정신을 표현하고 있다는 뜻이다. 그렇다면 우리는, 나는, 당신은 어떤 집에 살고 싶은가. 이 질문은 당신의 정신은 무엇을 지향하는가와 같다.

한참 집에 대해 생각하며 걷다보니 한 예술가가 70여 년 전에 살았던 저택 앞에 도착했다. 난파 홍영후의 집이다.

붉은 벽돌과 박공지붕의 홍난파 가옥. 담쟁이넝쿨로 한쪽 면을 감싼 건물은 이상적인 스위트홈의 모습이다.

꿈속의 스위트홈, 홍난파 가옥

홍파동은 꽤 높은 언덕에 있다. 강북삼성병원, 서울시 교육청, 그리고 기상청까지 지나친 뒤에도 좁은 골목은 계속 경사로를 형성하고 있다. 높은 지대에서 서울의 은밀한 지역을 내려다보는 기분이 묘하다. 전쟁 이후 판자촌이 형성되었다는 이 지역은 자그마한 규모의 집들로 빈틈없이 빼곡하다. 속내를 풀어헤쳐놓은 집들이 풍기는 짙은 살냄새에 그만 아찔해졌다. 오래된 집들이 풍기는 거역할 수 없는 삶의 냄새들.

언덕길에는 나무 데크를 깔고 벤치를 놓은 널찍한 주민공원이 있고 그 끝에 빨간 벽돌집이 있다. 나는 주인에게 예를 갖추듯 집 앞에 서 있는 홍난파의 조각상 앞에서 '울 밑에 선 봉선화'를 한 소절 떠올려보았다. 애잔한 가사는 낮은 음에서 높은 음으로 점차 끓어오른다. 홍난파가 켰다는 바이올린 선율과도 분위기가 상통한다. 학창 시절 음악시간에 단골손님으로 등장한 홍난파의 가곡들은 이제 가물가물할 정도로 오래된 기억이 되었다. 요즘 아이들은 학교에서 어떤 노래를 배울까? 민족혼을 담았다는 옛 가곡보다는 아이돌 그룹의 노래를 더 자주 부를지도 모르겠다.

담쟁이가 어우러져 한층 운치가 있다.

홍난파는 서양 음악과 바이올린을 공부했다. 바이올린은 서양 음악이 낭만주의 사조로 흐를 당시에 낭만성을 최고로 살린 악기로 평가된다. 작곡가로서, 바이올리니스트로서, 음악 선생으로서 그의 인생은 모두 음악으로 점철되었다. 그의 삶도 바이올린 선율처럼 낭만성이 흐른다. 낭만주의는 차갑고도 뜨거운 감정의 표출이다. 낭만의 기저에 흐르는 애잔한 슬픔은 격정적인 기대가 있었음을 반증한다. 낭만 없이 그 시대를 어찌 살아갈 수 있었을까. 희망과 절망 없이 음악이 가능했을까.

노래를 떠올리다 말고 조각상 뒤로 보이는 그의 집으로 시선을 던졌다. 뾰족한 지붕이 얹어진 붉은 벽돌집은 〈비둘기 가족〉 같은 노래에 등장하면 딱 알맞을 정도로 이상적인 '집', 즉 '스위트홈'의 형태를 띠고 있다. 붉은 기와지붕이 얹힌 2층 벽돌집은 창이 많아 운치가 있다. 담벼락에서 지붕까지 등나무 넝쿨이 복슬복슬하게 뒤덮여 있으니 아늑한 집을 만드는 온갖 장치가 치밀하게 사용되었다. 그가 살던 때 집 안마당에는 복숭아꽃, 살구꽃 그리고 아기 진달래가 활짝 피었을까? 데이지나 팬지 같은 서양 화초도 있었을까? 붉은 벽돌집 앞에서는 상상조차도 낭만적이다.

1934년 12월 경성보육학교 제자인 이대형과 재혼한 홍난파는 홍파동에 신혼살림을 차리고 죽는 날까지 이 집에서 살았다. 동경과 미국에서의 유학생활, 이후 잦은 순회공연과 강연회 등 다양한 활동으로 평온한 거처가 무색했던 그에게 홍파동 집은 평화로운 여생을 기약하는 새로운 시작이었을 것이다.

규모가 큰 2층집에는 손님들과 제자들이 자주 찾아와 음악을 나누었다. 그즈음 빅터 레코드사에 입사하여 작곡 활동에 매진할 여유가 생겼으며, 음악계의 실력파들과 실내악단을 결성하여 새로운 분야를 개척하기도 했다. 음악평론에도 관심을 기울였다. 그리고 아이도 태어났다. 홍영후의 평화로운 일상이 사진에 남아 있다. 이 집에서만큼은 음악가 난파가 아니라 인간 홍영후로서 내밀한 즐거움을 누렸다.

하지만 평온한 일상은 그리 길지 않았다. 1937년 6월, 그는 수양동우회 사건에 연루되어 현제명과 함께 검거되었다. 종로경찰서에서 70일간의 옥고를 치른 후 사상 전향에 관한 문건을 작성하고 풀려났지만 그의 인생은 완전히 뒤바뀌었다. 이화여전의 강사, 레코드 회사 음악 주임, 경성보육학교 음악 주임 등 모든 직장에서 해직되었고, 미국 유학시절 앓던 늑막염이 재발했다. 이 병은 얼마 후인 1941년 그의 목숨을 앗아갈 정도로 치명적이었다.

음악가의 빛바랜 자취

홍난파의 집은 1930년경 독일인 선교사가 지은 것으로 기록되어 있다. 그래서인지 당시 널리 지어지던 문화주택과는 구조가 많이 다르다. 등기상으로는 1936년부터 홍영후의 소유가 되었고 1942년에 어느 일본인에게 등기가 이전되었다. 홍난파가 사망한 후 그의 부인이 아이를 데리고 다른 곳으로 이사를 간 까닭이다. 이후 여러 사람이 들고난 집은 증축되고 수리도 해서 조금씩 변화가 있었는데, 다행히 집의 구조를 뒤바꿀 만한 일은 일어나지 않았다. 한동안 비어 있던 집을 2004년 서울시에서 사들여 홍난파를 기념하는 공간으로 바꾸고 시민들에게 공개했다.

우리는 왜 굳이 타인의 살림집을 구경하고 싶어할까? 누군가의 체취가 묻어나는, 누군가의 취향과 개성과 삶이 묻어나는 공간을 왜 들여다보고 싶은 걸까? 한때 누군가 살았던 집 안의 복도와 벽과 문과 거실바닥과 천장을 속속들이 보려는 마음이야말로 사랑하는 사람의 피부 속 핏줄과 힘줄까지 보려는 모진 호기심이 아니고 또 무엇일까? 그 삶의 조각들을 엿보는 것이 과도한 관음증은 아닐까 의구심이 들지만, 옛사람들의 집은 어떠한지, 그들은 어떤 곳에서 삶을 영위했는지 나는 끝없는 호기심을 느낀다.

집에 깃들인 정신은 살던 사람의 그것이다. 나는 현관문을 열고 건물 안으로 들어가보았다. 깨끗하게 정돈된 집 안에는 이렇다 할 가구도 없고 삶의 흔적도 전혀 찾아볼 수 없었다. 난파의 음악세계를 알리는 몇 가지 물품들만 놓여 있을 뿐, 내부의 공간은 안타깝게도 그 어떤 옛 그림자도 없고 음악가의 삶을 유추할 그 어떤 단서도 없었다. 얼마 전에 행사를 치렀는지 의자와 피아노

넓은 홀과 알코브, 지하에 위치한 식당 등 서양식 가옥의 구조를 택했다. 지금은 홍난파를 기념하는 장소로 사용되고 있다.

가 그대로 남아 있다. 길쭉한 창문으로 햇살과 바람이 넘나든다. 한줄기 바람처럼 바이올린 소리가 맴돈다.

서양식 저택에서 볼 수 있는 작은 방인 알코브alcôve가 넓은 거실과 연결되어 있다. 피아노가 놓여 있기에 적합한 장소다. 햇살이 깊게 들어오는 거실은 소파와 안락의자, 테이블로 채워졌을 것이다. 음악을 연주하거나 햇살을 쬐고 차를 마시며 휴식하면 좋을 공간이다. 벽난로의 타닥타닥 불꽃 튀는 소리가 바이올린 선율 사이로 메트로놈의 똑딱거림처럼 섞여 들어온다. 지금은 졸업증서만 가득한 벽이지만 당시에는 음악가와 아내가 모은 그림들로 장식되어 있지 않았을까?

한쪽 벽에는 기둥을 이용하여 장식장을 만들었다. 예쁘고 귀한 물건들이나 단란한 한때를 보여주던 가족사진이 이곳을 가득 채웠을 것이다. 자잘한 삶의 흔적들이 먼지처럼 쌓여갔다.

1층에 두 개의 방이 있고, 지하에는 식당과 주방이 있었다. 지하라고 해도 경사지에 위치해서 1층처럼 채광이 좋다. 기능적으로 잘 분리된 공간을 계단이 연결해준다. 그들은 서양식 식사를 즐겼을까? 아니면 곰삭은 냄새를 풍기는 반찬과 찌개를 즐겼을까? 하지만 상상만으로 집을 채우기에는 시간적인 간격이 너무나 크다. 그를 추억할 수 있는 것이 남아 있지 않은 까닭이다. 더 이상 음악가의 삶을 보여주지 못하는 집이 못내 서운하다.

배다리를 지키는 사람들

| 창영초등학교 · 감리교 여선교사 사택 |

"배다리 다녀오셨어요? 헌책 사러 가셨나요?"

배다리에 몇 번 다녀왔다고 했더니 인천에 사는 지인이 이렇게 말한다.

"인천 사람이라면 참고서나 헌책 사러 배다리에 가보지 않은 사람이 없을 걸요?"

부산 사람에게 보수동이 있다면, 인천 사람에게는 배다리가 있다. 헌책방 골목 배다리는 그 이름도 무척 구수하다. 배다리는 정식 포구는 아니지만 바닷물이 들어와 배를 댈 수 있는 지역을 이르는 말로 서울 마포나 지방의 작은 포구에도 같은 지명이 있다. 인천 배다리 주변의 동네 이름은 우각리인데 배다리나 우각리나 생소하게 들리긴 마찬가지다.

날 좋은 5월, '배다리 문화축전'이라는 작은 행사에 이끌려 인천 배다리를 찾았다. 헌책방이 주는 향수와 정감은 배다리 골목에 들어서자마자 산산조각이 났다. 아마도 나는 예쁘게 꾸며진 유럽의 책방 마을을 기대했던 것일까? 묵은 책들을 쌓아놓은 서점들이 새침한 표정을 짓는다. 한때 골목을 가득 채웠다는 헌책방은 이제 손에 꼽을 정도만 남아 겨우 명맥을 유지하고 있다. 알고 보니, 재개발 바람이 이 거리를 그냥 지나치지 못했고, 많은 사람들은 집과 책방을 비운 채 다른 동네, 다른 도시로 거처를 옮겼다고 했다.

그래도 문화축전이라는 행사가 열리는 장소답게 분주하고 왁자지껄하다.

◀ 오래된 양조장을 개조하여 갤러리로 운영하는 스페이스 빔.
▶ 배다리 헌책방 골목의 역사를 보여주는 아벨서점.

붉은 벽돌과 우아한 창틀이 돋보이는 창영초등학교의 전경.

메마른 바람이 길거리를 휩쓸고 지나가는데, 골목 구석구석에서 학생들과 주민들이 무엇인가를 만들며 웃고 떠들고 있다. 개발회사가 허물어버린 집터 흙더미에 '에코파크'라는 간판을 붙이고 주민들과 아이들이 풀과 꽃씨를 뿌리고 물을 주는가 하면 옛날 먹을거리와 손으로 만든 기상천외한 장난감들을 사고팔며 낄낄거린다. 축제 구경을 나온 외지인들이 서점과 문화공간에서 어슬렁거린다. 다들 중고 책을 한 권씩 손에 들었다.

배다리 문화축전을 시작하게 된 계기는 도시 재개발 사업 때문이었다. 대형 건설회사가 내놓은 아파트신축계획안에는 신도시로 향하는 거대한 산업도로가 배다리와 우각리를 관통하여 동네를 두 쪽으로 나누고 있었다. 멀쩡한 동네가 거대한 산업도로로 쪼개지는 불행한 상황을 해결하기 위해 배다리 사람들이 나섰다. 하지만 건설사나 공사를 허가한 인천시청은 요지부동이고, 그러는 사이 많은 사람들이 살던 동네를 떠났다. 배다리를 지키는 사람들은 이렇게 이야기한다.

"산업도로와 아파트 같은 개발 사업을 인천시는 도심재생 프로젝트라고 부르지요. 진정한 재생이 무엇인지 과연 생각이나 해보았을까요?"

배다리에는 40년이 넘도록 그 자리를 지키고 있는 헌책방의 대모 아벨서점이 있고, 오래된 막걸리 공장에서 둥지를 튼 갤러리 스페이스 빔이 있다. 사람들이 떠난 자리에 예술가들이 모여들어 만든 문화공간이 거리 곳곳에 오종종 숨어 있다.

게다가 창영초등학교와 영화여자정보고등학교, 감리교 여선교사 사택처럼 인천의 대표적인 근대문화재들이 우각로를 중심으로 펼쳐져 있기도 하다. 오래된 학교와 오래된 건물들과 오래된 길이 만들어내는 풍경은 한가롭고 고요하고 아름답다. 나는 이 길을 걸으며 오랜만에 깊은 숨을 들이켰다.

배다리와 골목 하나로 맞붙어 있는 우각리(우각동)는 개항기 인천에서 중요한 역할을 담당한 장소다. 우각리는 서울로 향하는 큰 길목에 해당했으며, 외국인들이 제물포에 조계지를 형성할 때 그곳에서 밀려나온 조선인들이 자생적으로 모여 살던 경계 지점이었다. 때문에 당시 삶의 현장을 살펴볼 만한 기념비적인 장소들이 즐비하다. 경인철도가 바로 이곳에서 시작되었고, 선교사 알렌의 근사한 별장도 조계지가 아닌 우각리에 있었다.

인천 최초의 감리교회가 세워졌다는 이곳에 여선교사 사택이 정숙한 여인처럼 옛 모습 그대로 남아 있다. 창영초등학교는 인천에서 최초로 3·1운동이 봉기한 장소이기도 하다. 붉은 벽돌의 3층짜리 초등학교 본관은 영국의 사립학교처럼 당당하고 존재감 있게 우각리를 지키고 있다. 한국전쟁과 관련한 수많은 이야기들이 전설처럼 흐르는 가운데 헌책방의 역사가 시작되었다. 자생적으로 형성된 책방 골목이, 길거리가, 사람들의 삶이 모조리 찢길 위기에 처한 것이다.

나는 그 뒤로도 몇 번이나 배다리를 찾아가 골목을 걸었다. 여전히 벽에 그림을 그리는 예술가들이 있고, 따끈한 커피 향기가 흐르는 작은 가게가 있고, 따스한 햇살 아래 점점 더 근사해지는 붉은 벽돌의 학교와 주택이 있었다. 야구 연습에 여념이 없는 아이들이 뛰고 구르는 이 거리가 사라진다는 사실을 믿을 수가 없다. 아니, 나는 그런 일이 없을 것이라고 믿고 싶다.

▲ 감리교 여선교사 사택. 평화로운 분위기를 풍긴다.
▶ 배다리 지역의 심각한 상황을 곳곳에서 발견할 수 있다.

술도가에서 역사가 익다

진천 덕산양조장

충북 진천군 덕산면의 어느 양조장 앞에서 나는 조금 머뭇거리고 있었다. 시큼한 발효주 냄새가 바람에 실려 날아온다. 건물을 살짝 가리고 서 있는 측백나무 몇 그루가 수문장처럼 위엄을 부린다. 건물 외부의 목재들이 오랜 세월에 거뭇거뭇하다. 긴 세월 동안 묵묵히 일한 시골 할아버지의 거친 손등 같다. 그리고 흐트러짐 없이 단정한 자세도 영락없는 시골 할아버지를 닮았다.

인간이라면 정년퇴임을 했을 나이임에도 건물은 여전히 원기왕성하다. 옛날에는 집 안에 부엌 불씨를 책임지고 집을 돌봐주는 조왕신이 있다고 믿었는데 이 집에도 그런 정령이 있는 것은 아닐까? 그렇다면 이 건물은 성실하고 책임감 있는, 맑은 정신을 가진 이가 깃들어 있을 것 같다.

한적한 소읍에 자리 잡은 덕산양조장. 80년이 넘은 술도가의 정취가 가득 묻어난다.

술의 신 바쿠스는 과일과 술을 한 아름 풀어놓고 주신제를 열곤 했기에, 술도가라면 으레 이런 흥청거림이 있을 거라고 짐작했다. 하지만 이곳은 하루의 조업을 마친 공장처럼 조용해서 바람소리조차 크게 들릴 정도다. 매끈한 나무 현관문을 열고 들어가니 조심스럽게 일하고 있는 몇몇 인부가 눈에 띈다.

보이지 않는 방 안쪽에서 고두밥이 삭고 누룩이 익어가고 술이 만들어지고 있을 터이다. 술이 빚어지는 데 거친 소음은 없다. 이곳에는 주신이 아니라 단정한 손길로 술을 빚는 사람들이 있다. 그들은 지혜로운 눈빛과 현명한 손을 가진 말 없는 사람들이다. 그들에게 술이 아니라 건물을 맛보려고 온 사람이라는 것을 어떻게 설명해야 할까?

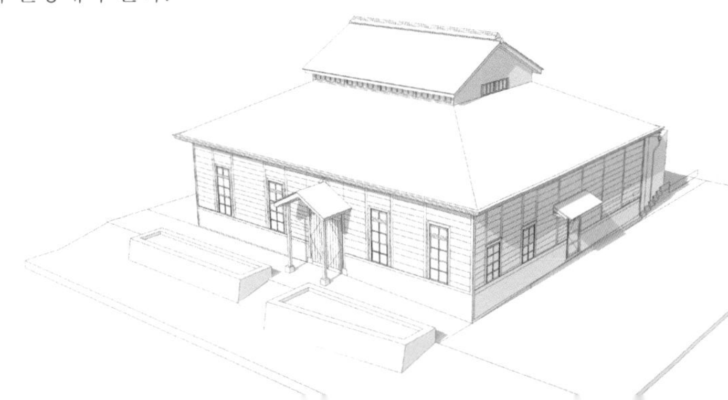

문화재로 지정된 오래된 술도가

"그런 분들이 많아요. 삼대에 걸쳐 술을 만드는 술도가라고 해서 멀리서도 오세요. 수시로 손님들이 오니까 하루도 문을 닫을 수가 없지요."

술독만큼 넉넉한 풍채의 양조장 사장님이 소년 같은 웃음을 짓는다. 양조장은 그의 조부로부터 내려온 가업이다. 담백하고 뒷맛이 깔끔한 덕산막걸리는 대를 이어 내려온 손맛을 증명하듯 품위가 있다. 그런데 양조장의 주인은 그 공을 양조장 건물에게 돌린다. 잘 지어진 양조장 덕분에 술맛이 한결같다고 말이다.

한여름에도 공기의 순환이 좋아 술에 탈이 없고 추운 겨울에도 온도가 어느 정도 유지된다. 서향으로 난 정문 앞에 늘어선 측백나무가 바람을 막아주고 바람결에 실려 건물 벽에 달라붙은 나무진액이 해충을 없애주어 술맛을 더욱 좋게 만든다. 그러니 이 술도가에서 가장 큰 일꾼은 바로 양조장 건물, 그 자체라고 할 수 있겠다.

덕산양조장의 상량부에는 '소화 5년 경오 구월 초이일 미시상량목수 성조운'이라는 글자가 뚜렷하게 남아 있어 지어진 날과 지은 사람의 이름을 기억하게 되었다. 소화 5년이면 1930년이다.

"워낙 견고하게 잘 지어진 건물이죠. 80년이 되었는데 무탈하게 잘 사용하고 있으니 놀랄 만하지요. 천장의 트러스는 백두산에서 가져온 전나무와 삼나무로 되어 있어 튼튼합니다. 천장에 둘러진 창은 채광도 좋고 환기에도 탁월합니다. 특별한 장치가 없는데도 필요한 온도는 남겨두고 불필요한 공기들은 빠져나가고. 자연친화적이면서도 훌륭하지요."

▲ 나무널이 거뭇거뭇하게 세월을 먹었다. ▼ 내부에서 자연스럽게 공기의 순환이 이루어진다.

이규행 사장은 잘 지어진 양조장 건물이 오래 잘 보존되기를 바라는 마음으로 이 건물을 근대건축물 등록문화재로 등록했다. 등록문화재법은 근대문화재를 위한 특별한 조치로 2003년부터 시행되었다. 사적이나 유형문화재 등 기존의 문화재 지정제도는 역사적으로, 학술적으로 보존가치가 높은 건물을 영구히 보존하는 것을 목적으로 한다. 따라서 대상 건물을 결정하는 것도 엄격하고 건물의 활용 또한 제한할 수밖에 없어 상당히 통제가 심한 제도다. 그에 비해 등록문화재 제도는 외관을 크게 변형시키지 않는 범위 내에서 일상생활에 맞게 손을 보거나 자유롭게 수익시설로 활용할 수 있도록 탄력을 준 것이다.

근현대기에 만들어져 50년 이상 된 건축물 중에서 곧 멸실에 처해질 건물이나 일상적인 가치가 있는 건물을 등록문화재로 등재하여 하루라도 빨리 보호하려는 것이 이 제도의 목표다. 건물을 복원하거나 보수할 때 보조금이 지원되고 건폐율, 용적률에 관해서 특례를 주며 세제혜택도 있어 문화재 소유자들에게 경제적 이득을 주는 부분도 있다.

건물뿐만 아니라 영화, 책, 문헌 등 유·무형 문화자료들도 대상에 포함되는데, 시행 7년 만에 전국적으로 4백여 건이 등록문화재로 등재되었다. 전업이 건축가였던 이규행 사장이 이 건물의 가치를 남들보다 빨리 깨달은 덕분에 덕산양조장은 2003년 등록문화재 제58호로 등재되었다. '대한민국 근대문화유산'이라고 쓰인 동그란 동판이 건물 입구에 붙어 있다.

문화재는 우리의 삶과 공존하는 것

등록문화재 제도가 이렇듯 탄력적으로 운용될 수 있음에도 건축물의 경우 여전히 문화재로 등록해 보호하기가 쉽지 않다고 한다. 오래된 그림이나 집안의 유물이 문화재로 지정되면 환호하던 사람들도 자기 소유의 건물이 문화재가 되면 '망했다'고 생각한다는 이야기를 들은 적이 있다. 그림이 문화재가 되면 그림 값이 치솟게 되는데, 건물은 문화재가 됨과 동시에 경제적 가치가 떨어진다는 것이다.

부동산 시장의 경제논리는 낡은 건물을 허물고 새 건물을 짓는 과정에서 상승된 지가와 새 건물의 효용가치 등으로 그 차액을 크게 늘리는 것이다. 때문에 낡은 건물이 문화재로 지정되느니 차라리 허물고 빈터로 남기는 것이 더 낫다는 인식이 팽배해 있다.

문화재청 직원이 다녀가기가 무섭게 건물을 헐어버리는 경우도 드물지 않고, 근대문화재로 등재된 건물조차 등록을 취소해달라고 요청하는 경우도 있다. 개인 소유주뿐만 아니라 지방자치단체나 공공기관들도 마찬가지로 행동한다. 무분별한 도시계획 앞에서 문화재는 어떠한 방패도 되지 못했고 유일무이한 건축물이 그 와중에 헐려 나갔다.

건물 소유주는 낡은 건물을 없애고 새 건물을 지어 최대한 많은 이윤을 남기려 할 테고, 문화재청은 하나라도 보존하려고 하기 때문에 그 사이에서 분쟁 없이 넘어간 사례란 찾아보기 어려울 정도다. 아무리 문화재청이라는 국가기관이 권고조치를 한다고 해도 개인의 재산권 행사 앞에서는 늘 건축주가 승리하기 마련이다. 부동산 공화국이라 불릴 만큼 내 집, 내 땅에 대한 경제적 집착이 유난히 강한 우리나라이니 그 사정이야 당해보지 않아도 능히 짐작할 수 있다.

다르게 생각해보면 문화재로 지정된 그림이나 유물을 갖고 있다고 해도 그것으로 이득을 보는 것은 또 다른 문제다. 박물관이나 관계기관에서 구입할 의사가 없다면, 혹은 비슷한 가치의 유물들을 이미 많은 소장가들이 소장하고 있는 상태라면, 그림이건 유물이건 집 안에 두고 감상하는 정도의 가치밖에 되지 않을 것이다. 문화재가 가진 실제가치와 교환가치 사이의 이중성은 일반인의 의식을 혼란스럽게 만든다.

삼대에 걸친 양조장으로 여전히 왕성하게 활용되고 있는 술도가는 그리 많지 않다. 유명한 술도가는 많으나 전통주의 위기 시절을 겪으며 하나둘 문을 닫았고 상당수의 건물이 버려지고 허물어졌다. 근대문화재 건물을 조사하면서 강화도와 경상도 등지에 어느 정도 원형이 살아 있는 양조장 건물이 있음을 알게 되었으나 몇 년 사이에 개발사업과 더불어 모두 사라져버렸다. 전통주 애호가는 증가하는데 전통주를 만들어온 현장은 점점 사라지고 있으니 안타깝기만 하다. 그런 중에 근대문화유산으로 흔쾌히 건축물을 등재한 덕산양조장은 다행스럽고 아름다운 경우라고 할 것이다.

술맛의 비밀은 오래된 건물 속에 있다

"목조건물이나보니 화재가 가장 두렵지요. 진천군에서 이 건물을 대상으로 특별한 소방 대책까지 세워놓은 상태입니다."

그는 화재로 무너지면 정부에서 실측도면에 따라 똑같이 복원해야 한다며 양조장 건물에 애착을 보였다. 하지만 새로 짓는다면 똑같은 풍미의 전통주가 생산될 수 있을까? 가능하긴 하겠지만 지금까지 해온 것보다 더 많은 시간을 투자해야 할 것이다. 그 점을 알기에 건물을 최대한 원형대로 유지하고 훼손되지 않도록 정성을 들이는 것이다. 80년 세월이 만들어놓은 묵은 왕겨와 송진의 켜를 어찌 다시 만들 수 있을까? 백두산과 압록강을 지나며 다져지고 단단해진 나무들을 구할 수나 있을까?

진천군에서 시행한 도로확장공사로 정문 앞의 측백나무가 모두 베어질 운명에 처하자, 도로를 다른 부지로 옮겨서 훼손을 막은 기억은 아직도 생생하다고 한다. 그저 한 그루의 나무가 아니었다. 여름에는 통풍을, 겨울에는 방한을 도와주며 건물 표면의 부식을 막아주는 역할까지 맡았던 나무다.

술맛을 내는 비밀이 양조장 곳곳에 담겨 있다. 국균(누룩곰팡이)을 배양하는 종국실로 들어가보았다. 미닫이문을 여는 순간 후끈한 기운과 시큼하게 삭는 냄새가 함께 몰려나온다. 고두밥을 지어 적당한 온도로 식히고 있는 사이 주위를 둘러보니 안쪽 검은 종균과 흰색 종균이 벽체에 골고루 묻어 있다.

설명을 듣지 않았다면 그저 세월이 남긴 검은 얼룩 정도로 보였을 법한데 이 종균들이 덕산양조장의 숨은 공로자들이다. 균을 배양하기 위해서는 일정한 온도가 관건이고 그 점을 왕겨가 거뜬히 해결했다. 종국실의 벽체는 두께

종국실 벽의 거뭇거뭇한 흔적이 술을 발효시키는 종균들이다.

1935년부터 술을 삭히는 데 사용되었던 넉넉한 술독.

가 50센티미터에서 90센티미터에 이른다. 그 사이를 왕겨가 가득 채우고 있다. 천장 위, 이중 출입문이 있는 벽체까지도 왕겨를 다져 넣었다.

술을 발효시키는 사입실도 톡 쏘는 향기가 밀도 있게 깔려 있다. '1935년 용몽리'라고 씌어 있는 커다란 술 항아리가 여전히 그 자리를 지키고 섰다. 70년이 넘는 세월을 양조장의 술을 익히는 데 아낌없이 바쳐온 기특한 존재다. 방을 가득 채운 항아리에 각기 다른 속도로 발효가 진행 중인 술들이 담겨 있다. 원래 사입실은 지층보다 어린아이 키 정도 낮은 지하였고, 그 덕분에 여름에는 서늘하고 겨울에는 지열로 따뜻하게 온도를 유지할 수 있었다. 그러나 계단을 이용하는 일이 너무 번거로워 1963년에 지층과 같은 높이로 편편하게 다졌다.

사입실 상부에는 환기구가 있어 내부의 공기가 순환하며 건물 상부의 수많은 창을 통해 빠져나간다. 부글부글 거품을 내며 삭고 있는 술항아리 안으로 코를 들이밀어 보았더니 강한 발효 냄새에 머릿속이 아찔하다. 막걸리는 위스키나 와인처럼 오래 묵히지 않고 며칠 안에 모든 발효가 일어나는 어린 술이다. 도정한 지 열흘 이내의 진천쌀로 고두밥을 찌고 백국균을 배양하는 데 45시간, 발효를 거쳐 뒷맛이 깔끔한 덕산막걸리가 만들어지는 데 필요한 시간은 단 5일이다.

옛 기억이 숨 쉬는 양조장

덕산양조장도 부침의 시절을 보냈다. 양조장에서 만들어낸 덕산약주가 수많은 상을 수상하면서 매출 신장을 가져왔고 1972년에는 세왕기업사라는 합자회사를 만들어 약주와 탁주를 분리하여 생산하기 시작한다. 1974년에는 법인회사로 체제를 정비하고 세왕주조라는 이름으로 충북에서 약주를 생산하는 유일한 공장으로 인정받았다. 당시는 덕산의 장터도 무척 활발하여 술도가에 웃음꽃이 피던 시절을 맞았다. 하지만 덕산 일대의 경제 규모가 축소되면서 인근 지역으로 인구 유출이 격심해지고 고요한 소읍이 되어버린 덕산에서 양조장의 어깨도 축 처지게 된다. 여기에 설상가상으로 탁주가 사양길에 접어들면서 운영이 어려워지자 1990년에 덕산양조장을 폐쇄하기에 이른다.

그러나 1998년에 손자가 가업을 이어받으면서 십 년간 닫혀 있던 덕산양조장의 문을 다시 열었다. 그가 가장 든든하게 여겼던 것은 조부 때부터 함께해온, 조부만큼 나이를 먹은 이 양조장 건물이었다. 덕산세왕주조, 다시 세왕주조로 이름을 바꾸었지만 덕산 소읍의 사람들은 이 술도가를 오랜 기억 속의 이름인 '덕산양조장'으로 부른다. 나른한 랜드스케이프의 소읍에서 가장 커다란 존재감을 가진 건물의 이름, 그것은 역사라고 불러도 충분한 장구한 시간이 가져다준 선물이다.

발효실에는 술 삭는 냄새가 밀도 있게 배어 있다.

무엇보다 술도가의 주인이 부러운 이유는 어린 시절의 기억이 가득한 곳에서 지금까지 살고 있고 그곳에서 필생의 업을 발견했다는 것이다. 뛰어 놀고 부딪히고 싸우고 낄낄거리던 옛 기억들이 먼지처럼 쌓여 있는 오래된 양조장이 그의 직장이라는 것에 질투가 날 지경이다. 그리고 그 장소에서 아이들이 커간다. 할아버지에서 나에게로, 또한 나의 아이들에게로 이어지는 공간만큼 값진 것이 있을까? 더 이상 우리에게는 존재하지 않는 옛 기억의 장소들. 그곳은 모두 어디로 사라진 것일까?

공명하는 공간

동선동 권진규 아틀리에

조각가란, 신의 손을 가진 자다. 손으로 조물조물하면 금세 사람의 얼굴이 만들어지고 힘찬 날갯짓을 하는 새가 만들어지고 또 으르렁거리는 호랑이의 얼굴도 만들어진다. 열 개의 손가락과 단단한 손바닥, 그리고 날렵하게 이어진 손목을 자신의 의도대로 움직이는 사람이기도 하다. 사람의 몸이 어느 지점에서 튀어나오고 들어가야 하는지, 어떤 때 연약하고 단단한지를 그 손은 오래전부터 알고 있다.

손의 감각으로, 손에 닿는 촉감으로 세상의 모든 사물을 만들어내는 사람들. 나는 그들을 숭배한다. 왜냐하면 내 손가락은 글을 쓸 때 외에는 단 한 번도 내 의도대로 움직여주지 않기 때문이다. 한마디로 손재주가 젬병이다. 섬세한 형태를 만들 줄 모르고 힘의 강약을 조절할 줄 모르는 내 손가락이 참으

權鎭圭
권진규아뜰리에 작은음악회

로 무능하다고 느낀 이후로 나는 이들을 몹시 경외하게 되었다.

지금 나는 한 시대를 대표하는 조각가 권진규의 아틀리에를 찾아가는 길이다. 권진규 하면 짙은 황토색 테라코타 인물상이 늘 함께 떠오른다. 시선을 약간 위로 들어 하늘을 바라보는 갸름한 얼굴. 단정한 눈매와 입술, 머리카락 한 올조차 흐트러지지 않게 빗은 정결한 자태. 미술 교과서에서 줄곧 보아온 그 조각상은 누구였을까? 그 초상은 조각가가 마음속에 담고 있던 그 누구였을까? 아니면 조각가의 심성이 자연스럽게 배어나온 것일까?

성신여대 캠퍼스를 뒤에 둔 조금 경사진 언덕 위, 작은 빌라와 오래된 집들이 올망졸망 들어서 있는 조용한 주택가에 도착했다. 길 앞에는 오래된 한옥도 보이고 도로를 오가는 차량도 그리 많지 않은 동네다. 안쪽에는 즉석 빵을 파는 가게도 있고, 낡은 간판을 머리에 얹은 세탁소도 있다. 나는 조용하고 평온한 골목 안으로 들어섰다.

조각가의 아틀리에는 꽤 높은 언덕 위에 있다. 계단의 수가 제법 많아 한달음에 올라가기 어려울 정도다. 하지만 집 앞에서 내려다보는 풍경은 그런 대로 시원한 맛이 있다. 동선동. 조용한 동네다운 오래된 풍경이 눈 아래로 펼쳐진다. 도시에서 골목을 거닐고 싶다면 이런 곳이 좋으리라 생각하며 열린 대문 안으로 들어섰다.

아담한 한옥이 깨끗하게 정돈되어 있다. 방도 작고 부엌도 작고 조각가가 기거하던 쪽방은 더더욱 작은, 그래서 각기 자신의 방에 있어도 가족들의 숨소리까지 들릴 것만 같은 조그마한 집이다. 그런데 전지전능한 손가락을 가졌던 조각가는 이곳에서 스스로 목숨을 끊었다. 인생의 열패감을 온몸으로 감당하던 그는 그해 쉰두 살이었다.

조각가의 첨예하고 치열한 삶

권진규는 어려서부터 카메라를 가지고 놀 만큼 부유하고 유행에 앞서갔던 집안의 도련님이었다. 손재주가 많았으나 병약했고 남들과 그리 다르지 않은 꿈을 꾸며 학교를 다녔다. 그러던 그가 스물한 살이 되던 해 음악을 듣다가 문득 '음을 양감으로 표현할 수 있을까?'라는 지독한 예술적 호기심에 사로잡힌다. 그때 그가 들었던 음악이 무엇인지는 알 수 없으나 음악은 자연스럽게 조각으로 연결되어 그의 예술적 본성을 일깨웠다.

조각가 이쾌대가 지휘하는 성북조각회에서 다양한 조각 수업을 받고 광복 후 일본 무사시노 미술대학에서 본격적으로 조각가의 삶을 시작한 때가 스물여덟. 늦깎이 대학생의 열렬한 감성은 돌과 흙에 불같은 생명을 불어넣었다. 격동의 시절을 겪으며 가세가 기운 상황에서 그의 유학생활은 녹록지 않았다. 아르바이트로 연명하는 빈곤한 삶이지만 오로지 예술로만 살고 싶었던 젊은 조각가는 두려운 것이 없었다.

조각가의 아틀리에는 깊고 고요하다. 텅 빈 내부에 조각가의 대표작이 사진으로 전시되어 있다.

하지만 그의 삶은 전쟁 후 피폐해진 고국으로 되돌아오면서 모든 것이 변해버린다. 국내 상황은 한없이 열악했지만 그 시기는 예술가의 고뇌가 최고조에 달하며 자신의 세계관을 확립해나가던 절정의 순간이기도 했다. 그에게 조각은 사람의 얼굴이고, 심성이고, 정신이었다. 하지만 추상주의가 유행하던 국내 예술계에서 진실할 정도로 정직한 형태를 만들던 조각가는 받아들여지지 않았다. 권진규는 자신의 예술을 받아들이지 않는 예술계에 집착하기보다 아무리 탐해도 쉽게 형체를 보여주지 않는 예술의 절대적인 경지를 고통스럽게 갈구했다. 현재를 뛰어넘을 수 없다면 예술가는 무엇을 해야 할 것인가? 더 나은 형태를 빚을 수 없는 조각가는 멸할 뿐이다.

조각가 권진규 씨가 4일 하오 급환으로 별세했다. 발인은 6일 상오 10시 서울 성북구 동선동3가 256 고인의 아틀리에에서 거행된다.

1973년 5월 5일자 경향신문은 그 전날 유명을 달리한 조각가의 부고를 실었다. 짧은 기사 어디에도 그의 절망감은 표현되어 있지 않다. 아틀리에의 계단 난간에 목을 맸다는 것도, 자신을 아껴주던 몇몇 지인들에게 유서 같은 짧은 편지를 남겼다는 사실도 없다.

그 전날 그가 유일하게 마음을 주고받으며 지냈던 박혜일 교수와 제자 김정제와 함께 밤늦은 시간까지 클래식 음악을 들으며 즐거운 시간을 보냈다는 사실도 없었고, 그래서 그 죽음이 지인들을 더없이 막막하게 했다는 것도 전혀 나타나지 않았다. 5월 4일 오전, 그는 자신의 작품을 영구 소장하기로 한 고려대미술관을 방문해 전시회를 둘러보았고 도록도 챙겨들었다. 그리고 오후 6시, 목숨을 끊기 전에 '인생은 공, 파멸'이라는 글을 남겼다.

아틀리에를 보려면 한옥 살림집 옆 작은 쪽문으로 들어가야 한다. 정면에 권진규가 머물던 작은 방이 있고 오른쪽으로 층고가 높은 아틀리에가 이어진다.

조각가의 심성을 닮은 고독한 아틀리에

동선동 아틀리에는 일본 유학을 떠났다가 돌아온 권진규가 어머니와 함께 살기 위해 마련한 곳이었다. 한옥이었던 조각가의 집은 깨끗하게 보수한 상태여서 오래된 한옥이라는 느낌이 거의 들지 않았다. 지붕도 구운 기와가 아니라 아연판으로 올렸고 흙으로 빚었을 벽체도 깨끗하게 미장한 상태라 거친 느낌도 없다. 안방에서 곧장 마당으로 나올 수 있는 쪽마루 정도가 한옥의 느낌이랄까.

아틀리에 내부의 메자닌에는 한때 조각가의 작품이 가득 찼던 전시대가 지금은 텅 빈 채 남아 있다.

방과 좁은 마루 사이의 벽체를 없애고 넓게 쓸 수 있도록 개조했기 때문에 지금 당장이라도 작업실로 사용하거나 살림살이를 해도 좋겠다. 원래 마당 한쪽에 부엌이 있었는데, 좁은 마당이 불편하여 부엌을 걷어냈다. 부엌이 있던 자리를 빈 우물이 지키고 있다. 우물은 어머니를 위해 조각가가 직접 판 것이라고 했다. 한옥은 새롭게 정비하면서 편리하고 아름답게 변했지만 고즈넉한 정취는 그대로다.

조각가는 부엌 옆의 작은 여닫이문 안쪽에 층고가 높은 작업실을 따로 만들었다. 여닫이문은 작고 낮아 지나다닐 때는 머리를 숙여야 할 정도다. 맞은

편에 보이는 조그마한 쪽문 안의 작은 방에서 권진규가 살았다. 우측에는 미닫이문으로 출입하는 넓은 작업실이 있다. 이 집에서 가장 넓고 깊고 높고, 그리고 가장 어두운 공간이다.

이곳에서 조각가는 15년 가까운 세월 동안 작품을 빚고 구웠다. 입구 바로 위쪽에 있는 메자닌*에 좁은 테라스를 만들어 창고로 사용했다. 한때 흘러넘칠 정도로 많은 조각품을 진열해두었던 선반은 지금은 텅 빈 채다. 구석에는 벽돌로 만든 작은 가마와 우물이 있다. 권진규의 주된 작업 방식은 '테라코타'였다. 흙을 한 점 한 점 떠서 덧붙여가며 형태를 만들고, 그것을 초벌구이하기 위해서 우물과 가마는 가장 필요한 장치들이다.

작업실 내부는 어두컴컴하다. 큰 창문이 있지만 빛이 강하게 들어오지는 않는다. 늦가을 해가 금세 기운 탓인지 아틀리에 안은 더없이 고요하다. 특별한 마감을 하지 않아 거친 바닥에서 찬 기운이 느껴진다. 깊은 외로움과 고독의 공간. 누구에게나 자기만의 방이 있어야 한다고 버지니아 울프가 말했건만, 인간이 느낄 고독이 이 공간에서는 곱절이 될 것만 같다.

가버린 주인의 자취를 담고 있어서일까? 벽에 남은 흔적과 오래된 나무 선반장이며 계단 하나하나가 예사롭게 보이지 않는다. "군살을 깎을 수 있을 만큼 깎아내고 요약될 수 있는 형태는 가능한 한 단순화하여 얼굴 하나 속에 무서울 정도의 긴장감이 감돌고 있다"라고 어느 평론가는 권진규의 작품을 이야기했다. 그의 조각뿐만 아니라 그의 아틀리에도 그러하다. 공간은 사람의 심성을 좌우하는 절대적인 영향력을 갖고 있는 것인가? 공간과 작품은 예술가의 심성과 무섭게도 닮아 있다.

때로는 계단에 앉아 사색하고, 때로는 높은 메자닌 층에 앉아 아래를 내려

*mezzanine, 중이층. 다른 층들보다 낮게 두 층 사이에 지은 층.

다보며 자신의 좁고 깊은 삶을 들여다보았을 권진규를 떠올려본다. 그 자리에서 타닥타닥 불 소리도 듣고, 쩌억 하며 흙이 갈라지는 소리도 듣고, 찰방거리는 물소리도 들었을 것이다.

빛보다 더 환하고 뜨거운 불이 있었으니, 이곳이 차고 어두운 곳만은 아니었겠다. 자신의 깊은 곳까지, 또 불의 깊은 움직임까지 들여다볼 수 있는 깊고 고요한 이곳은 세상으로부터 스스로를 보호할 수 있는 유일한 장소였을 것이다.

내셔널트러스트의 다섯 번째 자산

조각가는 거의 대부분의 시간을 이곳에서 혼자 작품 활동에 매진하며 보냈다. 심봉*을 매고 흙을 반죽하고, 석고를 뜨고, 가마에서 구워내는 일까지 다른 이의 도움 없이 스스로 시작하고 마무리했다.

테라코타를 선택한 이유도 그것이었다. 브론즈는 작품의 온전한 형상을 마무리하려면 마지막 순간을 금속을 다루는 기술자가 대신해주어야 하지만 테라코타는 끝까지 예술가의 손길로 마무리할 수 있다. 그리고 이리저리 춤추는 불이 예기치 않은 형태와 빛깔을 만들어낸다는 점도 좋았다. 권진규는 자연이 우연하게 창조하는 특별하고 아름다운 장면을 하나도 놓치고 싶지 않았던 모양이다.

"돌도 썩고 브론즈도 부식되어 썩으나 고대의 부장품이었던 테라코타는 아이러니컬하게도 잘 썩지 않습니다. 세계 최고의 테라코타는 1만 년 전 것이 있지요"라고 권진규는 전시 인터뷰에서 이야기했다. 흙으로 구워 만든 것은 돌이나 청동보다 형태의 변형 없이 오래 남았다. 신라의 토우들이 지금껏 남아

* **心棒**, 구멍이 있는 가공물이나 공구를 꿰서 공작기계에 물리기 위한 막대기.

있는 것처럼. 그는 자신보다 작품이 더 오래 남기를, 세상 그 어떤 것보다 영원히 남기를 바랐던 욕심 많은 예술가였다.

어머니가 세상을 뜬 후 조각가의 막내 여동생 가족이 이 집에 들어와 그의 생활을 돌보았다. 조각가가 갑작스럽게 죽음을 맞이하자 그의 물건과 작품을 수렴하여 보관하고 있던 이도 여동생이다. 조각가의 여동생 권경숙 씨는 그의 예술혼을 좀 더 보존하고 싶어 이 아틀리에와 주택을 모두 내셔널트러스트 문화유산기금에 기부했다.

내셔널트러스트는 훼손될 우려가 있는 자연의 장소와 역사적으로 중요한 건물을 시민의 기부와 모금으로 매입하여 보존하는 시민단체다. 내셔널트러스트는 1895년 영국에서 시작되었는데 현재 40여 개국이 동참하고 있다. 국내에는 1990년대 초반부터 이 운동이 시작되어 2000년 한국내셔널트러스트가 출범했다. 한국내셔널트러스트는 지금까지 최순우 옛집, 나주 도래마을 옛집 등 모두 일곱 군데의 문화유산을 관리 운영하고 있는데, 권진규 아틀리에는 2006년 다섯 번째로 확보된 자산이다.

아틀리에는 예전 모습을 최대한 보존하면서도 아름다운 공간을 만들기 위해 손상된 부분을 보수하고 보완했다. 조각가가 생활하던 작은 방은 노후가 심해 본래의 규모로 새로 지으면서 창호, 출입문, 조명 등 이전의 부

권진규는 우물과 가마를 손수 만들어
테라코타 작업의 모든 과정을 직접 완성했다.

재들을 다시 사용했다. 살림집으로 썼던 한옥은 이후 증축된 부분을 덜어내고 불필요하게 형성된 공간을 정리했다. 마당을 가로막았던 부엌을 없애고 한옥 벽에 통유리를 넣어 밝고 명랑한 공간이 되었다.

그의 삶이 궁금한 사람이라면 누구나 아틀리에를 방문할 수 있다. 단, 한 달에 한 번 내셔널트러스트 문화유산기금에 신청한 사람에 한해서다. 2008년에는 처음으로 아티스트 레지던시 프로그램이 시작되었고, 시대를 이끈 조각가가 예술혼을 불태우던 장소에서 후대의 예술가가 작업하고 있다.

흙으로 빚은 수많은 얼굴들

긴 얼굴과 또렷한 눈빛을 가진 황토색 조각상의 여인은 '지원'이라는 이름으로 불렸다. 지원은 권진규가 홍익대에서 강의할 때 재학 중이던 학생이었다. 조각가는 지원 외에도 영희, 희정, 지애, 선자, 경자, 현옥, 혜정 등 많은 소녀들의 얼굴을 남겼다. 서로 닮은 듯도 보이고 다르게도 보이지만 모두 단정한 입매와 매끈한 뺨을 가진 소녀들이다.

그 얼굴들은 현실 속에서 웃고 우는 모습이 아니라 숭고하고 깊은 정신성의 표현이다. 그런데 조각가가 마음에 둔 소녀는 따로 있었다. 정제. 권진규는 정제를 모델로 만든 조각은 모두 그녀에게 선물했다고 한다. 죽음을 결심한 것이 예술계의 차가운 현실 때문인지, 연인과 맺어지지 못한 좌절감 때문인지 단정할 수 없지만, 조각가는 제자에게 사제지간을 넘어서는 편지를 보냈고 그녀를 기다렸다. 마지막 유언으로 남긴 편지는 모두 세 장이었고 그중 하나가 정제를 위한 것이었다. 정제. 편지지에 열 번도 넘게 씌어진 이름.

그에게도 한때 열렬하게 사랑에 빠진 시기가 있었다. 뒤늦게 동경 유학 시절에 만난 오기노 도모는 그보다 아홉 살이나 어린 여학생이었다. 둘은 어려운 살림이지만 행복한 시간을 보냈다. 노모의 병환이 깊다는 소식을 들은 권진규가 귀국길에 오르면서 둘은 헤어졌고 9년 후 니혼바시 화랑에서 전시회를 할 때에야 재회하게 된다.

눈물과 침묵으로 끝난 재회 이후, 그는 심적인 외로움과 현실의 냉혹함에 시달리며 오로지 어두운 작업실에서 흙을 빚었다. 때때로 대학에서 조각을 가르치며 아리따운 젊음의 향기를 맛보았고 그 속에서 눈이 빛나는 소녀에게 서서히 마음을 주기도 했을 것이다. 흙에 숨을 불어넣는 데 청춘을 바친 예술가에게 사랑의 의미를 새삼 물어서 무엇하겠는가? 그는 끝까지 예술가였을 뿐이다. 마지막까지 작업실을 떠나지 않았고, 흙과 함께했다.

그의 수많은 여인상 중에는 나와 이름이 같은 여인을 모델로 만든 작품도 있다. 1968년에 완성된 어느 소설가의 얼굴이라 했다. 이 여인은 그와 어떤 사이였을까? 그는 어떤 말로 작품의 모델이 되어달라고 했을까? 나는 나를 닮지 않았으나 나보다 40년 먼저 권진규의 인생에 도킹한 내 이름을 말없이 바라보았다.

선과 면이 만드는 공간

| 대전 농산물검사소 |

2007년 이응로미술관이 대전 시립미술관 옆에 들어섰을 때, 나는 미술관이 개관하기까지의 상황을 다큐멘터리 형식으로 풀어보는 기사를 기획하고 대전으로 내려갔다. 건물은 예상보다 훨씬 아름다웠고 빛과 그림자가 만들어내는 미묘한 뒤섞임이 공간을 더욱 풍부하게 했다. 이응로 화백의 작품과 묘하게도 잘 어울리는 곳이었다.

미술관이 들어선 곳은 대전의 신도시쯤 되는 곳이었고 문화회관과 청소년 수련원 등 각종 시설이 모여 있는 커다란 공원이었다. 인위적으로 조성된 대규모 문화단지는 구도심의 풍경과 사뭇 대조적이었다. 그 넓은 공원을 보고 있자니, 대흥동의 작은 건물 하나가 떠올랐다. 사거리 모퉁이에 있던 2층짜리 건물은 창이 유난히 크고 건물의 형태가 단정했다. 텅 빈 건물은 세월에 점점 헐어가고 있었다. 오랫동안 손질하지 않은 잡초와 나무들이 무성하게 자라 건물을 가렸다. 무엇이 이 건물을 깨울 수 있을까?

대전의 본격적인 역사는 20세기에 시작된다. 경부철도가 점점 확장되면서 대전은 금강 유역의 전통적인 상업도시들을 모두 제치고 호남과 영남을 나누는 충청의 중심이 되었다. 충남도청이 들어서고 학교와 교회가 지어졌으며 깨끗한 개량식 주택들이 대전을 채웠다.

창틀로 기하학적 형태를 강조한 입면.

루버를 비스듬하게 기울인 브리즈 솔레유로 햇살을 조절했다.

그 흔적이 현재에도 대흥동의 풍경을 만들고 있다. 충남도청사(1932년)와 대전역사를 잇는 중앙로를 중심으로 대흥동, 선화동, 은행동, 중동, 원동 등 원도심이 펼쳐진다. 그중 대흥동에는 관사촌, 대전여중 강당(1936년)과 대흥동 성당(1962년) 등 근대문화재가 있고, 또한 오래된 주택들이 옛 골목에 그대로 머물러 있다.

대흥동 성당에서 대종로 건너편 사거리 모퉁이에 ㄱ자 형으로 자리 잡은 2층짜리 건물은 농산물검사소라는 이름으로 1958년에 지어졌다. 1999년 조직개편에 따라 국립농산물품질관리소 충청지원으로 개칭했지만 그해 12월에 선화동 옛 검찰청사로 관공서가 이전되면서 건물이 비게 되었다.

관공서 성격의 평범한 건물인데도 자꾸 궁금해지는 것은 창문의 형태가 독특하고 창을 세로로 나누는 경사 루버*의 모양새가 예사롭지 않기 때문이다. 정면에서 보면 둥그런 아치형 입구를 중심으로 루버 창문이 나열되고 우측면에서 보면 황금비에 가깝게 창을 나눠 건물의 비례감을 살렸다. 정면 창문은 서향의 빛을 조절할 수 있도록 루버의 방향을 미세하게 조절했다. 이를 '브리즈 솔레유'brise soleil라고 하는데, 햇살을 켜로 나눠 그 양을 조절하는 기능과 더불어 장식적인 기능도 겸했다.

그 당시 비어 있던 건물은 개보수를 끝내고 예술창작센터로 태어났다. 대흥동 일대에 점점이 숨어 있는 작은 갤러리들을 매개하는 중심 공간이 된 것이다. 자생적으로 형성된 중구 문화벨트는 신도시의 예술 공원과 묘하게도 대척점에 위치하고 있다.

이 건물은 대전에서 활동하던 배한수라는 건축가가 설계했다. 그는 72세까지 건축사무소를 운영하다가 별세했다. 끝까지 건축가임을 포기하지 않는 자부심을 건물 속에서 배우고 간다.

* louver, 비늘살. 가느다란 널빤지로 빗대는 창살, 또는 창 가리개.

한옥성당의 연인들

성공회 정동대성당 • 성공회 강화읍성당 • 성공회 온수리성당

성공회성당을 다니는 후배 P가 말하기를, 몇 해 전 서울 정동의 성공회대성당 지하창고에서 낡은 혼배성사첩을 보았다고 했다. 혼배성사첩이란 성당에서 결혼식을 올린 부부의 인적사항을 기입한 서류로 혼인증명서 역할을 하는 것이다. 초창기 교회에서 사용하던 혼배성사첩이라면 백 년도 넘은 문건일 것이다. P는 두근거리는 마음으로 첫 페이지를 펼쳤더니 예스러운 필기체로 혼배성사를 진행한 부부들의 이름이 나열되어 있었다고 덧붙였다. 이 땅에서 성공회 신부가 처음으로 혼배성사를 행한 부부는 조선 사람들이 아니었다.

"이십대의 일본 여인과 오십대의 유럽 남자였어요. 1890년대로 기억하는데, 그들이 이 멀고먼 조선 땅에서 결혼한 거죠. 이름도 적혀 있었는데…"

정동에 자리 잡은 성공회 정동대성당. 고딕 풍 양식에서 벗어나 평온하고 고풍스러운 로마네스크 양식으로 완성했다.

P의 이야기를 듣는 순간 가슴을 찌르는 무엇을 느꼈다. 그들은 어떤 인연이었기에 연고도 없는 이곳에서 만나 부부의 연을 맺었을까? 아버지와 딸 같은 나이에도 불구하고 결혼에 이른 것은 어떤 인연의 결과였을까? 나와 아무 상관없는 인물들이지만 그들의 존재를 확인한 것만으로도 인연을 이어준다는 빨간 실 뭉치 속에 얽혀 들어가는 것만 같았다.

그날 P와 나는 이런저런 공상을 하며 그들의 이야기를 재구성해보았지만 그럴싸한 스토리는 만들어내지 못했다. 아마도 우리의 상상이 미치지 못하는 범위의 배경 스토리가 있었을 것이다. 실제 사람들이 살아온 이야기가 지어낸 이야기보다 더 흥미로울 때가 많으니까. 그들의 이름은 무엇일까? 이름을 듣는다고 해도 그들의 미스터리가 저절로 풀리지는 않겠지만, 그들의 이름이 궁금했다. 지금은 존재하지 않지만 한때 사랑이란 걸 했고 하루하루 삶을 살았고 나무처럼 푸르게 숨 쉬었을 사람들. 그들의 흔적을 찾아 옛날 성당으로 가보았다.

영국인 주교, 한옥으로 성당을 축조하다

20세기 초, 서울은 수많은 국적의 사람들이 왕래하던 도시였고 가지각색의 종교가 활발하게 퍼져가고 있었다. 경성은 종교의 용광로와 다름없었다. 북감리회, 남장로회, 천주공회, 천주교당, 러시아정교회, 불교중앙회 등 다양한 종교단체들이 왕성하게 활동하고 있었고 자신들의 성전을 하늘까지 닿도록 쌓아 올리고 있었다. 1924년 6월 1일자 『개벽』지는 '재경성 각 교회의 본부를 력방하고'라는 제하의 기사에서 많은 종교단체와 함께 성공회를 다루며 이렇게 소개했다.

이 역亦 기독교 즉 천주교의 일이나 천주교보다는 모든 것이 조곰 자유적이며 또는 라마(로마/인용자)법황의 지배를 밧지 안는다. 이 교회는 1890년에 주교 고요한(英人) 씨의 입경과 공히 시설립始設立되야 제3차의 변동으로 현 주교 조마가(英人) 씨가 그 교회의 담책자가 되는대, 신도는, 경성, 수원, 강화, 천안, 진천, 음성, 연백의 전선 칠 전도구에 4,905인이(작년 말 현재—1923년/인용자) 잇스며, 그중 경성전도구에는 330인의 조선인 신도와 200여 인의 일본인과 18인의 영인 신도가 잇스며, 사제(즉 신부)는 조선인 6명, 서인 9명이 잇는대, 경성 정동 본부에 조선인 교역자로 사제 리원창 씨와 차부제 조용호 씨가 잇다. 현재는 영국 캔터바리 대주교의 지배를 밧고, SPG선교회의 보조를 바드며, 교회의 사업으로 수녀원, 소학교, 고아원 가튼 것의 몃 곳 경영이 잇스나 물론 성치는 못하며, 근래에 정동본부에 놉다라한 성전을 짓고 잇다.

극동의 제국까지 성공회 선교사들이 발을 디딘 것은 1890년대의 일이다. 천주교가 서학이라는 학문으로 조선 후기에 전래되고 개신교는 미국과 수호조약을 맺은 1860년대 이후 선교사들이 들어와 종교 활동을 시작했던 것에 비하면 한참 늦은 셈이다. 1880년대에 중국과 일본에서 큰 성과를 거둔 성공회는 이 두 나라 사이에 있던 조선 땅에 새로운 관심을 갖게 되었고, 캔터베리 대주교의 결정에 따라 코프Charles John Corfe 주교(한국명 고요한)가 제물포에 도착했다.

제물포와 서울, 강화에 자리 잡은 영국인 거주지를 중심으로 자연스럽게 교회가 형성되었다. 한편에서는 의사이자 선교사인 랜디스Eli Barr Landis가 제물포에 성누가병원을 세워 의료사업을 펼치며 조선 사람들 속으로 파고들었다.

언어도 통하지 않는 사람들 사이에서 봉급도 없고 경력에도 도움이 되지 않는, 절대적인 봉사 활동지였던 조선에 투신할 만한 인물은 많지 않았다. 인천 사람들이 '약대인'藥大人이라 부르며 칭송하던 랜디스가 과로와 장티푸스로 젊은 나이에 사망하고, 코프 주교도 고된 선교 활동에 지쳐 영국으로 돌아갔지만 초기 성공회 정착을 위해 힘쓰던 트롤로프Mark N. Trollope 신부가 주교 서품을 받고 다시 조선 땅으로 돌아왔다. 그는 이 땅에 성전을 짓는 일에 심혈을

1926년 완공 당시 이 건물은 一자형이었다. 1996년에 옛 도면을 근거로 복원 증축하여 십자가 형태의 현재 모습을 갖게 되었다.

기울였다.

트롤로프 신부(한국명 조마가)는 신앙은 현지 사람들의 문화 속으로 깊이 파고들어야 한다고 생각했고 이를 위해서 성전도 친근한 형태를 가져야 한다고 믿었다. 그는 조선 사람들이 가장 아름답고 편안하게 생각하는 전통 한옥에 종교적인 이념을 투영하여 절충적인 형태의 성전을 만들고자 했다. 한옥에 대한 믿음은 절대적이었다. 정동대성당처럼 서양 로마네스크식 석조교회도 있었으나, 1960년대까지 총 열한 개의 성당 중 아홉 개가 한옥으로 지어졌다.

놀랍게도 한옥은 교회당의 초기 형태인 바실리카 양식을 표현하기에 구조적으로나 형태적으로 적합했다. 바실리카는 장방형의 공간을 석조기둥으로 나눠 중앙에 신랑nave이 있고 양편에 측랑aile이 있으며 양측 벽 높은 곳에 창이 위치하여 빛이 아래로 들어오게끔 되어 있다. 이러한 바실리카 구조를 한옥의 구축법에 대입해보니 적절하게 맞아떨어졌다. 한옥은 네 개의 기둥으로 둘러싼 공간, 즉 '간'을 중심으로 공간이 사방으로 무한히 확장되는데, 기둥 바깥에 벽체를 둠으로써 기둥 사이에 신랑과 측랑이 만들어지게 된 것이다. 조마가 주교는 동서양 건축의 절묘한 조화에 회심의 미소를 지었다.

강화읍성당과 온수리성당이 독창적인 형태의 건축을 보여주었다면 정동대성당은 로마네스크 양식이라는 색다른 형태의 성전을 보여준다. 정동대성당은 코프 주교가 1890년 작은 한옥을 사들여 십자가를 매달아 중림성당으로 명명하고 예배를 시작한, 최초의 성공회성당이었다.

그러나 중림성당은 서양인이 주축이 되어 종교 활동이 이루어졌고, 일본인은 낙동의 작은 한옥에서 예배를 보는 등 민족들이 섞이지 못하고 여러 장소로 나뉘어져 있었다. 그러다가 1923년에 정동대성당이 세워지자 비로소 조선인, 서양인, 일본인이 종교라는 이름으로 한데 모일 수 있었다. 하지만 이 성당을 건립하는 데 주축이 되었던 조마가 주교는 1930년 영국을 방문했다가 귀국하던 중 일본 고베 항에서 사고를 당하여 유명을 달리하고 말았다. 그의 유해는 정동대성당의 지하 소성당에 안치되었다.

흰옷의 수사처럼 신실한 온수리성당

서울에서 버스로 한 시간 반만 서쪽으로 달리면 세상이 달라진다. 강화도는 이미 육지의 한쪽인 양 섬이라는 사실을 잊어버린 지역이다. 그러나

강화도 온수리성당은 단아한 한옥의 아름다움과 종교적인 성스러운 분위기가 서로 조화를 이루고 있다.

한식 지붕에 그려진 서양 종교의 상징이 절묘하게 어우러진다.

강화도라는 지명에 발을 디디는 순간, 육지와는 다른 풍경이 펼쳐진다. 바람의 세기가 달라지고 풀과 나무의 빛깔도 달라진다. 집이 놓인 풍경도 다르다. 역사상 강화도만큼 수많은 외국 상선과 군함이 거쳐간 섬이 또 있을까? 이 섬에 내린 이양인들 눈에 코레아는 진정 '고요한 아침의 나라'였을 것이다.

P와 함께 강화도 내리로 가는 길이다. 강화도의 남단, 마니산의 둥그스름한 형세가 점점 가까워진다. 일 년 전 정동대성당을 구경하러 갔을 때 만나 뵈었던 J신부가 그곳에 있다. 성당 건축물과 옛 자료들에 특별한 애정과 관심을 갖고 있던 그는 정동대성당에서 2년 5개월의 시간을 보내고 강화도 안골의 작

은 성당으로 거처를 옮겼다. 정동대성당의 곳곳을 보여주며 자분자분 설명하시던 모습이 기억에 생생하다. 오늘은 강화도의 한옥성당들을 구경시켜달라고 할 참이다. 이미 몇 번이나 둘러본 성당이건만 J신부의 시선으로 걸러낸 성당은 또 다른 이야기가 되어 흐른다.

"강화읍성당과 온수리성당은 둘 다 한옥성당이기는 하지만 건축할 당시의 배경을 살펴보면 성격이 판이하게 다릅니다. 트롤로프 주교가 직접 주도한 강화읍성당은 서양인의 관점이 분명히 드러나 있어요. 높은 언덕 위에 외따로 지어진 건물인 점도 그러하고요. 그에 비해 온수리성당은 한인들이 주도하여 완성한 성당이지요. 소나무 언덕 아래에 포근하게 둘러싸여 있고, 건물의 형태나 목재의 쓰임새도 훨씬 더 친근하고 편안하지요."

1906년에 축성된 온수리성당은 안드레아 성인을 기념하는 성당이다. 푸르디푸른 잔디를 밟고 서 있는 흰옷 입은 수사처럼 온화하고 신실한 모습이다. 정면 횡간이 3칸, 측면 종간이 9칸인 삼랑식 평면의 건물이며, 흙과 나무, 기와, 그리고 약간의 벽돌로 이루어져 있다. 처음 성당이 지어질 무렵에는 뒤편에 소나무 숲이 있었지만 사라졌고, 지금은 평평한 잔디 너머로 새로 지은 거대한 성당이 보일 뿐이다. 회반죽으로 잘 바른 성당의 벽에서 청량한 바람이 인다.

출입구가 있는 정면부는 모두 목재로 이루어져 있다. 벽도 출입문도 바닥도 모두 흑갈색이 은근하게 배어나 카푸치노 빛깔처럼 부드럽다. 백 년이라는 시간이 만들어낸 특별한 빛깔이다. 중앙문은 예배를 볼 때만 사용하고 출입할 때는 양측의 문을 이용한다. 미닫이문을 열고 나무 바닥이 깔린 전실에 발을 디뎠다. 발에 닿는 마루널이 부드럽다.

바실리카 구조가 자연스럽게 녹아들었다. 12개의 기둥은 12성인을 상징한다.

다시금 문을 열고 들어가면 성당의 본모습이 드러난다. 양측 벽의 여닫이 창문에서 들어오는 부드러운 햇살이 마룻바닥을 포근하게 어루만진다. 열 지어 서 있는 나무기둥 사이로 넓은 통로가 제단까지 나 있고 두 개의 측랑에는 신도석이 나열되어 있다. 초기에는 모두 좌식으로 앉아서 기도를 드렸다고 한다. 중앙 벽에 그려진 X자 형의 무늬는 안드레아 성인을 상징하는 십자가다. 아담한 목재로 된 제대는 큰 장식 없이 소박하기만 하다. 크고 화려한 성전보다 작고 소박한 성당이 마음을 더욱 깊게 만든다.

목재 세례대는 신관 성당으로 옮겨서 사용하고 있다. 여름에는 한옥성당에서 예배를 보지만 겨울에는 난방이 되지 않는 한옥성당을 사용할 수가 없어 신관 성당에서 모든 성찬례를 진행한다. 세례대에는 몸을 씻으며 마음을 씻고 더불어 죄를 씻으라는 메시지가 한문으로 깊게 새겨져 있다. 세례대의 나무 재질로 보나 아담한 모양으로 보나 한옥성당의 제대와 한 쌍이 틀림없다. J신부는 목재 세례대가 원래의 자리로 돌아가야 한다고 이야기했다.

"석조성당에는 석재로 된 성물이 어울리고, 작은 한옥성당에는 작고 아담한 목재 성물이 잘 어울리지요. 재단, 모자이크화, 십자가의 형태와 재료에 따라 전체 분위기가 조화로워야 마음의 울림이 생깁니다. 그런 면에서 온수리성당은 무척 자연스럽고 편안합니다. 강화읍성당의 내부는 왠지 불편함이 있어요. 내부 중앙을 가로막고 있는 화강암 세례대가 늘 눈에 걸려요. 너무 크고 묵직한 재료가 중앙을 막고 있는 듯 보이거든요."

12성인을 상징하는 12개의 나무기둥은 오일 스테인을 발라 내구성을 높이고 목재 특유의 따뜻하고 온화한 분위기를 살렸다. 온수리 사람들은 이곳에서 결혼식을 올릴까? 마루널은 새로운 시작을 향해 떨리는 발걸음을 내딛는 부부의 마음을 단단하게 지탱해주었을 것이다. 양측 벽에서 새어드는 빛과 성가대의 아카펠라가 뒤섞이면 천상의 어느 곳처럼 깊은 울림이 생길 것이다. 하지만 최초의 부부, 그들이 결혼할 당시 이 한옥성당은 존재하지 않았다.

웅장한 방주를 닮은 강화읍성당

강화읍 관청리에 있는 강화읍성당은 서양의 마을처럼 언덕배기 높은 곳에 자리 잡고 있었다. 성당을 오르는 계단 중턱에는 사찰에 들어갈 때처럼 외삼문과 내삼문이 있고 커다란 범종도 매달려 있다. 1914년 영국에서 가져온 종은 일제강점기에 공출되어 사라졌고, 지금의 이 종은 1989년에 신도들의 모금으로 만들어진 것이다. 성공회 십자가 표지가 없었다면 토속신앙을 기원하는 장소라고 해도 될 법한 장소다.

한 계단, 한 계단 오르면서 마음의 짐이 조금씩 사라진다. 이윽고 팔작지붕의 처마선이 날개를 휘날리며 날아갈 듯 경쾌한 중층의 한옥이 눈앞에 나타난다. 바람이 불어도 흔들리지 않는 신의 방주를 향해 가듯, 생을 온전하게 마감한 순간을 기록하는 꽃상여를 바라보듯, 비장한 마음이 든다. 온수리성당이 누구나 찾아와 마음 한쪽을 내려놓을 수 있는 곳이라면, 강화읍성당은 깨달음을 얻고자 고행하는 인생의 순례자들을 위한 장소인 듯하다.

내·외부를 살펴보면 서양의 바실리카 형식을 채용했음을 극명하게 알 수 있다. 이 형태 그대로 석조로 쌓아 올린다면 누구도 서양식 건물임을 부인하지 못할 것이다. 또한 지붕 위에 세워진 십자가가 없었다면 서양 양식이라고 말하기 어려울 정도로 친숙한 한옥의 형태다. 이토록 아름다운 절충 양식이

▲ 고행하는 순례자를 기다리는 방주처럼
언덕 높은 곳에 위치한 강화읍성당.
▶ 청량한 바람이 머무는 성당의 문.
영국에서 가져온 문살과 철물로 만들어졌다.

중심부를 둘러싼 회랑과 2층에 도열한 창문이 서양식 성당의 전형적인 모습을 취하고 있다.

또 있을까? 건축의 양식도 서로 스며들어 새로운 형태를 구축해나갈 수 있다는 게 흥미진진하다. 트롤로프 주교가 쾌재를 불렀을 장면이 뇌리를 스쳤다.

옥색으로 칠해진 서까래와 코발트색 창문 프레임, 붉게 칠해진 나무기둥과 색이 바랜 붉은 벽돌. 그리고 지붕선을 강조하는 흰 용마루 등 유난히 색감이 강하다. 그것이 오히려 잔잔한 흥분을 불러일으키기도 한다. 두 층의 지붕이 모두 겹처마로 되어 있어 화려한 율동감이 느껴진다. 측면과 제단 쪽 벽에 둥근 아치형으로 제작된 코발트빛 출입문이 있는데, 이 문의 형태나 철물의 재질로 보아 우리나라 것이 아니다. 성당 축성을 기념하여 영국에서 가져온 것이라고 한다.

강화읍성당은 정면 4칸, 측면 10칸으로 온수리성당보다 조금 더 규모가 크다. 높이 솟아 있고 위풍당당한 자세 때문인지 실제보다 훨씬 더 규모가 커 보인다. 내부로 들어가면 벽 높은 곳에서 들어오는 빛이 공간을 더욱 깊고 엄숙하게 만든다. 중앙에 신도석이 있고 양측에 회랑이 있는 점이 온수리성당과 조금 다르다. 궁궐의 도편수들이 지어 올렸다는 이 성당의 축성연도는 1900년.

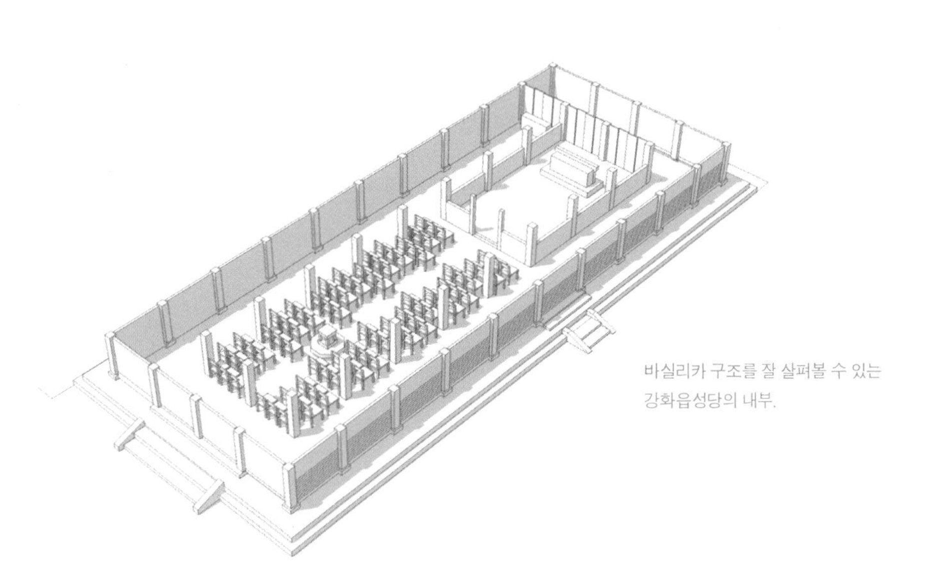

바실리카 구조를 잘 살펴볼 수 있는 강화읍성당의 내부.

이곳 역시 최초의 커플을 축복한 곳이 아니다.

J신부에게 혼배성사첩에 기록된 최초의 커플에 대해 여쭤보았다. 불행히도 그는 그들의 이름을 기억하지 못했다. 성공회의 사제는 결혼이 허락되지만 J신부는 독신사제였다. 그가 빙그레 웃었다.

"그 혼배성사첩은 지금도 사용하고 있어요. 정동성당에서 결혼한 커플의 이름이 뒤에 씌어 있겠지요. 제물포성당이라고 되어 있었나요? 그건 강화도의 성당이 아니라 인천 내동에 있는 성당입니다."

동서양의 아름다운 모색

그들의 이름은 토마스와 유키. 당시 52세와 25세였던 그들은 1899년의 봄이 시작되던 3월 22일에 제물포성당에서 결혼식을 올렸다. 제물포성당은 1891년 9월 축성식을 올린 최초의 성공회성당이다. 인천 내동에는 한옥은 아니지만 지금도 소박하면서도 경건한 마음을 불러일으키는 성공회성당이 그 자리에 그대로 있다. 초창기에 지어진 그대로는 아니고 전쟁 중에 파괴된 것을 1956년에 재건한 것이다. 인천 조계지 인근에 있었던 이 성당은 1890년대 중반부터 조계지 내의 일본인을 선교하기 위해 일본인 선교사들이 영국인 선교사와 함께 활동하기도 한 곳이다.

길고 복잡한 유럽계 성을 가진 토마스의 국적을 정확히 파악하기는 어렵지만 성공회와 가까운 나라의 국적을 가졌을 것이다. 영국인이었을까? 독일인? 아니면 러시아인이었을까? 러시아는 러시아정교회가 워낙 강하게 뿌리 내린 지역이라 러시아인이 성공회 신자가 되기는 어려웠을 것이다. 그렇다면 나가

사키에 본사를 두었다는 독일계 무역회사 홈링거 양행과 관련 있는 독일인일까? 일본인임이 분명한 유키 가마모토는 본토에서 이미 성공회라는 종교를 경험했을 수도 있다. 혹은 제물포의 약대인 랜디스의 진실한 의술에 감명받아 종교로 가까이 다가왔을 수도 있다.

과연 그들은 누구일까? 일본에서부터 사랑의 도피를 떠나온 것일까? 로미오와 줄리엣처럼 우연히 그들의 운명이 뒤얽힌 것일까? 그들의 삶은 제물포에서 계속되었지만 머지않아 이 땅을 떠났을 수도 있고 그예 병마와 사고에 목숨을 잃고 땅에 묻혔을 수도 있다. 모든 것이 불분명하지만 단 한 가지 확신할 수 있는 것은 두 사람이 푸르게 사랑했다는 것이다. 희뿌연 안개처럼 뒤숭숭하던 세상도 사랑이 있어 온화한 푸른빛이었다.

각기 다른 문화와 역사를 가진, 서로 다른 빛깔의 머리와 눈동자를 가진 사람들. 한 세대나 동떨어진 나이 차에도 불구하고 그들이 만나 서로 사랑할 수 있었던 붉은 땅 조선. 그들의 이야기는 전통과 서구 사상이 충돌하고 뒤섞이며 혼란스럽던 와중에도 꽃과 열매를 피우던 우리의 개화기 풍경을 설명하는 또렷한 증거라는 생각이 들었다. 절묘하게 조화를 이룬 한옥성당의 처연한 처마선과 연꽃무늬 십자가처럼.

담배공장 탐방기

대구 연초제조창 • 청주 연초제조창 • 제천 엽연초생산조합, 엽연초수납취급소

반짝반짝 윤이 나게 닦은 구두와 값비싼 세비루 양복은 기본이다. 햇볕 한 번 보지 못한 폐병환자처럼 희멀건 낯빛에 환상적인 기럭지가 잘 드러나도록 항상 말쑥하게 차려입는다. 포마드를 발라 잘 빗은 머리 위에 맥고모자를 쓰고 짧은 머리의 세련된 신여성이 지나가면 검지와 중지 두 개의 손가락으로 모자를 살짝 들어주는 센스도 있어야 한다. 여인들의 마음을 사로잡는 눈빛은 연습에 연습을 거듭해야 하는 것이니, 아무리 더워도 북촌거리의 빙수점보다는 끽다점에 들러 홍차나 커피를 마시며 고뇌에 찬 표정을 지어야 한다.

여기에 곁멋 든 자들이라면 절대 잊어버려서는 안 되는 것이 있으니 궐련이다. 길게 피어오르는 연기가 얼굴을 감싸주면 분위기가 꽤나 그럴싸하다. 담

옥상에서 둘러본 대구 연초제조창의 모습. 중정을 중심으로 수십 채의 건물이 거대한 한 몸을 이루고 있다.

배는 신사의 취향을 그대로 말해주는 것이기에 이왕이면 맛 좋기로 유명한 칼포 궐련이어야 한다. 1920년대 반도의 청년 신사 '모던뽀이'는 이렇듯 갖출 게 많았다.

길고 가늘어서 신경질적인 손가락 끝으로 담배 연기가 흐르는 순간은 반도 청년의 희망과 절망이 교차하는 시간이다. 고등교육까지 마친 그들은 배운 것이 많아 하고 싶은 일도 많았지만, 결코 많은 것을 허락하지 않는 이 사회의 한계를 뼈저리게 느끼고 있었다.

제국대학을 졸업하거나 유학을 갔다 오면 월급이 높은 식산은행이나 동양척식회사에서 한자리 차지할 수도 있고 부모를 잘 만나 줄이라도 잘 댄다면 총독부 직원이 될 수도 있으리라. 그러나 반도의 많은 청년들은 고학력 룸펜을 자처하며 다방을 전전했다. 세상 밖으로 나갈 수 없는 보헤미안들의 좌절감이 검은 커피 물과 매캐한 담배 연기 속에 찌들어갔다.

그들이 손에서 놓을 수 없었던 궐련 한 개비에 무력한 시간이 타들어간다. 우수에 젖은 눈동자는 멋으로 만들어낸 것이 아닐는지도 모른다. 잔뜩 멋을 부려 차려입은 그들에게도 세상은 녹록치 않았으니 희망 없는 모던뽀이야말로 반도의 자화상이었다. 망국의 주인이 되고 싶지 않은 그들은 어둠 속으로 숨어들어 연기를 피워댔다. 그들 덕분에 담배공장만 신나게 기계를 돌렸다.

반도의 젊은이들이 피우던 궐련은 개화기 이후 서양에서 전래된 것이다. 우리나라에서 전통적으로 피우던 담배는 엽연초, 즉 말린 담뱃잎을 잘게 부수어놓은 것으로 이를 곰방대에 넣어 불을 붙여 흡연한다. 종이로 담뱃잎을 말아놓은 궐련초는 곰방대 없이 담배를 피울 수 있었고, 서양식 문물의 세련된 분위기를 만끽하고 싶어 안달이 난 젊은이들에게 더 매력적으로 다가왔음은 두말할 것도 없다. 일반 서민들은 쌈지담배, 봉지담배를 피웠으나, 스타일에 죽고 사는 모던뽀이는 지당하게도 희고 가느다란 궐련을 선택했다.

담배의 전성시대였다. 남녀노소 가리지 않고 담배를 피웠다. 그리고 개화기는 양담배의 전국시대였다. 일본산 궐련 히로Hero는 없어서 못 팔 정도로 인기가 많았고, 영미담배협회도 인천에 진출하여 뽀삐 등 궐련을 판매하면서 가열하게 경쟁에 뛰어들었다. 한일병합 이후로 일제가 담배 전매제도를 도입한 후에는 외국산 담배들이 더 이상 버텨내지 못하고 자취를 감추었다. 일제는 전매법을 이용하여 담배산업을 확대하고 연초 제조를 엄격하게 관리함으로써 막대한 이익을 챙겨 갔다.

거대한 연초제조창이 대구, 청주, 전주에 지어졌고 도시의 중심산업이 되었다. 연초제조창이 규모를 키워감에 따라 총독부의 이익은 늘어났고 생산자들의 앓는 소리는 더욱 커졌다. 멋 부리느라 한 대 태우고, 세월이 하 수상해서 한 대 태우고, 조선팔도에 담배를 피워 문 자들이 차고도 넘쳤으니 담배공장은 불이 꺼질 날이 없었다.

대구 도심의 거대한 괴물, 연초제조창

"1923년에 지어진 연초제조창입니다. 당시에 지어진 단일 건물로도 손꼽히는 크기의 건물입니다만, 주변으로 점점 증축되어 엄청난 규모의 공장이 되었습니다. 영주에 새로운 담배제조공장이 신축되면서 1999년부터 운영이 중단되었고 지금은 완전히 비어 있습니다."

하늘이 잔뜩 찌푸린 여름날, 대구 수창동에 있는 연초제조창을 방문했다. 공장은 엄격한 규격을 가진 거대한 기계들의 집이다. 기계의 규칙적인 움직임과 소음이 사라진 거대한 공장에서 망연자실한 공간의 비애가 느껴진다. 여전

수창동의 역사를 증언하는 대구 연초제조창. 문화공간으로 탈바꿈하기 위해 기나긴 모색의 시간을 보내고 있다.

히 매서운 눈빛을 간직한 노쇠한 영웅 같다. 한편으로 단단한 바닥과 까칠한 벽에서, 천장으로부터 서늘하게 내려앉는 공간의 압력 속에서 건물이 내쉬는 부드러운 숨결이 느껴진다.

대구 연초제조창은 한 시기를 풍미한 공장 건물답게 그 규모가 단연 압도적이다. 대구는 우리나라에서 본격적으로 근대식 담배산업이 전개될 때 가장 선두에 섰던 곳이다. 조선총독부 전매국이 지금의 부지에 청사와 공장, 창고 등을 지어 최초의 연초제조창을 개설한 후 1980년대까지 필요할 때마다 증축하고 또 증축하여 지금에 이르렀다.

부지 규모만 해도 가로가 310미터, 세로가 120미터에 이르며, 연면적 2만 평

폐허가 된 강당 내부. 거칠고 어두운 공간에서 옛 풍경을 상상해본다.

에 달한다. 연초를 보관하는 용도로 사용된 별관도 3천6백 평이 넘는다. 처음 지어질 당시의 규모만 보아도 대구 전체 인구를 먹여 살릴 만큼 생산량이 많았을 것이라 짐작할 수 있다. 공장은 이 도시를 떠날 때까지 대구 제조업의 중추적 역할을 해왔다.

70여 년간 숨 돌릴 틈 없이 제 할 일을 다한 공룡 같은 건물이 겨울잠에 빠져든 것처럼 거대한 몸집을 땅에 뉘어놓았다. 예부터 북성로는 산업시설들과 이를 기반으로 한 공구며 소규모 사업들이 몰려 있는 곳이기에 북적거리는 쇼핑 거리도, 한적하게 산책을 즐길 만한 예쁜 거리도 찾아볼 수 없다. 쇳물 녹는 냄새와 매캐한 기름 냄새가 진동하는 이곳은 쉴 틈 없이 기계 돌아가는 소리로 도시의 생명을 재확인하는 곳이다. 연초제조창의 냄새와 소리 역시 많이 다르지 않았을 것이다. 냄새와 소음의 레벨이 높아질수록 도시는 점점 부유해졌다. 그리고 건물은 장렬하게 은퇴를 선언했다.

공장 가동이 중단된 뒤 이 부지에 초록빛 공원이 들어올 예정이었다. 그러나 예산 문제로 계획이 무산되자 KT&G가 주상복합건물을 짓고 노인복지시설과 공원시설을 함께 조성해서 기부 체납하는 형식으로 양측이 이득을 보는 방식을 제안했다. 만약 건설경기의 거품이 꺼지지 않았다면 이 퇴역장군의 말로는 처참했을 것이다. 노병은 죽지 않고 사라질 뿐이라는 어느 장군의 말처럼 이 세상에서 감쪽같이 자취를 감추었을지도 모른다.

자금난으로 그 누구도 이 거대한 건물을 어쩌지 못하는 사이, 도시에 예술이라는 푸른 숨을 불어넣기 위해 잠들어 있는 건물에 들어온 사람들이 있었다. 대구문화창조발전소라는 문화단체가 이 건물을 예술창작 공간으로 만들기 위해 투입된 것이다. 이 건물의 가치를 알리기 위해 동분서주한 그들 덕분에 대구 연초제조창이 오랜만에 대구 시민들 앞에 공개되었다. 우리 역시 건물을 속속들이 들여다보는 기회를 얻을 수 있었다.

예술을 누리는 공간이 되기 위하여

워낙 규모가 큰 공장건물인데다 사용하지 않고 방치된 지 십여 년이 넘었기에 내부 공간을 둘러보는 데는 안전상의 문제가 있었다. 우리는 대구문화창조발전소 직원의

조업을 중단한 담배공장 중정에 푸른 나무가 자라고 있다.

담뱃잎을 보관하던 대구 연초제조창 별관. 창고의 규모만 보아도 담배산업의 위용을 짐작할 수 있다.

안내를 받으며 내·외부를 둘러보기로 했다. 우선 옥상으로 올라가 전체적인 규모와 형태를 살펴보았다. 건물의 가장 높은 곳에서 주변을 둘러보는 풍경만큼 건물을 잘 설명해주는 것은 없다.

연초제조창은 4, 5층짜리 건물 수십 개가 복잡하지만 유기적으로 연결되어 있다. 담배제조시설이 중심이 되어 재료를 배합하는 건물, 최종적으로 제품화하는 건물이 중앙에 위치한 제품가공시설과 연결되는 식이다. 각종 사무실로만 채워진 사무동과 강당은 공장과 분리되어 있다.

일관된 흐름 없이 필요할 때마다 증축해온 탓에 전체적인 형태가 산만하지만, 그런 것이 이 건물의 재미난 점이기도 하다. 우리는 어디에 어떤 것이 있을

층고가 높고 확 트인 홀은 예술가들의 전시공간으로 사용되기도 한다.

지 모르는 이 거대한 건물을 비밀의 요새를 탐하는 모험가와 같은 눈빛으로 쏘아보았다.

창이 길고 큰 부분이 있는가 하면 작고 촘촘한 부분도 있다. 길게 드러누운 건물의 중심에는 심장처럼 중정이 있고 내부의 열기를 외부로 배출시키는 터빈이 자리 잡고 있다. 가동을 멈춘 건물은 세월의 흐름에 못 이겨 점점 헐어가는데, 중정에는 하릴없이 풀과 나무가 가득 자랐다.

건물 옥상에 올라가니 대구 시내가 파노라마처럼 펼쳐진다. 도시를 관통하는 도로들이 여기저기 뻗어 있고, 대구의 랜드마크인 대구역과 백화점, 쇼핑몰 등이 높낮이를 달리하며 서 있다. 그 사이로 대구 읍성이 있던 흔적들과 아직도 천여 개가 넘는다는 작은 골목길이 얽혀 있다. 대구문화창조발전소의 홍보담당자는 침착하게 건물의 상황을 설명했다.

"전체적으로 손보기에는 규모를 감당할 수가 없어요. 연초제조창을 어떻게 활용할지 전문가들의 의견을 다양하게 들어보고 있습니다. 무엇보다 도시 재생의 참뜻을 살려서 이 장소에 변화를 주려는 것이 저희의 목표지요."

연초제조창 옆에는 창고로 쓰였던 붉은 벽돌건물이 있다. 창고라고 해도 지하 1층 지상 5층으로 연면적 3천6백 평이 넘는다. 붉은 벽돌로 몸체를 탄탄하게 다졌고 콘크리트 띠줄이 층별로 장식되어 있다. 창고 내부는 깨끗하게 정리되어 있었다. 1층은 넓은 홀과 여러 개의 작은 방으로 구성되어 있고 2층 이상은 두 개의 홀로 나뉘어 있다. 평면 구조만 본다면 미술관으로 사용하기에 적합했다. 5미터에 이르는 높은 층고와 시원하게 열린 넓은 홀은 예술가라면 한 번쯤 자신의 작품을 전시하고픈 마음이 생길 듯하다.

"지난해 '아트 인 대구'라는 예술행사를 이곳에서 진행했어요. 창고 건물만 해도 워낙 규모가 크다보니 예순두 명의 예술가가 한꺼번에 참여하는 대규모 프로젝트가 된 거지요."

유동인구가 극히 드문 수창동 연초제조창 별관 창고에 예술을 즐기려는 시민들이 가득 찼다. 독특한 공간이 주는 기묘한 분위기와 예술가들의 작품이 한데 어울려 특별한 정취를 만들어냈다. 대구문화창조발전소는 기력이 다한 연초제조창에서 제2의 테이트 모던*을, 제2의 따샨즈**를 꿈꾸고 있었다. 건물은 죽지 않는다. 다만 잠들어 있을 뿐이다. 그 잠을 깨울 새벽의 여신은 예술의 옷을 입은 파랑새일 것이다.

* **Tate Modern**, 영국 런던의 템스 강 인근의 화력발전소를 개조하여 꾸민 현대 미술관.

** **大山子**, 중국 베이징의 폐공장 단지에 들어선 예술 지구.

청주 연초제조창 옆에 위치한 엽연초 창고.

엽연초 창고를 탐내는 예술가들

대구와 함께 연초산업으로 도시의 규모를 키운 청주의 연초제조창도 얼마 전 문화예술단지로 새롭게 바뀌었다. 광복 직후인 1946년 11월 1일 경성 전매국 청주연초공장으로 개설되어 1999년 문을 닫을 때까지 도시의 중심 산업을 이끌어온 곳이었다. 1970년대에는 2천여 명이 근무하는 청주 최대 산업 시설이었으니 청주 토박이라면 이 건물에 대한 기억이 하나쯤 있을 것이다.

문화재 건물은 아니지만 도시의 역사를 증언하는 건물이기에 허물고 재개발하는 것보다 건물 자체를 활용하기로 결정한 것이 2001년이다. 전체 3만 7천여 평에 이르는 거대한 공장의 절반인 2만여 평을 청주시가 매입하여 리노베이션 공사를 시작했고 2006년 교육전시장과 문화예술 입주시설이 들어왔다.

예술가들의 보금자리인 '하이브'HIVE도 이곳에 터를 마련하고 해마다 문화제를 개최하여 지역민들에게 쉽고 유쾌하게 예술과 소통하는 법을 알리고 있다. 연기를 뿜던 건물에서 예술이라는 이름의 푸른 이끼가 자란다. 아직은 작고 눈에 띄지 않지만 언젠가 큰 나무가 자랄 수 있는 토양을 만들어줄 것이다.

전형적인 공장형 건물인 연초제조창 옆 부지에는 연초제조창 시절에 사용하던 창고 건물이 지금도 남아 있다. 흰색 블록으로 지어진 박공지붕 형태의 창고 건물 십여 채가 나란히 도열해 있다. 포석이 깔린 길도 여전하고 건물 하나하나도 형태가 온전하다. 자물쇠로 채워진 출입문 안에서 건물들이 잠들어 있다.

마치 운명을 기다리는 전쟁포로처럼 그들은 말이 없다. 무대가 철수된 공연장에 남아 있는 퇴역 배우들이 이럴까? 그들의 원래 배역은 이미 끝났지만 근사한 무대만 만들어준다면 새로운 역할이라도 충분히 해낼 수 있는 건물들이다. 이 거대한 돌의 산이 먼지만 남기고 사라질지, 원석을 알아보는 세공사의 눈에 띄어 새로운 보석으로 탄생할지 아직 판가름하기가 어렵다.

엽연초 창고는 모두 열 개가 넘는다. 층고가 높은 창고건물에서 예술의 꽃이 피어나면 좋지 않을까?

감성적인 공간, 제천 엽연초수납취급소

충북 지역에 담배와 관련한 또 다른 문화재 건물이 있다. 제천에 있는 옛 엽연초생산조합 사옥과 엽연초 수납취급소 두 개의 건물이 근대건축물 등록문화재로 지정되었다. 옛 엽연초생산조합 사옥은 오랫동안 사용되지 않아 그냥 방치된 채 언제 허물어질지 모르는 상태였는데, 2006년 보수하여 이전의 모습을 되찾았다.

말끔히 정돈된 모습을 보니 1935년에 지어진 건물인데도 오래되었다는 생각이 들지 않는다. 옛 재료와 유사한 것을 찾지 못해 군데군데 기성품을 사용하기도 했지만 정면부의 장식과 문과 창의 디자인, 팬던트 조명의 느낌이 예스럽게 다가온다.

제천은 여전히 곳곳에 옛 흔적을 고스란히 간직하고 있어 70년 된 건물을 복원해도 그다지 어색하지 않다. 건물 자체가 당대의 유행을 따르거나 과장된 장식이 없는 담백한 형태이기에 더욱 그렇게 느껴지기도 한다. 아담한 모듈 구조가 정겹다. 건물은 아깝게도 창고로 사용되고 있다. 1977년 신사옥을 짓고 조합사무실을 옮긴 후 줄곧 창고로 사용해왔고 1999년에는 아예 창고로 용도 변경했다고 한다.

엽연초생산조합은 담뱃잎을 생산하던 농민들과 담배를 전매하는 기관 사이를 중재하며 가격과 품질을 관리하는 단체다. 자연환경이 연초 경작에 적합한 충북 지역은 엽연초의 생산 중심지로서의 역할을 해왔다. 미원, 충주에 이어 비교적 이른 시기인 1918년에 제천에도 담뱃잎생산조합이 결성되었다. 지금도 KT&G 제천지점이 자리 잡고 있는 이곳에는 넓은 부지에 조합사무실, 수납장,

제천 엽연초생산조합 사무실. 큰 장식이 없는 단정한 건물이다. 2006년에 보수를 끝내고 예전 모습을 되찾았다.

창고, 사택 등 여러 건물이 지속적으로 지어지고 철거되고 또다시 지어졌다.

옛 조합사무실 건물은 1918년에 지어진 것으로 알려져 오다가 2006년 보수 공사를 진행하면서 자료들을 면밀히 검토한 결과 건축 연대가 1935년이라는 사실을 알게 되었다. 이전 건축 도면과 자료들이 정확히 남아 있으면 좋으련만 부침이 많았던 근대 시기의 자료가 충분히 남아 있을 리 만무하다. 오류를 발견하고 재정립하면서 근대건축 연구는 계속 이어진다.

한참 건물을 들여다보고 있는데 지나가던 마을 어르신이 어디서 왔느냐, 뭘 보고 있느냐고 묻더니 한 말씀 하신다.

"뒤쪽에 더 큰 건물을 보수 공사하고 있어요. 이거 다 보면 뒤쪽도 가보시구

잎담배를 매입하고 보관하던 엽연초 수납취급소.

려. 일제 시대에 만든 담배창고들이지."

말씀대로 얼른 발걸음을 옮겨본다. 멀찍이서 또 다른 2층 목조가옥을 보수하고 있고 그 앞에는 문을 훤히 개방한 목조창고가 자리 잡고 있다. 길이만 50미터가 넘는 큰 건물이다. 층고가 5~6미터는 족히 되는 넓고 깊고 높은 공간이 펼쳐진다. 아무것도 없이 비어 있는 창고다.

화려하게 장식된 유럽의 성곽만 대단한 것은 아니다. 아무것도 없는, 말 그대로 공간空間에서 사람의 마음을 흔드는 힘을 느끼게 되는 경우는 어떻게 설명할 수 있을까? 거친 콘크리트 바닥과 단단하게 짜인 목조 트러스가 훤히 드러난 천장, 그리고 비어 있는 거대한 공간. 그 속에서 기묘한 전율이 느껴진다. 그것은 나무라는 재료가 주는 느낌일 수도 있고 벽과 천장에 뚫려 있는 창과 문을 통해 어두운 공간으로 스며드는 빛이 만들어내는 분위기일 수도 있다.

창고는 ㄱ자로 꺾여 있고 바닥 중간 중간에 길게 홈이 패어 있다. 천창의 규모도 예사롭지 않다. 모든 것이 이 공간의 기능을 극대화하기 위한 장치임에 틀림없다. 기능을 위한 장치 외에는 모든 것이 극도로 절제된 공간. 열심히 일에 몰입하느라 다른 것은 생각할 겨를이 없는 사람이 가장 멋지게 느껴지듯 건물도 자신의 기능을 충실히 표현할 때 가장 아름답다.

이 건물은 1943년에 건립된 엽연초 수납취급소다. 농민의 잎담배를 정부예산으로 사들여 품질을 점검하고 관리하며 장기 보관하는 곳이다. 담뱃잎의 생산량이 늘자 기존의 수납장 창고 두 개를 허물고 방대한 규모의 ㄱ자형 일본식 목조건물로 새롭게 건축했다.

농민들이 가져온 담뱃잎을 점검하던 감정실을 중심으로 서남쪽에서부터 담뱃잎을 하차하고 배열하는 공간이 있고, 북동쪽을 향해서 품평을 거치고 대

ㄱ자형의 건물 내부는 엽연초를 하차하고 품평하며, 보관한 후 후가공하는 장소들이 차례대로 구성되어 있다.

넓고 높은 공간을 단단하게 지지하는 트러스의 구조미가 시선을 사로잡는다.

금을 지불한 담뱃잎을 보관하고 후가공하는 갱장장이 있다. 담배는 보통 2년 정도 후숙 기간이 필요한데, 온도와 습도를 적절히 조절하기 위해 반자* 없이 트러스를 그대로 노출하여 공간의 규모를 높였다. 천창 위에 환기통을 두고 창문의 수도 제한해서 채광도 줄였다. 바닥에 길게 난 홈은 습기를 조절하는 장치라고 한다. 기능적인 면에서 지붕 골조를 노출시켰지만 풍요로운 공간감을 드러내는 데도 적중했다.

감정실에는 원형 레일과 계량시설이 남아 있어 이곳이 한창 붐비던 시절을 떠올리게 한다. 줄곧 담배 냄새가 가득했던 이 건물은 한동안 방치되었다가 뒤늦게 문화재로 지정되었다. 더 이상 담배산업시설로 분류되지는 않지만, 향후 어떻게 사용될지는 불분명하다.

"층고가 높고 자연적인 울림이 있는 장소의 특징을 살려서 음악이 있는 공간이 되면 좋지 않을까? 옛 건물에서 연미복을 입은 오케스트라가 교향곡을 연주하면 멋질 것 같은데."

그가 말한다.

"오, 그러면 멋지겠네. 건물 앞에 넓은 잔디밭도 있으니 사람들이 많이 모여도 되고. 제천에 국제음악영화제라는 행사가 있는데, 이 건물을 좀 활용하면 좋겠다."

나도 맞장구를 친다. 장중한 첼로와 바이올린의 선율, 슬프고 애끓는 포르투갈의 파두, 리듬 소리가 경쾌한 플라멩코와 탱고, 해학이 살아 있는 판소리, 그리고 사람들의 호흡과 박수 소리. 소리와 몸짓과 온갖 떨림으로 공간이 가득 차는 황홀한 순간을 상상해보았다. 그때 우리도 꼭 이 자리에서 새롭고 놀라운 경험에 동참하고 싶다고 생각했다.

*ceiling, 지붕 밑이나 위층 바닥 밑을 편평하게 하여 치장한 각 방의 천장.

붉은 벽돌 창고의 아름다운 변신

| 인천아트플랫폼 |

인천의 옛길을 거닐다보면 거대한 창고 건물이 길게 연결된 독특한 장소를 만나게 된다. 이름하여 인천아트플랫폼. 인천문화재단에서 운영하는 예술인마을이다. 백 년 전 본정통이라 불리며 해운회사, 신식 호텔, 은행과 보험사로 가득했던 거리는 백 년 후 예술가들의 창작열이 숨 쉬는 신천지가 되었다.

인천아트플랫폼은 붉은 벽돌로 지어진 대한통운 창고, 일제강점기의 해운회사인 군회조점과 일본우선주식회사 건물을 거점으로 하여 공연장, 미술전시관, 공예관을 꾸미고 거리를 조성한 이색적인 마을이다. 거대한 대한통운 창고는 전시장과 공연장으로 바뀌었고, 군회조점 건물은 재단의 사무실 겸 전시공간으로 새롭게 탄생했다.

국내외 예술가들이 서로 교류하며 작업하는 입주 작가 창작 스튜디오가 군데군데 포진해 있어 활기를 돋운다. 옛 돌과 지금의 돌이 잘 섞인 길거리를 거닐며 스치는 풍경은 예스러우면서도 현대적이다. 옛 거리의 분위기와 정취를 담으면서도 현대적인 건물을 적절하게 삽입해서 유쾌한 어울림을 만들어 냈다.

오래된 건물과 새 건물이, 골목과 길이 서로 유기적으로 연결되어 있다.

◀ 뮤직홀과 전시장으로 활용되는 대한통운 창고건물.
▶ 일본우선주식회사도 복원을 끝냈다.

새로 만들어진 건물들도 예전 건물과 같이 붉은 벽돌 재료를 사용하고 박공지붕과 모듈 등도 옛 건물의 형태를 다양하게 적용하여 거리 분위기를 일관되게 꾸몄다. 그래서 2009년 3월경 완공되었는데도 오래전부터 있었던 동네인 것처럼 고즈넉한 정취가 가득하다.

인천아트플랫폼의 입구를 지키고 있는 일본우선주식회사 건물은 홍보전시관으로 활용될 예정인데, 아직 공개되지 않고 있다. 내부의 금고 위치까지 그대로 남아 있는 아담한 벽돌건물 안에 길고 큰 창을 통해 예전과 다름없는 햇살이 쏟아지고 있다.

이 지역에 대한 정책적인 논의는 1999년부터 시작되었다. 이듬해 개항기 근대건축물 보전과 지역 정비에 대한 연구가 시작되었고, 2002년에 건립계획이 수립되었으며 자문회의를 거쳐 구체적인 계획안이 도출되었다. 2009년이 되어서야 비로소 공사가 정리되고 개관하게 되었으니, 이 작은 마을 하나를 계획하는 데 십 년이라는 시간이 필요했던 것이다.

철암탄광에서 보낸 하루

철암역두 선탄시설

나는 강원도와 경기도를 나누는, 눈에 보이지도 않는 경계선을 넘어섰을 때 갑작스럽게 변화하는 창박 풍경을 사랑한다. 경계선을 넘는 순간 눈과 몸을 압도하는 깊은 청량감에 훅 하고 큰 숨을 내쉬곤 한다. 산과 숲의 고도가 점점 높아지고 깊어지는 게 느껴진다. 더불어 공기의 압력도 조금 낮아진 듯 몸이 서서히 가라앉는 기분이 든다.

눈앞의 오밀조밀한 것들이 멀어지고 높아지며 뚜렷해진다. 내 눈이 광각렌즈로 자동으로 바뀌는 것인지 눈에 보이는 모든 것이 깊고 선명해진다. 공기에도 색이 있는 걸까? 강원도의 모든 것 아래에는 짙은 먹빛이 깔려 있다. 먹빛은 창밖의 온도를 2~3도 떨어뜨리고 하늘과 구름의 고도를 1~2백 미터 급상승시키는 특별한 색이다. 인쇄 용어로 먹이 5퍼센트 정도 깔린 강원도는 진

철암역을 내려다보는 선탄시설의 일부. 검은 분진으로 거칠어진 건물이 오래된 역사를 말해준다.

정한 풍경이다. 힘이 넘치지만 고요한, 절묘하고 노련한 풍경이다.

요는 지금이 단풍철이라는 점이었다. 지금 가고 있는 곳은 철암 탄광시설이고, 단풍이 절정으로 치닫는 산과 들의 풍경을 놔두고 굳이 검은 탄가루가 휘날리는 지역으로 들어간다는 것이 아무래도 유난스럽게 느껴지기도 했다. 하지만 특별한 산업시설물을 보는 기회가 그리 자주 오는 것은 아니다. 도시는 고요하다 했고, 탄광시설은 압도적이라고 했다. 정선 카지노를 지나 태백 시내로 들어서자 서서히 흥분감이 밀려온다.

시내에서 물방울이 바위를 뚫었다는 구문소 방향으로 차를 달려 얼마 후 철암역에 도착했다. 한때는 오가는 열차가 잦아 사람도 많고 화물도 많은 소란스런 곳이었다고 하나 지금은 한나절이 지나도 열차 보기가 어려운 한적한 간이역이다. 철암역사의 선로 맞은편에는 거대한 폐허 같은 검은 건물과 그보다 더 거대한 검은 산이 열차 길이보다도 길게 흩어져 있었다.

철암의 탄광까지 온 이유는 근대건축물 등록문화재로 지정된 선탄시설 건물들을 둘러보기 위해서다. 거대한 탄광도시였던 사북은 폐광한 후 사업을 철수했지만 철암은 아직 멈추지 않은 상태다. 거대한 소음이 규칙적으로 들리는 커다란 공장과 석탄을 실어 나르는 화물차들이 쉴 새 없이 움직이고 있다. 담당자의 안내에 따라 선탄시설을 향해 걸어가면서도 수많은 건물 중 어느 것이 문화재로 지정된 건물인지 짐작하기 어려웠다.

각각의 석탄가공 시설의 용도별 설명을 들으면서 이곳에서 오늘 보아야 할 것은 건물 한두 개가 아니라 지하갱도에서 캔 원탄을 실어 나르고 분리하고 가공하는 석탄 공장의 모든 단계와 절차임을 알게 되었다. 총면적이 13,471제곱미터에 달하는 부지 전체가, 모든 공정이 진행되는 건물과 시설 스무 동이 모두 문화재로 지정되어 있다. 사업이 축소되면서 더 이상 사용하지 않는 노후한 건물 두 동을 제외하면 모든 시설은 지금도 왕성하게 가동 중이다.

폐쇄된 공장을 돌아보면서 낭만적인 폐허 사진이나 찍으며 노스탤지어에 빠져들려고 했는데, 계획이 틀어지고야 말았다. 철제 내장이 꿈틀거리듯 투둘투둘 움직이는 이 거대한 검은 괴물 속으로 직접 들어가야 하는 순간이 온 것이다. 검은 탄가루가 이슬비처럼 포슬포슬 흩어지며 선탄시설을 골고루 덮어주고 있었다.

철암탄광은 살아 있다

철암역두 선탄시설. 이것이 이 문화재의 정식 이름이다. 대한석탄공사 장성광업소 철암사무소라는 간판 아래에 근대건축물 등록문화재임을 알리는 눈에 익은 동판이 붙어 있다. '선탄'이란 지하탄광에서 반출한 석탄을 폐석, 암석, 이물질 등을 솎아내고 크기와 형태, 종류에 따라 분류하는 것을 뜻한다.

갱도 바깥에서 요란스런 소리를 내며 돌아가는 공장건물들은 선탄시설, 즉 탄을 선별하여 보관하고 가공하는 시설이다. 막장에서 채굴된 원탄이 옮겨지는 벨트컨베이어 시설, 이물질이 뒤섞인 무연탄을 1, 2, 3차로 선별하는 시설, 경석과 탄을 손으로 골라내는 시설, 괴탄과 경석을 보관하는 시설, 지정된 보관 장소로 이동하는 시설, 열차와 화물차로 괴탄과 분탄이 옮겨지는 통로와 철도를 연결하여 조업하는 시설 등이 있다.

천둥이 울리는 듯한 굉음의 정체는 이 탄과 암석들이 벨트컨베이어 위로 지나가면서 부딪히고 구르는 소리다. 온갖 시설물을 거치면서 마구잡이로 뒤섞

철암탄광은 지금도 맹렬히 작업을 계속하고 있다. 검은 석탄 언덕을 이어주는 시설들도 모두 등록문화재로 등재되었다.

인 검은 물체들은 순수한 물질만이 남게 된다. 크기가 20~30센티미터에 이르는 괴탄, 시멘트의 원료로 쓰이는 경석, 미세한 분탄들은 각각 자신이 머물러야 할 저장소로 이동된다.

태백에 탄광이 개발되던 1935년부터 하나둘씩 지어진 건물들은 이미 세월만큼 거뭇거뭇한 분진을 먹고 살아온 것이다. 식민지 시대에 지어진 것부터 1970년대 건물까지 차례대로 서 있다. 초기 건물들도 철근콘크리트 구조와 강재 트러스를 사용하여 단단하게 지어져 우리나라의 대표적인 산업시설들로 분류된다. 경석 저장고인 콘크리트 원통 뒤로 시커먼 우금산이 흔들림 없이 서 있다. 이 검은 산의 정체는 수십만 톤의 정부 비축분 석탄이 저장된 저

탄장이다.

지금도 백여 명의 광부들이 탄을 캐러 1천3백 미터 깊이의 지하에서 조업 중이라고 한다. 순식간에 1천3백 미터를 하강하는 리프트와 땅속에 미로처럼 뚫린 지하갱도라니, 상상조차 어렵다. 땅의 뱃속에는 고생대 생물들이 만들어낸 아름다운 석탄층이 있다. 초콜릿 시트와 생크림이 켜켜이 놓인 케이크의 단면을 잘라놓은 것처럼 윤기 나는 검은 층이 한 켜에 가득 들었다. 탄층을 발견하면 광부들은 격렬한 외침이라도 내지르는 걸까? 심마니들이 "심봤다!"를 외치듯이.

검은 땅에 목숨을 건 사람들

개화기에 자원개발을 위해 조선에 온 외국인들은 금광을 열어 일확천금을 벌어볼 요량으로 은밀한 계획을 세운 사람들이었다. 정부까지 나서서 장려한 금광사업은 결국 큰 재미를 보지 못하고 막을 내렸다. 이후 일본은 석탄을 공략했다. 그들은 수차례 지질조사를 벌여 한반도의 광상을 철저하게 조사했고, 1910년부터 30년간 열네 권의 조선탄전보고를 작성하며 무연탄지질도를 점검했다. 검은 황금을 캐내고자 했던 전략은 적중했다. 산과 땅 아래에는 얼룩말처럼 시커먼 줄이 휘감고 있었다.

총독부는 광업권을 일본 회사에 넘겨 탄맥을 개발했다. 1920년대에는 평양 인근에서 무연탄을, 함북에서는 갈탄을 채굴하기 시작했으며 1930년대에는 화순, 영월, 삼척, 은성 탄광이 차례대로 문을 열었다. 개광 초기에는 탄질이 좋아 선탄 작업을 할 필요가 없을 정도였다. 석탄은 쌀과 마찬가지로 일본으로 헐값에 넘겨져 전쟁을 위한 재원으로 사용되었다.

철암의 선탄시설은 1935년에 개광한 삼척탄광의 하나로, 일제 말엽에는 광산 근로자가 1천4백여 명에 달했던 최대의 무연탄광이었다. 도시에는 광업소 사무실과 직원 사택, 광부들의 합숙소를 비롯해서 상가가 형성되었다. 광복 후 일본인이 운영하던 탄광은 정부 소유로 옮겨져 산업발전의 기반이 되는 에너지를 생산하는 심장부가 된다.

1952년 강원탄광이 문을 열면서 전국 각지에서 광부들이 모여들었고 검은 황금을 캐려는 사람들로 북적거렸다. 탄은 곧 돈이었다. 개도 푸른 지폐를 물고 다닌다는 말이 떠돌 정도로 돈이 넘쳐났던 이 도시는 1993년 강원탄광이

종류별로 분리된 탄을 실어 나르던 철로. 지금은 고요하기만 하다.

문을 닫으면서 침체의 길로 접어들었다. 도시는 검은 황금을 캐던 사나이들이 하나둘 떠나는 것을 그저 지켜봐야만 했다. 바로 인근 도시인 정선, 사북은 카지노와 스키장을 중심으로 한 거대한 관광타운으로 불편한 개발이 진행되고 있고 철암은 빈집만 늘어가고 있다. 아직 석탄공사의 벨트컨베이어는 가동 중이건만 떠나는 사람들의 발목을 붙잡기에는 역부족이다.

철암지부는 여전히 살아 움직이는 검은 땅의 건물을 문화재로 등록했다. 설계자나 시공자의 이름도, 정확한 건축연도도 알지 못하고 설계도면 하나 남아 있지 않지만 근대산업사의 주요 시설이었던 이곳이 개발이라는 이름으로 남김없이 지워지지 않기를, 그대로 남겨서 사람들에게 당대의 삶을 보여주는 귀중한 박물관으로 만들기를 바라는 뜻에서였다.

건물에는 아무리 노력해도 지워지지 않는 검은 흔적이 곳곳에 묻어 있다. 돌에도, 흙에도, 물에도, 산에도 스며든 먹빛의 흔적은 바로 살아 있는 역사다. 치열하게 살아온, 목숨을 걸고 지켜온 삶의 흔적들이다. 우리에게 과연 목숨을 걸 만한 일이 있는가? 우리에게 철암은 사랑도 운명도 아닌, 밥벌이에 목숨을 걸어야 했던 시대가 있었음을 알려준다.

땅속까지 검게 만들고 산도 그 빛을 잃게 하는 탄가루는 이 땅에 사는 사람들의 혈관에도 녹아 흐르고 있다. 강원도의 산에서 먹빛을 본 것이 우연은 아니었던 것이다. 이곳을 그림으로 표현한다면 짙은 목탄화여야 할 것이다.

도시탐험가들이 건져낸 철암의 흔적

철암이 유명해진 것은 이 도시에서 먹고살던 사람들이 떠난 후 텅 비어버린 집과 도로에 도시탐험가들이 들어오면서부터다. 인적이 드문 거리와 낡아버린 빈집에서 향수와 기억, 역사의 시선을 발견해낸 사람들은 예술가들, 건축가들, 그리고 출사를 나선 아마추어 사진가들이다. 지금도 일요일이면 카메라를 든 사람들이 철암역과 선탄지역 주변에 몰려든다고 한다.

유흥산업을 일으키고 이를 뒷받침하는 주거단지를 키워 돈을 벌어보려는 개발업자들은 새로운 도시를 만들 지적도에 관심이 쏠렸지만, 도시탐험가들은 도시를 지켜온 시간, 그리고 땅 아래에 묻혀 있는 사람들의 이야기에 주목했다. 근대산업을 일군 하드웨어 도시에서 인문적, 예술적 감성으로 소통하는 소프트웨어 도시로 자연스럽게 변모하고 있다는 점에서 철암이라는 도시의

1930년대부터 지어진 건물이 모두 스물여 채에 달한다. 왼쪽부터 선탄시설, 갱도에서 채취한 탄을 운반하는 선로, 경석 저장고.

가능성을 다시 한 번 살펴볼 필요가 있다.

내비게이션과 지도와 주소만으로 근대건축물을 찾아다니면서, 타인이 살고 있는 주택을 담 넘어 들여다보고 문이 굳게 닫힌 건물의 속까지 들여다보며 아직도 뜨겁게 살아 숨 쉬는 삶의 현장을 목도하던 나는 19세기 초엽 프랑스의 문화재 조사관이었던 메리메를 떠올렸다. 극작가이자 소설가, 화가이자 고고학자였던 프로스페르 메리메Prosper Mérimée는 정부 산하 문화재기관의 일급 조사관으로서 프랑스 전역의 문화재를 그림과 글로 자료화하기 위해 1834년 7월부터 몇 년간 답사여행을 계속했다.

프랑스혁명은 왕조의 무게를 깨부수고 시민에게 자유를 가져다주었지만 동시에 그들이 가장 사랑하고 자랑스러워했던 문화와 예술도 함께 파괴하고야 말았다. 베르사유와 루브르 등 왕족과 관련한 모든 시설은 약탈당하고 왕의 이름이 붙은 광장과 거리도 파괴되었다. 심지어 교회의 조각상들도 왕관을 쓰고 있는 것이라면 무조건 목이 달아났다. 메리메는 혁명과 전쟁, 뒤이은 약탈

로 폐허가 된 옛 건물들을 찾아다니며 목록화 작업을 진행했다. 그 땅 곳곳에 어떤 건물들이 있는지 내용과 형태를 분류하고 건물의 상태가 양호한지 아닌지를 조사한 후 복원하기 위해 사들여야 할 건물들의 우선순위를 정했다. 그는 이 탐사여행으로 수많은 그림과 스케치, 그리고 글을 남겼다.

목록화 작업은 매우 중요한 일이다. 무엇이 얼마나 많고 상태가 어떠한지 현황을 파악하게 되면 어떤 정책이 필요한지, 가장 시급하게 해야 할 일이 무엇인지 강구할 수 있기 때문이다. 그 후 1850년대에 이르면 또 한 번의 문화재 탐사가 전국적으로 이루어진다. 나폴레옹 3세가 파리 재건계획을 추진할 때, 건축물의 현황을 자료로 남기기 위해 프랑스 전역의 역사적인 건물들을 사진으로 기록하는 작업을 진행한 것이다.

이제 막 세상에 태어난 사진이라는 매체는 건물의 외양과 디테일까지 정확하게 담아주는 현명한 도구였다. 허물어야 하는 건물도 복원중인 건물도 모두 사진으로 남겨졌다. 거리 풍경과 건물의 모습, 디테일한 부분까지 사진으로 남기고 분류해두는 대규모 목록화 작업은 빛나는 성과를 거두었다.

메리메가 하려고 했던 것은 과거의 역사를 현재에 남기는 것, 그리고 현재의 역사를 미래까지 이어가는 것이었다. 프랑스는 당시의 광범위한 조사 덕분에 문화재와 역사적인 건물에 대한 수많은 논의가 이루어졌고 법적인 정책도 탄탄해졌다. 오르세 기차역이 살아남아 세계적인 미술관이 되었으며, 중세의 수도원 몽생미셸과 루아르 지방의 고성들이 현재의 모습을 갖게 되었다. 이는 오랜 시간 동안 시행착오를 거치고 많은 비용을 들인 끝에 얻은 결과물이다.

우리나라는 출사를 다니는 아마추어 사진가들이 이 작업을 대신한다. 근대건축을 연구하는 학자들이 문제제기를 하고 나처럼 옛 건물의 자취를 탐하는 자들이 그 현장을 기록한다. 문화재청 산하기관과 몇몇의 전문단체에서 목록화 작업을 추진하고 있으나 건설교통부에서도 국토해양부에서도 관련 시설물의 역사적 가치에 대해서는 관심이 없다. 곳곳을 파헤치며 개발에 따르는 경제적 효과만 강조할 뿐이다.

사라져간 문화와 역사를 되살리기 위한 비용은 어느 정도일까? 과연 돈으로 환산할 수 있긴 한 걸까? 나는 곳곳에 숨겨진 비경과 폐허를 사진과 글로 기록하고자 한다. 하지만 담론을 형성하지 못하고 정책화될 수 없는 안타까운 자료들임을 알고 있다. 다만 누군가의 가슴에 '이런 풍경을, 이런 장소를 계속 보고 싶다'라는 메아리를 남긴다면 이 기록이 조금은 더 의미를 가질 수 있을 터이다.

철암탄광 여행, 그 이후

"옛날 철원 엽서 있는데 보여줄까?"

철암에서 돌아오고 며칠 후 인사동 골동품 가게에 들렀더니 주인 할아버지가 유리 진열장 안에 놓인 엽서들을 꺼내서 눈앞에 내밀었다. 흑청색 먹빛이 감도는 엽서 넉 장이 나란히 놓여 한 장의 사진을 완성하고 있다.

강원도 철원. 그 시절의 모든 것들은 왜 이렇게 낯선 것일까? 바가지를 엎어놓은 것 같은 동그란 집들이 한쪽 끝에서 다른 쪽 끝까지 펼쳐진다. 도시의 규모가 지금은 상상할 수 없을 정도로 발달했다. 큰 산업이 없던 강원도 산골마을에 이렇게 인구가 밀집될 수 있었던 원동력은 무엇이었을까? 먹빛이 깔린 엽서를 보면서 철원과는 멀리 떨어져 있는데도 철암의 탄가루가 생각났다.

"금강산 가는 길목이어서 그런 게지, 아마?"

할아버지의 조심스런 짐작이다. 남북을 가르는 선이 없던 그때는 오가는 사람도 많고 드나드는 먹을거리도 많은 풍요로운 시절이었던 것이다. 지금은 온통 군사지역으로 묶여 푸르게 자란 야생의 자연만이 숨 쉬고 있지만, 미래는 또 어떻게 바뀔지 모를 일이다. 강원도의 속을 조금 들여다보고 온 탓에 그 뱃속에 감추어진 이야기들이 점점 더 궁금해졌다.

예기치 못하는 사이, 불현듯 찾아오는 영감에 이끌려 여행을 떠난다는 말은 절대적으로 사실이다. 내게도 여행은 갑작스런 영감의 산물이다. 그러니 지금 철원으로 갈 채비를 해야 옳지 않을까? 내 귀를 간질이는 수많은 옛날이야기들이 있으니 땅 밑에 묻혀 있는 것들을 하나하나 꺼내어 사람들에게 들려주고 싶다. 그러기 위해서라도 나는 이 여행을 계속할 것이다.

근대의 건축가에게 고하노라

경성의학전문학교 제2부속병원 • 보성전문학교 본관

본 건물 설계자로서 독자 제씨에게 한마디 양해를 구하고 싶다. 사실 '양식'을 기입할 때는 당혹하지 않을 수 없었다. 솔직히 말한다면 오히려 무양식이라고 해야 할 것이다. … 그런데 경성 한복판에 기상천외의 물건을 만든 이유는 너무나 간단한 것이었다. 우선 현장에 있었던 고古 조선 건축의 기와가 팔기에는 너무나 아까웠다. 또한 그 기와를 이용하여 현대 문화가 요구하는 내부설비를 하기에는 여러 가지 문제가 있었다. 자칫 잘못하면 '어중잡이'가 될지도 모른다는 근심이 있었다. … 또 필자는 뒷골목에서 볼 수 있는 조선식의 토담 또는 행랑채에 애착심을 가지고 그것을 무엇엔가 도입하여 보고 싶었다. … 그런데 이 '양식'이 우리들 건축가에게 그렇게까지 중요한 것일까. 그 지방에서 산출되는 재료로써 그 지방의 사람들에게 친밀감

근대 초 경성 중심가. 지금의 을지로 일대이다.

을 주는 모양의 집을 세우게 되면 그것으로 족한 것이 아닐까. 강윤

—『조선과 건축』 1940년 4월호(윤일주, 『한국현대미술사(건축)』에서 재인용)

1939년 종로 거리에 건물 하나를 완성한 어느 건축가가 설계의 변을 잡지에 기고했다. 그의 이름은 '강윤'이었다. 그는 일본 간사이 공학전수학교(지금의 오사카 공업대학)에서 유학하고 돌아와 미국의 선교사이자 건축가인 보리스W. M. Vories가 일본에 차린 설계사무소의 경성지점에 근무하고 있었다.

강윤이 이때 설계한 건물은 '태화기독교사회관'인데 원래 있던 건물을 허물고 새로운 건물을 신축하면서 남아 있던 기와를 지붕에 얹었다. 건물의 구조는 벽돌과 트러스를 사용했으니 서양식과 한식이 혼합된 건물이었다. 당시에

는 건축 공사를 할 때 건물의 '양식', 즉 고딕 양식인지 르네상스 양식인지를 기입하는 게 원칙이었는데, 강윤은 자신의 건물에 형태와 이념을 규정하는 '양식'을 써야만 하는 것일까, 고민했던 것이다.

우리에게 낯선, 그 어떤 전통적인 연결고리도 없는 서양풍의 사조를 그대로 사용하는 것이 과연 현명한 일일까? 풍토와 환경, 그리고 정서에 부합하는 재료와 양식을 새롭게 창조해야 하는 것은 아닌가? 건축가의 마음속 깊은 곳에는 제대로 배우지 못한 우리 건축과 향토성에 대한 문제의식이 촉촉이 젖어 있었던 것이다.

우리 땅에 지어진 수많은 근대건축물들은 러시아, 독일, 프랑스, 영국, 일본 등 다양한 국적의 외국인 건축가들이 남겨놓은 흔적들이 대부분이다. 하지만 근대적인 건축 교육을 받은 한국인 건축가들도 곳곳에서 활동하고 있었다. 우리나라 최초의 공업전문대학이었던 공업전습소와 경성고등공업학교, 연희전문학교와 같은 전문학교 졸업생들과 일본과 미국에서 공부하고 돌아온 유학생들이 식민지 시대의 건축가들로 활동했다. 그들 직업의 정식 명칭은 건축대서사建築代書士였다.

건축과는 전문기술을 배우는 곳이었고 당시도 지금처럼 취업을 바라보고 건축과를 지망한 학생들이 많았는데 정원수가 워낙 적은 탓에 경쟁률이 높았다. 1930년대 말이 되면 관공서에 입사하지 못한 청년들은 곧장 전장으로 끌려갔기 때문에 청년 실업의 문제보다 징병이 더욱 괴로운 상황이었다. 건축과를 졸업하면 관공서에 취직하기가 쉬웠고 취업과 징병이 동시에 해결되는 특혜도 얻었기 때문에 건축은 반도 청년들에게 선망의 직종이었다.

전차가 다니고 서양식 고층건물이 우후죽순 들어서던 근대 시기의 경성 도심.

한국의 근대건축가 태동기

전문공업교육을 받은 건축과 졸업생은 대부분 총독부나 지방 관공서의 영선계에 입사하여 관에서 주도하는 수많은 건축공사를 진행했다. 그들 중에는 요절한 시인 이상도 포함되어 있었다. 이상이라 불린 김해경은 1929년 경성고등공업학교 건축과를 졸업하고 총독부 관방회계과 영선계에 입사하여 1933년 각혈로 요양을 떠날 때까지 그곳에 몸담았다.

김해경의 건축 활동에 대해서는 알려진 바가 거의 없다. 이제 갓 졸업한 신출내기가 관공서 건축 설계를 맡았을 리는 만무하고 퇴사할 때까지 실무수업을 받는 신참의 직분이었을 것이다.

경성고공 출신이라면 대부분이 가입하던 조선건축협회에 속하긴 했지만 김해경은 문학계 인사들과 친분이 더욱 깊었다. 그는 국내외의 주요 건축 프로젝트가 실리던 전문잡지 『조선과 건축』에 「이상한 가역반응」 「오감도」 「삼차각설계도」 「건축무한육면각체」 등의 시를 발표하며 흡족해했다. 김해경은 총독부 생활의 권태로움을 문학으로 채웠고 퇴사하자마자 구인회에 가입하여 활발하게 활동했다.

하지만 시인 이상과 건축가 김해경이 둘이 아니듯, 그는 건축가임을 포기하지는 않았던 듯하다. 오히려 건축가였기에 근대의 도시 풍경과 시대정신을 치열하게 고민할 수 있었다. 그의 난해하기 짝이 없는 시들은 정신분석학이 아니라 건축학의 관점에서 살펴볼 때 접근이 쉬워지는 부분도 있다. 근대도시 경성의 변화무쌍한 상황, 시공이 확장된 근대적 사고체계, 그리고 물밀듯이 밀려오는 새로운 학문을 온몸으로 맞이한 지식인의 자의식. 그것은 시대와 맞서고 인내하며 그 시대를 살아가야 했던 건축가의 자화상이기도 했다.

식민지 시대의 건축가는 어떤 존재였을까? 총독부가 지시하는 대로 건축공사를 해내고, 돈 많은 일본인 건축주의 건물을 세우고, 시대의 특혜를 입은 한국인을 건축주로 맞이하던 그들은 이중적인 체계의 중간에 서 있던 존재들이었다. 그들은 식민지의 피지배층이면서 제도권의 틀 속에 편입되어 있었다. 교육과 기술을 통해 권력과 자본에 가까이 다가갔음에도 불구하고 그것을 소유할 수 없었고, 그 체제 속에서 차별과 불합리한 관계를 체험하곤 했다(이것은 지금의 건축주와 건축가의 관계와도 다를 바가 없다).

식민지하에서 건축인의 의식을 분석한 논문에 따르면, 식민지 정부와 일본

육중한 조선총독부의 고압적인 모습. 시인 이상을 비롯한 많은 건축가들이 조선총독부 영선계에서 일했다.

자본가 및 친일 자본가 가까이에서 건축 활동을 해온 사람들에 대해 대중이 친일행위라고 인식하지 못하는 이유는 건축가의 행위를 정신성이나 윤리 문제로 이해하지 않았기 때문이라고 한다.*

그들은 전문기술직이었고 사람들의 의식에 영향을 미치는 직업군, 이를테면 작가, 언론인, 예술가, 교육인 등과는 다른 위치에 있었다는 것이다. 어찌 보면 건축물이 정신적인 가치를 갖고 있음을 간과하고 경제적인 논리로만 보게 된 이유도 건축가의 모호한 위치에서 비롯되었을지 모를 일이다.

식민지 시대의 한국인 건축가들은 이중적인 시선 속에서 갖가지 한계상황을 경험하며 자신의 건축관을 만들어나갔다. 건축가 강윤 역시 그랬다. 식민지 시대의 건축 교육은 우리 고유의 건축을 완전히 배제했고, 전통 건축의 가치는 급강하했다. 정규 교육 커리큘럼에서 배울 수 없었던 우리 건축의 현황에 대해 새로운 문제의식을 가졌던 그는 향토성과 그 속에서 자유롭게 솟아나는 건축적인 감성을 스스로 일구어냈다. 식민지 시대는 많은 건축가들이 근대도시로 급변하는 이 땅에서 민족의식을 체득하며 더 나은 건축의 형태를 발견하고자 뜨겁게 사유하던 시절이었다.

*김소연, 「일제강점기 한국인 건축가의 식민지 경험과 의식」, 『대한건축학회논문집』 제23권 제6호, 2007년 6월.

모더니스트 건축가 박길룡

서울 중구 소격동 165번지. 경북궁 바로 옆에 3층짜리 흰색 콘크리트 건물이 길게 누워 있다. 이 건물은 얼마 전까지만 해도 '국군기무사령부'라는 이름으로 불렸다. 사람들은 그 앞을 지나다닐 때마다 철통같이 경비하던 군인들의 시선이 매서워 슬그머니 고개를 돌리곤 했다. 그 큰 건물이 지금은 텅 빈 상태로 남아 있다. 국군기무사령부가 과천으로 이전한 후 비어 있는 건물에 국립현대미술관 서울관이 들어오기로 결정되었다.

군 보안시설에 미술관이 들어온다니, 이게 어떻게 된 일일까? 의아한 소식이지만, 한편 그 사실을 당연하게 받아들이는 사람들도 많았다. 인사동, 사간동, 삼청동, 경복궁 너머 통의동까지 이어지는 갤러리 로드의 중심에 위치하고 있는 이 건물의 입지적 요인도 미술관이 있어야 할 자리로 낙점하는 데 한몫했지만, 무엇보다 우리나라의 대표적인 근대건축가 박길룡이 설계한 문화재 건물이기에 문화를 담는 그릇으로 손색이 없다는 것도 이런 논의에 불을 지폈다.

박길룡은 1919년 경성고공을 졸업하고 총독부 기수로 입사하여 1943년 뇌일혈로 사망할 때까지 경성에서 가장 유명한 한국인 건축가로 활동하면서 굵직한 건축물들을 이 땅에 등장시켰다. 총독부에 입사할 무렵은 총독부청사 공사가 한창일 때라 그는 당대 최대의 프로젝트를 경험하는 행운을 얻었고, 그 후 경성제국대학 본관, 혜화전문학교, 조선생명보험 사옥, 종로 동아백화점과 화신백화점 등을 자신의 손으로 완성했다. 잡지, 신문, 방송에 '대경성 건축평론'과 같은 건축평론을 발표하던 오피니언 리더이기도 했다.

박길룡이 1933년에 공사를 마친 '기무사' 건물은 원래 경성의학전문학교

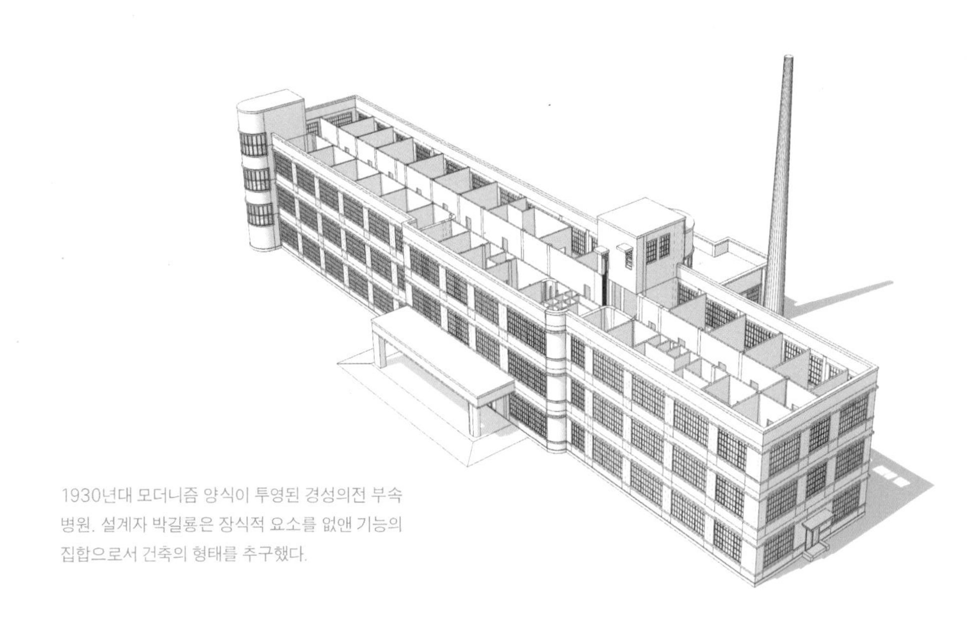

1930년대 모더니즘 양식이 투영된 경성의전 부속 병원. 설계자 박길룡은 장식적 요소를 없앤 기능의 집합으로서 건축의 형태를 추구했다.

부속의원으로 설계되었다. 광복 후 기무사가 들어오기 전까지 서울대 의대 제2부속병원으로 사용되었다. 시원섭섭할 정도로 외형적인 군더더기가 없는 것은 모더니즘 건축의 특성을 반영하면서 병원이라는 특수시설이 갖는 기능적 요소에 더욱 치중한 까닭이다.

박길룡은 건축의 기능과 합리적인 공간 구성방식을 개성적인 외형과 장식보다 우위에 놓았던 모더니스트였다. 그는 르네상스식 건물의 지독한 외형주의를 혐오했고 불필요하게 건축비만 높은 건물이라고 비판했다. 사무실은 사무실로서의 합리적인 기능을, 병원은 병원으로서의 기능을 추구하는 것이 가장 이상적인 건축이라고 생각했다.

이 건물(조선총독부/인용자)은 확실히 그 구조와 형식에 있어서 큰 모순을 가진 건물이다. 만약 그 철근 콩크리-트의 전면현관의 원주의 쓸데없는 장식을 그만두고 그 비용으로 증축한다면 배 이상의 사무적 능률을 낼 수 있는 합리적인 건축을 맨들 수 있슬 것이다. (중략) 허나, 언제든지, 건축은 기계이다. 예술품으로 볼 수는 업다. 인류사회가 진보하면 할수록 사무적 효능을 보담 만히 낼 수 있는 내부구조에 중심을 둘 것이지, 위신을 보인다든지, 한 미술품으로 볼 수는 업게 된다. 문명인인 현대인의게는 그런 과거의 건축양식이 필요없슴으로써이다.

—박길룡, 「대경성빌딩 건축평」, 『삼천리』 제7권 제9호(1935년 10월 1일)

오랫동안 일반인의 출입이 금지되어 있던 기무사가 일반인에게 개방되었다. 국립현대미술관이라는 본격적인 이름을 달기 전에 짧은 전시를 열어 역사 속에 숨겨진 비밀의 건물을 살짝 공개한 것이다. '플랫폼 인 기무사'라는 전시를 위해 국내외의 작가 2백여 명의 작품이 건물 곳곳을 채웠다.

금지된 곳에 당당히 들어가는 것만큼 두근거리는 일이 또 있을까? 사람들이 빈번히 지나다니는 그 길에 한결같이 뿌리내리고 있었음에도 투명인간처럼 외면당했던 건물이 자신의 존재를 드러내고 있었다.

건물은 병원다웠다. 복도를 중심으로 양측에 병실과 사무실이 나열된 독특한 구조 때문에 흔히 보던 미술관과는 완전히 다른 형태다. 공간이 그러하다 보니 예술작품의 설치방법과 전시회의 프로그램도 일반적인 틀에서 벗어나 있었다. 작품들도 조각, 회화, 사진 등 전통적인 장르를 벗어난 작업들, 예를 들면 혼합적인 형태의 설치작품이나 퍼포먼스, 비디오 영상작업 등이 공간 속에 잘 갈무리되어 있고 관객이 참여하는 작품들이 많았다.

건물은 사람의 심리에도 영향을 끼치고 예술의 형태도 변화시킨다. 병원이라는 기능이 충실히 표현된 이 건물은 나중에 다른 용도로 사용될 것이라는 점을 전혀 예측하지 못했으니, 기능이 분명한 건물도 나름의 한계가 있는 셈이다. 공간의 특성이 너무나 강건해서 예술작품이 오히려 연약해 보일 지경이다.

치료받으러 온 예술가들을 위한 병원이라고 할까? 예술가의 행위와 병원 건물이 서로 충돌하는 지점에는 감각의 폭발이 일어나고 새로운 예술이 탄생한다. 이질적인 부딪힘을 환영하는 건축이라면 예술을 거두는 공간으로 기능이 바뀌어도 좋을 것이다. 이제 이 건물은 보통 사람들을 예술로 치료하는 공간이 될 터이다.

병원시설에서 군 보안시설로 활용되면서 겪어온 세월이 건물의 구석구석에서 뿜어져 나온다. 2009년 연말 대한민국건축문화제를 마지막으로 건물은 새로운 미술관으로 태어나기 위해 일시적으로 폐쇄되었다. 새로운 미술관이 오래된 건물에서 탄생한다는 사실이 무척 흥미롭다.

강하고 견실한 건축을 위하여

박길룡과 비슷한 시기에 건축가로 활동을 시작한 박동진은 모더니즘 건축양식을 중량감 있게 구사하던 박길룡과는 스타일이 달라도 너무 달랐다.

> (…) 우리는 우리의 '로-칼 칼라-'를 건축에서도 표현시키고자 하였다. 견실한 문화는 민족의 운명을 좌우하는 것이라고 하였다. 일인日人이 앵화櫻花(벚꽃)를 예찬하는 대신에 우리는 영속성 있는 견실한 방면으로 나아가려면 우리 땅에 풍부한 '그래니트'(화강암/인용자)를 사용해서 건축하고자 하였다. (…)
>
> —안창모, 「건축가 박동진에 관한 연구」, 서울대학교 박사논문(1998. 8)에서 재인용

박동진은 1934년에 완공한 보성전문학교 본관에 대해 이렇게 이야기한 바 있다. 단단한 석재에 창문의 모양과 출입구의 형태는 그간 우리나라에 한 번도 등장하지 않았던 고딕 양식을 닮아 있었다. 뜬금없이 서양 중세의 양식이 서울에 출현한 이유가 무엇인지 사람들은 두고두고 궁금해했다. 그런데도 건축가는 로컬칼라, 즉 향토색을 반영했다고 하니 수수께끼가 아닐 수 없다.

박동진은 경성공전 건축과에서 한창 건축수업을 받을 즈음 3·1운동에 가담하여 옥고를 치르는 등 젊은 시절부터 파란만장한 삶을 살았다. 다시 경성고공에 복귀하여 건축수업을 마치고 총독부에 들어갔으니, 반일의식이 강했

강건한 석재로 낭만주의 고딕 양식을 시도한 보성전문학교 본관.

던 건축가의 심리상태가 어떠했을지 진단해볼 필요가 있겠다.

경성공전과 경성고공은 같은 학교였으나 수업방식은 확연히 달라졌다. 경성공전에서는 서양식 건축양식을 어떻게 활용하는지가 중요하다고 배웠는데, 갑자기 교육방침이 공학적인 관점에서 기술을 교육하는 것으로 바뀌면서 학교 이름도 경성고공이 된 것이다. 한때 건축은 예술이었으나 얼마 지나지 않아 기술이요 공학이 되어버렸으니 건축학도는 무척 혼란스러웠을 것이다. 하지만 건축의 양식이라는 미적 부분과 건축 구조라는 기술적 부분을 모두 섭렵한 덕분에 박동진은 특별한 해법을 실현할 수 있게 된다.

웅장한 고딕 양식의 보성전문학교 도서관도 박동진이 설계했으며, 1937년에 완공되었다.

그는 우리 건축이 가진 근본적인 문제가 전근대적인 재료에 있다고 생각했다. 수백 년 지나오면서도 건축의 형태가 크게 변화하지 못했던 것도 흙과 나무라는 재료의 한계 때문이라는 것이다. 우리 건축의 역사를 극복하는 것을 넘어 전복할 만한 형태가 필요하다고 생각한 건축가는 석재를 대안으로 제안했다.

석재는 우리나라 도처에서 풍부하게 생산되는 향토적 재료인데다 강인하고 구조적인 아름다움을 표현하는 것도 가능했기에 유약하고 섬세한 일본 건축 사조를 극복할 수 있는 재료라고 파악했다. 박동진이 도출한 결론은 영국 빅토리안 스타일의 낭만주의 고딕 건축의 형태였다.

보성전문학교는 고려대학교의 전신이다. 1934년 막 세상에 태어났을 무렵에도 이 건물은 세월의 향기가 묻어나는 고풍스러운 자태였을 것이라 짐작된다. 낭만적인 고딕풍 건물의 속을 들여다보면 증기난방과 수세식 위생장치가 있는 첨단 시스템을 갖추고 있다. 다른 많은 학교들이 그가 보여준 건축양식을 도입하여 설계되었다는 점을 보면 독특하고 새로운 건축을 환영하는 사람들이 많았던 모양이다.

새로운 시대를 살며 새로운 건축을 탐구했던 건축가들은 그들이 만들어낸 건축물이 완전히 새로운 형태는 아닐지라도 반도의 도시에 독특한 경관을 만들어내며 건축가의 존재를 알렸다. 근대의 건축가가 고민한 것은 동시대를 살아가는 사람들이 머물 곳이었다. 궁극적인 것은 가장 단순한 해답이다. 좋지 않은 것을 계량하고 좋은 것은 보존하는 것.

대학로의 역사를 찾아서

| 공업전습소 본관 |

서울 이화동 방송통신대학 앞을 지나다보면 고색창연한 서양식 건물이 하나 눈에 띈다. 연한 하늘색으로 도색한 것은 과연 누구의 아이디어였을까? 멀리서 보아서는 이 건물의 가장 큰 특징을 전혀 알아챌 수 없다. 가까이 더 가까이 다가가 건물을 손으로 만져볼 때쯤 되어야 알 수 있다. 수많은 장식으로 요철이 많은 이 건물의 외관은 석조처럼 보이지만, 사실은 뼛속부터 나무로 만들어졌다는 것을.

목조로 세운 건물에 목재비늘판으로 외벽을 장식하고 석조조각 패널을 붙인 것처럼 목재판으로 치밀하게 장식했다. 목재가 내구성이 얼마나 취약한지 알기에 수많은 전쟁과 격동을 거치고도 외형을 견디고 있는 건물이 대견해 보인다. 그러니 조금 전에 건물 표면을 살짝 만지던 손으로 다독다독 쓰다듬어주어도 좋겠다.

공업전습소는 목공, 토목, 화학, 금속, 도기, 염직 등의 분야를 가르치던 교육기관으로 1907년 설립되었다. 공업전문대학으로 우리나라에서 기술 교육을 가르치던 최고의 학교였다. 5천 평 대지에 본관과 실험동, 기숙사, 부속관사 등 수십 채의 건물이 지어지면서 대학 캠퍼스와 같은 분위기를 풍겼다.

회백색 석재처럼 보이지만 목재로 만들어졌다. 서양식 목조건축물이라는 희귀한 사례라고 할 수 있다.

공업전습소는 오래가지 않았고 한일병합 이후 1912년 중앙시험소 부속 공업전습소로 개칭되었다. 이후 경성공업전문학교가 설립되면서 전습소는 경성공전에서 맡고 이 건물만 중앙시험소 전용으로 활용되었다.

그런데 얼마 전에 밝혀진 사실에 따르면 이 건물의 역사가 바뀌어야 할 것 같다. 국가기록원에서 추진해온 건축도면 콘텐츠 구축 사업을 시행하던 서울대 건축사연구실이 이 건물의 주요 도면 124매를 찾아내면서 새로운 사실이 밝혀진 것이다. 이 건물은 공업전습소가 폐쇄된 이후 1912년 중앙시험소가 개설될 당시 새롭게 지어진 청사였다.

명백한 자료를 바탕으로 연구했음에도 뒤늦게 오류로 판명나고 새로운 사실을 추가하게 되는 것을 보면, 근대건축물에 대한 자료가 그만큼 미비하고 또한 발굴해야 할 것이 많다는 것을 느끼게 된다. 하물며 근대의 기억과 역사를 복원하는 일은 얼마나 어려운 일이겠는가? 정부에서 시행한 건축물은 도면과 등기 자료가 남아 있어 뒤늦게나마 오류를 지적할 수 있는 여지라도 있지만 민간 주도의 건물들은 속수무책이다. 도면이나 자료를 취합하여 잘 보관하는 일이 얼마나 중요한지 모든 것을 잃고 난 다음에야 알게 된다.

공업전습소이건 중앙시험소이건, 건물이 존재하기에 건물의 용도와 가치를 다시 한 번 생각하게 된다. 어떤 양식으로 지었는지, 누가 어떤 의도로 만들었는지를 논하기 전에 세심하게 공들인 건축이란 얼마나 성스러운 것인지를 먼저 느꼈다.

대학을 다니던 무렵, 공대 친구들이 실험하러 가던 건물을 떠올려보았다. 창고나 공장 같은 건물 앞에서 머뭇머뭇하던 그들의 굳은 표정. 이렇게 예쁜 실험소가 그때도 있었다면 그들은 다른 과 학생들은 경험하지 못하는 실험 과목을 무척 자랑스러워했을지도 모르겠다. 건축이란 기능만 담을 것이 아니라 사람의 마음까지 얻을 수 있어야 하지 않을까?

주차

PART
03

골목에서 백 년 전 풍경을 보다

대구, 천 개의 골목에 담긴 사연

대구 삼립정공립보통학교 교장 관사 • 대구사범학교 본관

대구상업학교 본관 • 조선식산은행 대구지점

인간은 몇 살 때의 일부터 기억할까? 내 주변에는 두세 살 무렵의 어떤 장면을 또렷이 기억하는 대단한 사람들도 있는데, 나는 그렇게 특별한 기억력의 소유자는 아니어서 대여섯 살 때까지의 기억이 고작 서너 장면에 불과하다. 우리 가족은 내가 다섯 살 무렵 생물학적 출생지였던 대구를 떠나 부산에 정착했고 나의 모든 기억은 부산에서 시작된다. 대구 달성공원에서 엄마 품에 안겨 찍은 사진도 있지만, 너무나 까마득해서 동화책에서 보던 공룡 시대와 별반 다름없게 느껴지기도 한다. 기억이 시작되기 전의 도시에 대해서는 까맣게 잊어버렸다.

내가 생물학적 출생지를 고향이라고 말하지 않는 이유는 간절한 추억이 없기 때문이다. 뜀박질하다가 무릎이 깨져 서럽게 울던 골목길, 그늘을 만들어

친절봉사
수리
미장
수리일절
7957
유료주차장

주던 파릇파릇한 등나무 넝쿨이 우거진 담장, 손수건을 가슴에 매달고 '앞으로 나란히' 하던 초등학교 운동장처럼 시간과 장소에 대한 기억들이 무수히 쏟아져야 고향이라고 부를 수 있지 않을까?

노스탤지어는 한달음에 골목을 달려 어느 집 앞, 30년 전에 내가 살던 그 집 앞에서 멈춘다. 그 골목이 눈에 선한데, 어찌 다른 도시에 고향이라는 아름다운 이름을 붙일 수 있으랴. 추억이 없다는 것은 애착도 의미도 없다는 뜻이다. 도시에 대한 인간의 기억은 그토록 잔인하다.

우연히 발견한 책 한 권으로 내내 잊고 있던 대구라는 도시를 다시 한 번 생각해보게 되었다. 대구거리문화시민연대가 내놓은 『대구 신택리지』라는 책이다. 책은 시민들이 자발적으로 도시의 옛 모습을 찾고 기록한 결과물이다. 이 책에 실린 사진들을 보니, 대구는 근대의 형태가 여전히 살아 있는 도시이자, 읍성과 이어진 천 개도 넘는 골목에서 풍기는 사람 냄새로 가득한 도시였다.

좁고 깊은 골목 안쪽에 여전히 살아 있는 조선 왕조의 건축물과 근대의 건물이 뚜렷하게 다른 모습으로 마주보고 있기도 했다. 각기 다른 시간대의 건물들을 연결해주는 골목이 살아 있는 도시, 그 골목의 풍경에 발을 디디고 싶은 마음이 들었다. 골목 구석구석의 기억을 잊지 않기 위해 그토록 노력하는 시민탐사대가 있다는 것이 참으로 반갑게 느껴졌다. 사람과 친해지려면 계기를 만들어야 하듯, 여행할 도시를 선택하는 것도 약간의 계기와 의도가 필요하다. 우리는 대구를, 그 좁고 복잡한 골목을 걸어보기로 했다. 출발 날짜를 보더니 그가 말했다. "그날 우리 결혼기념일이잖아?"

옛 삼립정공립보통학교의 교장 관사로 사용된 일본식 목조가옥.

조용한 골목 안 빛살미술관

골목을 걷는다는 것은 미스터리 소설을 읽는 것과 같다. 익숙한 듯 다른 골목을 걷다가 길을 잃게 되지만, 곳곳에 숨겨진 단서를 찾아 목적지를 찾아가게 된다는 것. 때론 엉뚱한 방향으로 걷다가 예기치 못한 것을 발견하기도 한다는 것. 그리고 지루하게 시작해서 흥미진진하게 끝난다는 것.

그런데 어디서부터 어디까지 걸어야 할까? 찾아보고 싶은 건물들이 꽤 많은데 여기저기 흩어져 있기에 어디서부터 시작해야 할지 무척 고민이 되었다. 대구 중심부를 둘러싼 읍성과 동서남북의 성문은 없어졌지만 그 길은 도시를 이루는 주요 도로로 남았다. 이 도로를 거미줄처럼 이어주는 골목과 그 주변으로 뻗어나간 수많은 길들이 우리를 기다린다. 우리는 첫 목적지를 빛살미술관으로 정했다.

동성로에서 삼덕동으로 방향을 잡았다. 빛살미술관이 되기 전에는 바로 근처에 있는 삼덕초등학교(옛 삼립정공립보통학교)의 교장 관사로 쓰인 일본식 주택이었다. 우리의 목적지는, 아기자기한 볼거리가 있는 골목길이라는 보장은 없지만 걸어서 가볼 만한 위치에 있었다. 삼덕동은 한창 도시가 개발되던 무렵에 지어진 개량식 주택이 오밀조밀 모여 있는 저밀도 지역이다.

공평동에서 길을 건너 삼덕동에 들어서자마자 분위기가 심상치 않았다. 삼덕동 일대가 재개발을 위한 철거 예정지라는 사실은 지도에 없었다. 불과 얼마 전까지 누군가의 삶이 이루어지던 집과 거실이 허연 속을 드러내고 추하게 일그러져 있다. 고층건물과 아파트가 들어오면 이 동네를 거미줄처럼 연결해 주던 골목들은 사라지고 넓은 차로가 생길 텐데, 이 골목의 운명은 어떻게 될까? 어쩌면 다시는 이 골목을 걷지 못할 수도 있겠다.

서울 아현동이 재개발된다고 할 때, 그 골목을 추억하며 모여들던 사람들의 행렬이 생각났다. 곧 사라질 골목을 마지막으로 걸어보는 것은 그들 스스로를 위로하는 행위였을 것이다. 골목길을 걷는다는 것은 목적지를 향해 가는 것과는 다르다. 도시의 이야기에 공감하고 도시가 가진 맛, 냄새, 색깔, 목소리를 오롯이 느끼는 것이다. 또한 당당하게 도시의 한편에 사람의 존재를 남기는 것이다.

간판과 담이 예사롭지 않은 집들이 몇 채 눈에 들어온다. 담장허물기 1호 주택, 희망 자전거 가게, 녹색 가게, 청소년 센터라는 이름들이 붙어 있다. 주택의 형태는 다른 동네와 비슷하지만 이 골목에는 담을 없애고 정원을 가꾸

담장을 허문 일본식 가옥은 빛살미술관이라는 이름으로 바뀌었다.

며 살아온 이야기가 흘러나온다.

이곳도 분명 재개발사업으로 인한 갈등과 소요가 있을 것이다. 하지만 고향 같은 보금자리를 살뜰하게 오래 유지하고 싶은 마음이 이렇듯 작은 운동을 만들고 결실을 맺게 한 모양이다. 모든 동네가 초고층 아파트로 덮일 필요는 없지 않을까? 나의 이런 생각을 읽어내기라도 한 듯 동네사람들이 자전거 가게와 쉼터를 바쁘게 오가며 자기가 사는 동네를 마음껏 즐기고 있다.

조금 걷다가 골목을 꺾으니 층고가 높고 지붕의 경사가 가파른 전형적인 일본 가옥이 눈앞에 나타났다. 빛살미술관이라고 쓰인 작은 간판이 마당의 나무에 매달려 있고, 바닥에는 담장허물기 주택 11호라는 명패도 붙어 있다. 담장이 있었다면 담 밖으로 크고 검은 지붕만 보여 으스스한 분위기를 풍겼을 것 같다. 다다미가 깔린 넓은 방이 중앙에 있고 양편에 방과 주방 등이 붙어 있는데, 붉은 나무판이 매달려 있는 외관이 독특하다.

분명 특별한 미감은 있지만, 경사가 급한 지붕과 층고가 높은 천장은 우리나라 기후에 적합하지 않다. 적산가옥을 불하받은 사람들이 가장 먼저 한 것이 다다미를 온돌로 바꾸고 천장 층고를 낮추는 것이라고 할 만큼 일본식 주택들은 한반도의 추위에 취약했다. 건물은 1939년에 지어졌다고 한다. 삼덕동은 1930년대에 공무원 관사와 부자들의 가옥이 들어서면서 수백 채의 일본인 가옥이 밀집했던 곳이다. 이곳의 좁은 골목들은 모두 1920년대에 형성된 것들이다.

커다란 일본식 목조가옥을 YMCA가 2000년부터 임대하여 빛살미술관이라는 이름을 붙였다. 재활용품과 잡동사니로 예술작품을 만들어내던 정크아트 스튜디오로 운영되었는데, 지금은 정기적인 운영은 하지 않고 가끔 장소가 필요한 예술집단에게 공간을 빌려주고 있다고 한다.

이 건물을 한때 등록문화재로 추진한 적도 있었지만, 주민들의 반대가 심하고 관리가 어렵다는 이유로 무산되었다. 문화재로 보호받으면서 용도에 맞게 건물의 기능을 살릴 수 있을 것 같은데, 그 모든 일의 출발이 큰돈과 수고로운 노력이 필요한 일이라 섣불리 말하기가 어렵다. 빛살미술관 옆에는 전통 한옥이 멋스러운 지붕선을 하늘로 향한 채 당당히 서 있다. '마고재'라는 현판이 붙어 있는 이 건물의 앞마당은 예술작품들로 가득하다. 예술가들의 작업이 도시를 빛나게 해줄 수 있다면, 그들을 도시의 창조자라고 불러도 좋겠다.

하나를 발견하고 나니 걷는 일이 조금 재미있어졌다. 큰 도로를 건너 대봉동으로 가면 또 볼만한 것이 있다 하여 조금 더 걸어 내려갔다. 대도시다운 거

담쟁이로 뒤덮인 대구사범학교 본관. 학교 역사관으로 탈바꿈하면서 건물의 출입구도 바뀌었다.

대한 차로 건너편에 담쟁이가 무성한 벽돌건물이 보인다. 이것은 근대건축물 등록문화재로 지정된 옛 대구사범학교 본관 건물이며, 현재 경북대 사대부고 역사관으로 사용되고 있다.

옛 출입구와 마당은 그늘진 뒤뜰이 되었고 건물의 뒤쪽, 즉 학교 건물과 이어진 쪽에 새로 출입문을 만들었다. 담쟁이가 건물의 역사만큼 무성하게 자라 외관을 거의 가릴 태세다. 오래된 건물이건 아니건 상관없이 벽이 있으면 무조건 달라붙는 진득한 생명력이 놀라울 따름이다.

고등학교 건물 뒤쪽에는 초고층 아파트 사이에 1923년에 지어진 2층짜리 벽돌건물이 당당히 자리 잡고 있는 진풍경이 펼쳐진다. 대구상업학교 본관이었던 이 벽돌건물은 학교가 다른 곳으로 이전한 후에도 그 자리에 그대로 남아 대구시 유형문화재로 지정되었다. 문화재 건물이기에 손댈 수 없는 상황에서 그 주변으로 빼곡히 40층에 육박하는 초고층 아파트들이 들어섰다.

고층아파트 사이에 자리 잡은 대구상업학교 본관. 학교는 옮겨가고 건물은 남았다.

졸지에 아파트 단지의 중심에 위치하게 된 학교 건물은 하늘 높이 솟은 아파트 사이에서 묘한 분위기를 연출한다. 아파트 출입구의 소실점이 모두 이 건물로 향하게 되어 있어 이 낮은 건물이 아파트 단지의 중심이라는 생각이 든다. 아파트와 문화재가 묘하게 공존하는 모습이 인상적이다. 깨끗하게 복원된 옛날 학교 건물은 지난 7월 출범한 대구문화재단에서 사용하고 있다. 재단은 그들이 사용하고 있는 건물의 영향인지 미술, 음악, 공연 분야에서 근대 시기를 조명하는 기획을 추진하고 있다.

숙소로 돌아오기 전에 대봉동 깊은 곳에 있는 갤러리 레스토랑에서 결혼기념일을 자축했다. 오래 걸은 탓에 식욕이 넘쳐흐른다. 대구의 낯선 골목길에 우리의 추억도 하나 묻어두었다.

본정도로변 조선은행 폭파사건

1927년 10월 18일 오전 11시 50분경, 포정동 조선은행 앞에 폭발음이 울리며 땅이 흔들렸다. 조선은행의 유리창 70개가 모두 파괴되어 공중으로 솟

구쳤다. 유리 파편은 대구역까지 날아갔으며 전선이 모두 끊어졌다. 하지만 조선은행은 허물어지지 않았고, 은행장과 금고를 지키던 간부들도 살아남았다.

포병장교 출신의 어느 간부가 조선은행 안으로 투입된 폭탄 상자에서 화약 냄새를 알아채고 얼른 바깥으로 내던진 것이다. 조선은행 폭파사건은 실패로 돌아갔다. 이 일을 주모한 인물은 서른두 살의 청년 장진홍. 그는 조선은행, 식산은행, 경찰부, 법원, 동양척식주식회사, 형무소 등 아홉 개의 장소에 폭탄을 투척할 계획이었다. 첫 계획의 실패로 인해 거사는 물거품이 되었다.

경찰은 독립운동 전력이 있던 인물들을 수사하고 고문하여 허위자백을 받아내 공판에 회부하는 것으로 마무리하려고 했다. 이때 수감된 인물 중에 이육사가 있었다. 이육사의 본명은 이원록이나, 이때 받은 수감번호 64가 그의 호가 된 것이다. 장진홍은 1년 6개월을 숨어 지내다가 일본에서 붙잡혔다. 사형을 언도받은 그는 감옥에서 자결했다.

서문로 본정도로의 옛 풍경. 조선은행과 우체국 등 관공서가 밀집한 지역이다.

조선은행, 조선식산은행, 동척은 한 세트로 묶여 불리는 경우가 많다. 일제가 식민지 수탈을 본격화하면서 조선의 경제를 마음대로 유린하기 위해 만든 금융회사들이다. 조선은행은 화폐발행 업무를 맡은 중앙은행이었고, 조선식산은행은 채권과 강제 저축으로 조선의 자금을 흡수해 산업을 뒷받침한 기관

단단하고 유려한 자기질 타일을 붙인 조선식산은행. 독특하게 세공된 타일로 한껏 멋을 냈다.

이었다. 게다가 조선식산은행 대구지점은 대구의 터줏대감 서상돈과 자작농들이 출자했던 경상농공은행을 인수·합병하여 토지 지배권을 챙긴 회사다. 그러니 식민지 청년의 울분이 폭탄이 되어 이곳으로 날아가지 않았겠는가?

조선은행에 이어 장진홍이 날려버리려 했던 조선식산은행은 개축하여 2년 뒤 더욱 튼튼하고 외압적인 형태로 다시 등장했다. 어찌나 지독하게 단단한지 지금까지도 외부 타일 하나 벗겨지지 않고 실내의 계단 모서리조차 흠집 하나 없이, 건축 당시의 모습 그대로 남아 있다.

당시 지명으로 본정도로라 불렸던 서문로 길은 대구우체국과 주요 은행, 시립도서관, 대구경찰서 등이 밀집한 식민지 사업의 중심지였고, 경성의 중심지와 비교해도 뒤지지 않을 정도로 화려한 건물들이 솟아오른 근대 거리였다.

그 주변으로 일본인 상권이 겹겹이 형성되어 있었으니, 장진홍은 바로 이 중심에 폭탄을 던진 것이다.

골목에서는 시간이 거꾸로 흐른다

서문로는 우리가 머문 숙소와 멀지 않았다. 아침 일찍 일어나 햇살 아래 느긋하게 걷는 것이 얼마나 오랜만인지 기분 좋은 웃음을 참을 수가 없다. 이곳이야말로 옛 골목길이 지천이다.

어디로 뻗어 있는지 가늠하기 어려운 옛길을 따라가는 것은 오즈를 찾아가는 도로시나 이상한 나라를 헤매는 앨리스의 신기한 모험과 다르지 않다. 가는 길은 예쁜 카페가 포진해 있거나 꽃나무로 장식된 그런 길은 아니지만 새로운 풍경을 보게 될 것이라는 기대와 흥분이 조용히 밀려든다.

포정동 33번지에 이르니 최근 깨끗하게 복원한 조선식산은행 대구지점이 상아빛 몸을 일광욕하듯 드러내고 있다. 반듯반듯하게 다듬은 화강석 위에 벽체를 만들고 가슬가슬한 질감이 있으면서도 견고하고 아름다운 자기 타일을 붙였다. 형태는 단순하지만 철근콘크리트 구조에 도자기처럼 매끄럽고 색이 균일한 타일로 몸체를 모두 바르고 있으니 진정 럭셔리한 건물은 이런 것이 아닐까 싶다. 타일에 살짝 굴곡이 있어 건물 표면을 단조롭지 않게 만든다.

창의 형태도 단순하지만 창틀의 장식도, 아래위 창틀 사이의 장식판 부조도 꼼꼼하게 처리했다. 폭탄에 날아갈 위험을 없애기 위함일까? 허술한 구석 없이 단단하다. 이음새 없이 매끈하게 떨어지는 실내 계단의 대리석 장식이며 바닥의 타일 장식도 시간을 잊은 채 존재하고 있다. 세월이 비껴간 식산은행 건물은 조만간 대구근대역사관으로 조성되어 시민들에게 공개될 예정이라고 한다. 본정도로의 역사를 증언하는 건물이 모두 사라지고 유일하게 남은 건물로서 해야 할 가장 적절한 기능이다.

서문로는 한때의 번화하고 화려한 시절을 짐작할 수 없을 정도로 조용한 길이 되어버렸지만 골목 곳곳에는 기웃거려도 좋을 만큼 흥미로운 것들이 많다. 바로 인근의 향촌동은 기생조합, 요정, 주점 등 향락시설과 해방 후 문인들이 몰려들던 다방이 즐비했던 곳이다.

좁은 길에 다닥다닥 붙은 옛날 건물 어디쯤에 어두컴컴한 다방이 여전히 영업을 하고 있고, '성인텍'처럼 유행이 지난 장소들도 종종 눈에 띈다. 군데군데 숨어 있는 일본식 가옥들도 꽤 자리 잡고 있다. 일본 불교사찰인 동본원사 건

골목길을 채우고 있는 가옥들. 모진 세월을 견딘 민중의 삶이 녹아 있다.

북성로 골목길에 늘어선 오래된 일본식 목조여관들.

물이 천주교성당으로 사용되고 있는가 하면 한 골목만 넘어서면 여인숙과 작은 여관이 즐비한 거리가 등장한다.

어느새 공구 다듬는 소리와 쇠 깎는 비릿한 냄새로 시끌벅적한 북성로 공구골목으로 길이 이어진다. 젊은 여자라고는 구두 뒤축만큼도 찾아볼 수 없는 독특한 길이다. 북성로의 많은 골목 중에 조선의 마지막 임금이 특별히 대구를 방문하여 걸었던 어행정이 있다는 것이 믿기지 않는다.

왜 순종은 이 험한 거리를 걸어야 했을까? 북성로 일대에는 일본에서 건너온 건설노동자들이 축축한 밤을 보내던 유곽과 총독부의 자금줄이었던 연초제조창이 있었다. 대구 부자들의 토지와 돈을 그러모았던 투기장인 미두취인소*가 있었는가 하면 대구에서 오래되기로 손꼽히는 초등학교도 있다.

지금은 낮게 깔린 옛날식 가옥들 사이로 재개발 기운이 서서히 번져가는 이 거리에 일확천금을 노리는 사람들이 부나방처럼 모여들고 있다. 우리는 손바닥만 한 일본식 여관들이 즐비한 골목을 걸었다. 일본인 노동자들이 남루한 삶을 영위하던 여관의 풍경은 지금도 그대로다. 낡은 일본식 여관에서 몸을 뉘는 사람들은 예나 지금이나 타국에서 건너온 노동자들일 것이다. 창도 작고 문도 작은 여관이 여전히 문패를 걸고 영업을 하고 있으니 세월이 이곳만큼은 건너뛰었던가 싶다.

타임슬립time slip을 한 것도 아닌데, 내가 모르는 다른 시대의 삶에 침투해버린 느낌이다. 그 생소한 풍경이 두렵게 느껴지기까지 한다. 골목과 집도 낯설고 이 골목에서 이루어지는 삶도 가늠할 수 없을 정도로 낯설다. 그들과 우리는 같은 시공을 살면서도 마치 다른 세상에 있는 것만 같다. 나도 평범한 인생이고 이곳에 사는 사람들도 평범하게 살아가는데, 삶의 영역은 참으로 넓어서 서로 비껴갈 틈이 많다. 그 틈을 메우는 것은 불필요하다. 삶의 형태는 다들 다르니까. 나의 삶도 어느 누군가에게는 이해할 수 없는 그런 것인지도 모르잖은가.

골목이 천 개도 넘는다는 대구의 골목길 구경은 끝없이 이어진다. 골목. 참 다정한 말이다. 그런데 내 기억 속의 집과 집을, 동네와 동네를 이어주던 그 작은 골목들은 지금도 그대로 있을까?

* 미곡을 담보로 선물거래를 행하던 기관. 실제로 선물투기장으로 변질되었다.

골목길 끝 시인의 집

대구 이상화 고택 ● 대구화교협회 회관

서울역 오전 6시 50분, KTX가 곧 출발한다. 1시간 40분쯤 후면 대구역에 도착할 것이다. 대구 중구청에서 일주일에 한두 번씩 진행하는 골목탐방 프로그램에 참가하기 위해 아침 일찍 나섰다.

테마는 두 가지로, 하나는 대구 읍성에서 순종어가길까지 대구의 역사를 두루 살펴볼 수 있는 것이고, 다른 하나는 근대 시기의 인물과 이야기를 담은 것이다. 나는 후자를 선택했다. 오늘 일정에는 매력적인 선교사 주택과 이상화 고택이 포함되어 있고 대구의 갑부들이 살았다는 서성로 안쪽의 한옥촌 진골목을 들여다보는 것으로 마무리된다.

날씨도 화창해서 걷는 일이 무척 즐거울 것 같다. 낯선 길을 걸어보는 것, 그 길의 옛 모습과 그 속에 담긴 이야기를 들어보는 것은 늘 호기심을 자극한

석류가 가득 열렸다. 상화 고택의 여름.

다. 전설처럼 멀게만 느껴지는 이야기는 특별한 장소들과 엮여 현실이 되고 역사가 된다. 그런 순간은 무척 드라마틱하다. 평범한 도로와 배경화면에 불과했던 건물이 무대의 주인공이 되는 순간, 낡은 건물이 생명의 입자들로 가득 찬다. 그날 이후 그 길과 건물은 그전과 같지 않다. 모든 것은 새로 씌어진다.

골목 탐방은 동산의료원 뒤뜰 계산동 언덕에서부터 시작된다. 해설사와 중구청 직원이 나서서 사람들을 불러 모은다. 평일 오전시간이라 주부와 대학생 위주로 시민탐사대가 꾸려졌고 길 모르는 외지인인 나도 그 틈에 끼어 따라나선다. 이제 이야기가 시작된다. 백 년 전 이 땅을 디뎠던 사람들의 이야기, 역사의 한 페이지에서 살아 숨 쉬던 사람들의 이야기다.

계산언덕의 사과나무에서 시작된 이야기는, 3·1운동의 소식을 듣자마자 학생들이 만세를 부르며 뛰어갔다는 3·1만세운동 골목으로 흘러갔다. 대구 출신의 화가 이인성이 화폭에 담았다는 계산성당에는 화가의 슬픈 사연이 머물러 있고 근대문화의 거리로 조성된 도로변 길바닥에서 시인 이상화의 목소리가 흘러나온다.

수많은 이야기가 머릿속에서 제각기 와글와글할 때쯤 좁은 골목길이 나타났다. 새로운 곳으로 들어가는 비밀의 문처럼 좁고 조용한 길에는 도시답지 않은 낯선 분위기가 물씬 풍긴다. 남루한 일상이 옛날 영화처럼 반복 상영될 것 같은 작은 집들이 어깨를 붙이고 서 있다.

골목이란 모름지기 이렇게 좁고 길어야 제 맛이다. 옛날에는 훨씬 더 길고 꼬불꼬불 끝도 없이 이어졌겠지만 골목은 금세 막다른 길에 부딪혔다. 높은 주상복합건물이 예정에 없이 등장한 까닭이다. 골목은 높은 건물을 뒤로 돌아 끊어질 듯 이어져 있다. 골목길 모퉁이에, 그리고 초고층 주상복합빌딩 바로 옆에 아슬아슬하게 한옥 두 채가 서 있다. 시인 이상화가 살았던 옛집과 대구 갑부 서상돈의 한옥집이 그 자리를 지키고 있다.

출입구부터 모든 것이 자동으로 제어되는 초고층 아파트와, 담도 낮고 집도 작아 속이 훤히 들여다보이는 한옥이 나란히 서 있는 이질적인 풍경에 잠시 걸음을 멈춘다. 자동차 소음도 들리지 않는 따사롭고 고즈넉한 골목 모퉁이가 친숙하면서도 평온하게 느껴졌다.

이상화 고택의 마당에 심어진 석류나무가 담장 바깥까지 붉은 미소를 여유롭게 흘린다. 따뜻하고 포근한 계절을 맞아 석류나무는 마음껏 열매를 맺었다. 툭툭 벌어지는 석류를 앞에 두고 저절로 입 안에 침이 고인다. 애처롭게 쳐다보는 것도 오래지 않아 걸음을 재촉했다. 1킬로미터 남짓 되는 진골목을 끝

긴 골목이란 뜻의 진골목에서 마주친 막다른 골목.

까지 걸어보려면 서둘러야 했다. 석류의 붉은 향기가 길 끝까지 뒤따라온다. 나는 옛 집의 담을 따라 걸으면서도 자꾸 뒤돌아볼 수밖에 없었다.

길고긴 진골목을 거닐다

대구의 명물 약령시장 안에 진골목이 있다. 긴 골목의 사투리인 '진골목'은 한때 동네 갑부들이 살던 한옥촌이었다. 지금도 예사롭지 않은 지붕선과 개량식 한옥의 아담한 자태를 살짝 엿볼 수 있다.

진골목의 근대건축물들. 정소아과 의원(좌)과 대구화교협회(우).

서울의 한옥이 ㅁ자형이라면 대구의 한옥은 ㄱ자형이다. ㄱ자 형태로 부엌과 방, 대청이 놓이고, 중정에 정원을 만드는 구조다. 진골목 안에 터를 잡은 한옥의 절반은 토속 음식을 맛볼 수 있는 한식당으로 바뀌었지만 지금도 여전히 가옥 구조에 알맞은 삶의 형태를 살아가는 사람들도 많았다.

진골목 중앙에는 1960년대부터 동네 아기들을 진료해왔다는 정소아과가 있다. 옛 모습이 그대로 남아 있다는 실내를 구경하고 싶었으나 문이 굳게 닫혀 있었다. 꽤 큰 규모의 서양식 건축물인데, 이질적인 형태에도 불구하고 주변 건물들과 잘 어울린다. 해설사는 원장님이 연로하셔서 이제 진료를 하지 않고 있다고 했다.

골목 탐방은 진골목 바깥쪽에 있는 화교협회 회관에서 끝이 났다. 대구 화교의 역사가 담긴 화교협회 건물은 대구 부자 서씨 집안의 한 사람인 서병국이 살았던 저택으로 1925년에 지어졌다. 몇 해 전, 문화재로 지정되면 증축 및 개축이 어렵고 재산권 행사가 제한된다고 해서 계명대 본관, 성공회성당, 정소아과의원, 무영당백화점 등 대구의 대표적인 근대건축물이 문화재 등록을 거부한 일이 있었다. 결국 화교협회 회관만 유일하게 등록문화재로 등재되어 관리되고 있다.

골목 탐방이 끝나자 함께 길을 걷던 사람들이 뿔뿔이 흩어졌다. 나의 목적은 골목 탐방에만 있는 것은 아니었다. 많은 사람들이 함께 골목을 걷는 일은 그저 걷고 보는 것이지 생각에 잠기거나 길과 교감할 여유가 없다. 골목 탐방을 통해 전체적인 분위기를 흡수한 후에 내가 점찍은 장소들을 찬찬히 다시 돌아볼 계획이었다. 대구 중심부의 지리를 대충 파악했고 중구청 담당자로부터 역사 탐방로 지도도 한 장 건네받았으니, 이제 나만의 대구 골목 투어를 시작하면 된다. 나는 다시금 이상화 고택으로 발걸음을 옮겼다.

붉은 석류가 가득한 상화 고택

석류나무를 다시 보니 반갑다. 페르시아, 즉 고대 이란에서 시작된 이 아름다운 과실수는 중동 지역 인근의 나라에서 아주 오래전부터 집 안을 장식하고 입 안을 즐겁게 해준 과일이다. 석류가 먼 길을 건너 아시아의 끝까지 오게 된 연유가 참으로 궁금하다.

안석국安石國이라 불리던 페르시아에서 온 울퉁불퉁한 과일이라 하여 안석류라 불리다가 석류로 굳어지게 되었다. 구체적인 성분이 무엇인지 밝혀지지 않았던 그 옛날에도 석류는 여성과 가까운 생명의 열매라고 칭송되었다. 서양의 옛날 그림들을 보면 결혼을 축하할 때, 혹은 여인을 그릴 때 다산을 기원하며 석류를 함께 그려 넣기도 했다.

시인 이상화가 말년을 보낸 고택. 이상화의 삶을 보여주는 공간으로 공개하고 있다.

하늘말라리를 닮은 오렌지 빛 꽃이 지면 주먹만 한 빨간 열매가 맺히고 씨앗이 툭툭 터져나온다. 반질반질 잘 닦인 상화 고택의 쪽마루에 앉아서 정원을 보니 이 붉은 열매가 더없이 신선하게 느껴진다. 생명에 힘을 실어주는 과실나무가 있어 상화 고택이 더욱 풍요로워 보인다. 툭 벌어진 석류를 한 알만 따서 먹어보면 좋으련만. 그 새콤달콤한 즙이 흐르는 과일을 입 안에 넣은 양 혀가 꼬물거린다. 이 집에서 말년을 보낸 이상화의 삶은 온통 '죽음'으로 가득했는데, 그의 안마당에 피어 있는 핏빛 같은 석류나무는 이렇게 생생한 생명

력을 온몸으로 드러내고 있다.

상화의 집안은 삼천 석 부자라 불릴 만큼 대구에서 명망이 높았으나, 그의 삶은 죽음과 인연이 깊었다. 그는 숱한 죽음을 보았다. 어려서 아버지를 여의고 백부인 소남 이일우 선생의 보호 아래에서 자랐고, 형 이상정은 일찍이 만주로 떠나 죽음을 무릅쓰고 독립투사가 되었다. 한때 사랑했던 여인 유보화는 폐결핵으로 젊은 나이에 하늘로 떠났다. 열아홉 살에 맞은 3·1운동에 적극 참여하여 옥고를 겪으며 동지들의 애통한 죽음을 눈앞에서 보았고, 파리 유학을 목적으로 일본 동경에서 공부하던 1923년 무렵에는 관동대지진과 그 이후 자행된 조선인 학살이라는 끔찍한 죽음의 현장을 목격했다.

그리고 그 자신조차도 마흔셋의 나이에 암으로 사망했다. 육감적이고 절절한 상화의 시를 두고 학교에서 퇴폐적 낭만주의라고 배운 것 같은데, 그의 시는 죽음과 삶, 그 사이에서 빚어진 아슬아슬한 감정이자 식민지 현실을 통렬히 인식한 비장한 외침이었음은 그의 집을 보고서야 깨닫게 되었다.

나는 살련다 나는 살련다
바른 맘으로 살지 못하면 미쳐서도 살고 말련다

—「독백」 중에서

살림을 살던 안채는 작지만 기능적으로 잘 나뉘어 있다. 사랑채와 끊어진 듯 이어져 있다.

배일排日 성향이 강한 부유한 지식인 집안에서 자란 둘째 도련님 상화. 평안남도 정주의 멋쟁이 시인 백석처럼 유난하게 멋을 부리지는 않았지만, 말쑥한 양복차림에 단정하게 빗어 넘긴 헤어스타일을 보니 까다로운 완벽주의자의 기질이 엿보인다. 사람들과 잘 어울리는 호방한 기질이었지만 까칠한 구석도 있었던 모양이다. 집안에서 짝지은 여인에게 정을 붙이지 못하고 결혼한 지 얼마 되지 않아 서울이며 동경이며 공부하러 떠나버린 그를 두고 백부는 "고놈, 매삽고 차운 놈"이라고 안타까워했다.

나는 남보기에 미친사람이란다
마는 내 알기엔 참된사람이노라
나를 아니꼽게 여길 이 세상에는
살려는 사람이 많기도 하여라

—「선지자의 노래」 중에서

자포자기의 심정을 토로하는 시인을 어떤 여인이 외면할 수 있을까? 성격 까칠한 시인에게는 이래저래 스친 여인들이 많았던 듯하다. 신여성에서 유학생, 기생까지 여성 편력이 끊이지 않았지만, 그의 아내는 놀랍게도 석류가 씨앗을 내뱉듯 세 아이를 쑥쑥 낳았다.

상화 고택에는 상화의 초상과 아내의 초상이 나란히 걸려 있다. 영정사진이라고 해야 옳을까? 젊어서 죽은 상화의 반듯한 얼굴과 끝까지 생명을 잘 여민 후 사망한 아내의 얼굴이 나란히 있으니 마치 어미와 자식처럼 보인다. 그 여인 서순애는 또 어떤 삶을 살았을까? 석류나무는 그 여인이 심은 것일까? 남편 때문에 속이 터져도 아이를 낳아 기른 여인의 비장한 마음이 정원을 붉게 물들인다.

시인의 마지막 자취가 담긴 옛집

상화 고택은 1939년부터 1943년까지 그가 말년을 보낸 곳이다. 그의 마지막은 부잣집 도련님의 그것이 아니었다. 사촌형이 소유한 작은 집 한 채를 얻어 그곳에서 온 가족이 생활했다. 작은 마당을 사이에 두고 안채와 사랑채가 ㄱ자형으로 이루어져 있는데 집이 아늑하고 편안해 보인다. 살아가는 데 필요한 집이란 딱 이 정도면 좋겠다는 생각이 든다. 방도 작고 천장도 낮은 곳에 살림살이와 책상이 있다.

쪽마루에는 유리문이 있어서 대청에서도 바깥 정원을 바라볼 수 있다. 대청에 앉으면 석류나무 너머 집을 둘러싼 담장이 아늑하게 느껴진다. 큰 규모는 아니지만 공간이 잘 나뉘어 있어 기능적으로 사용되었을 것이다. 한옥에 사용된 자재들도 튼튼하여 오랜 시간이 흘러도 잘 견뎠다. 한옥의 상량문에는 1925년에 지어졌다고 씌어 있다. 대문 앞에는 지금은 메워버린 우물이 있었다고 한다.

상화 시인의 생존 사진에는 석류나무가 분명하게 남아 있다. 석류뿐이 아니다. 장미와 작약도 소담하게 피었고 감나무에는 감이 열렸다. 살림을 살던 안채는 아내와 아이들의 공간이었고, 사랑채는 시인이 몸을 뉘고 글을 쓰며 사색하던 곳이다. 안채와 사랑채 사이는 닿을 듯 가깝지만 결코 이어지지 않는 미묘한 거리감이 있다. 벽 쪽에 놓인 책상에 앉아 글을 썼을 시인의 뒷모습을

시인의 문학적 감성이 잘 드러나 있는 별채 공간.

상상하니, 마치 그의 아내인 양 가슴속에 서늘한 바람이 분다.

시인은 1923년 파리 유학을 포기하고 조선으로 돌아왔다. 이후 카프KAPF와 파스큐라PASKYURA라는 프로문학에 투신하여 왕성한 시상을 펼치며, 스물일곱 살에 우리나라의 1920년대를 대표하는 저항시 「빼앗긴 들에도 봄은 오는가」를 완성했다.

1927년 이후에는 대구에 내려와 살면서 적극적으로 구국 활동에 참여한다. 반일단체를 구성하고 거사를 도모하면서 모진 옥고를 치른 것이 한두 번이 아니었다. 만주에서 독립운동을 하던 형 이상정을 만나고 돌아온 후 수차례 투옥되는가 하면, 교남학교에 재직하던 시절에 만든 교가 때문에 고초를 치르고 원고를 압수당했다.

생활을 이어갈 수 없을 정도로 가산을 탕진한 후 이곳 계산동 84번지의 작은 한옥으로 거처를 옮겼다. 이곳에서 은둔하면서 시인은 독서와 연구에 몰두했다. 집의 차분한 분위기 덕분인지 그의 생활은 그 어느 때보다 평온하게 흘러갔다. 집 안에는 장미꽃이 피고 석류가 열렸으며 아이들이 자랐다. 그러나 평온한 시절은 잠시뿐, 마흔셋에 위암 선고를 받은 얼마 후 가족들이 지켜보는 가운데 세상을 뜨고 만다.

지금은 깨끗하고 예쁘게 단장되어 있지만 몇 해 전까지만 해도 방치된 한옥 한 채에 불과했다. 계산동과 약령시 주변 동네는 갑부 달성 서씨의 자손들이 고급 주택을 짓고 살던 곳이고, 시인 이장희, 작가 현진건, 화가 이쾌대, 작곡가 박태준 등 근대기 예술가들도 이곳에 모여 살았다. 하지만 그들의 집은 모두 뿔뿔이 소유권이 나눠졌고 예술가들의 흔적은 자취도 없이 사라졌다. 상화 고택도 도시계획상 도로로 지정되어 사라질 위기에 처했다. 시민들과 대구문인협회 등이 물심양면으로 협의하고 설득한 끝에 이 일대를 사들인 건설업체가 한옥을 기부 체납하는 것으로 방침을 바꿀 수 있었다.

상화 고택은 1940년대 상화가 머물던 시기를 그대로 재현코자 했다. 한국전쟁 중 피란민들에게 세를 주기 위해 마당 한쪽에 쪽방과 화장실을 만들었는데, 이를 없애고 방이 세 개로 나뉜 사랑채도 예전처럼 한 칸짜리로 복원했다. 썩은 마루널과 부서진 서까래도 고쳤다. 고택 주변의 골목담장은 대구 연초제조창의 파벽돌을 사용했다. 40년 묵은 벽돌 4천여 장이 사용되어 1940년대 분위기를 엮어냈다. 집 안은 가족과 문인협회가 소장하고 있던 시인의 물건들로 채워졌다.

나는 온몸에 햇살을 받고
푸른 하늘 푸른 들이 맞붙은 곳으로
가르마 같은 논길을 따라 꿈속을 가듯 걸어만 간다

「빼앗긴 들에도 봄은 오는가」의 첫 구절은 평온한 자연의 풍경이다. 시인이 못내 돌아가고 싶었던 고국의 자연풍경을 나는 이 작은 한옥에서 발견하고야 말았다. 나는 온몸에 햇살을 받으며 쪽마루에 앉아 푸른 물이 뚝뚝 떨어질 것 같은 하늘을 바라본다. 봄 여름 가을 겨울이 한 바퀴 돌고 나니 석류나무에 한 가득 빨간 석류가 열렸다. 그 석류 한 알이 그토록 맛보고 싶다. 삶의 끈을 잇고 싶은 마음이다.

견고한 신념, 건축이 되다

| 조양회관 |

조양회관. '조선의 빛이 되라'라는 강력한 민족적 메시지가 건물의 이름에 담겼다. 그 마음이 어느 정도 깊어야 이토록 절절할 수 있을까? 조양회관은 대구 동아일보 지국장을 맡고 있던 서상일 선생이 젊은이들에게 새로운 시대에 대한 의지를 독려하고 자립심을 고취할 목적으로 민족운동가들과 의기투합하여 설립한 건물이다. 건물의 설계는 대구 출신 건축가 윤학기가 맡았다.

달성공원 앞 5백 평 대지에 벽돌이 하나하나 쌓여갔다. 압록강에서 가져온 낙엽송으로 바닥과 지붕틀을 잡았다. 1922년 완공된 이 건물은 비장한 의지가 벽돌 하나 마루널 하나에 스민 듯 단단하고 의연하다.

벽돌의 붉은빛이 강건하게 넘쳐흐르는데, 그 중심에 회백색 화강석으로 장식한 현관이 에너지를 모으듯 중심에 도드라진다. 그 위에 뾰족한 박공지붕이 얹혀 시선이 자연스럽게 하늘로 향한다. 강인한 의지가 건물의 외관에서

공간의 흐름이 중심으로 모여
하늘로 치솟는 듯하다.
고양된 정신이 건물에도 나타나 있다.

집중적으로 표출된다. 이렇듯 건축은 기능을 담은 그릇이지만 또한 정신과 의지를 담을 수 있는 것이다.

건물은 성공적으로 자리를 잡았다. 대구구락부, 대구여자청년회, 농촌봉사단체 등 애국계몽운동을 담당하던 청년단체들이 이곳에 모였다. 천여 명을 수용했던 강당과 인쇄공장, 사진 부서까지 있어 낮에는 시국강연이, 밤에는 야학이 열렸다.

그러나 조양회관은 이름처럼 우국지사 못지않은 수난을 당했다. 젊은이들은 일경에 체포되어 고초를 겪었다. 동아일보는 폐간되고 조양회관은 총독부에 징발되었다. 시립도서관으로 잠시 이용되었다가 1940년대 대륙의 전쟁이 뜨거울 무렵에는 일본군 보급부대가 주둔하기도 했다.

달성공원 앞에 있던 건물은 1983년에 멀리 떨어진 효목동 망우공원 안으로 옮겨졌다. 하지만 원래 자리에서 벗어난 건물은 더 이상 사람들이 쉽게 드나드는 건물이 되지 못하고 있다. 독립운동가와 유가족의 모임인 광복회가 건물에 들어와 당시를 증언하는 다양한 프로그램을 진행하고 있다. 아침햇살이 되고 싶은 젊은이들을 불러 모으던 그 시절을 회고하듯이.

붉은 벽돌을 빈틈없이 쌓아올린 깐깐함도 건물의 정취를 한껏 고조시킨다.

부산, 19세기 신도시의 풍경

동양척식주식회사 부산지점 • 부산측후소

옛 포구 부산포와 지금의 부산은 같은 도시가 아니다. 개화기 부산포가 개항될 때까지만 해도 작고 한가로운 포구였을 뿐, 대도시가 될 기미는 전혀 보이지 않았다. 조선 시대부터 이어온 행정 중심지는 동래였다. 임진왜란 때 장수와 민초들이 목숨을 바쳐가며 지키고자 했던 곳은 동래읍성 안쪽이었고, 바닷길은 수영성이 지켰다.

개화기 부산포는 일본인의 도시였다. 용두산과 초량 일대는 조선 후기부터 왜관이 설치되어 일본과의 교류가 빈번했고, 개화기 이후에는 본격적으로 일본인 전관거류지가 되었다. 일본인들은 바다를 매립하면서 영역을 넓혔고 시가지를 개발했다. 초량 일대와 지금의 광복동, 중앙동, 부평동, 대청동, 대신동 일대는 근대 부산의 중심지로 화려하게 변신했다. 조선과 일본을 잇는 관부연락

드넓은 바다를 향해 출항하는 함선과도 같은 부산측후소 건물. 용두산 정상의 부산타워와 하나의 축을 이룬다.

선이 드나드는 도시는 비대해질 수밖에 없었다.

부산포 일대에 거주하던 일본인들은 인근 지역의 가옥과 토지를 사들였고 조선인들이 오랫동안 살아온 동래가 결국 부산으로 편입되었다. 작은 포구에 상륙한 외지인들이 터줏대감을 내쫓는 형국이었다. 외교 업무만 보던 일본영사관은 곧 외교, 행정, 군대동원권, 경찰지휘권을 가진 '이사청'理事廳으로 바뀌었고, 1914년 부산부가 설치되어 조선인이 머물던 지역까지 관할하여 통치하기 시작한다. 동래는 일본인이 위락을 즐기는 온천장과 놀이동산으로 바뀌어갔다. 백 년 전 부산은 일제의 전략적인 거점도시로 차근차근 변모하고 있었다.

굴곡진 지형에 숨어 있는 역사의 현장

일제강점기 부산 최고의 관광지였던 해운대 해수욕장의 명성은 백 년이 지난 지금도 변함이 없다. 그런데 부산을 제대로 관광하려면 해운대보다 부산의 고지대를 통과하는 산복도로를 먼저 경험해봐야 한다. 부산은 평지보다 산과 언덕이 많아 부산 사람의 삶의 흔적과 역사가 굴곡진 지형을 중심으로 남아 있기 때문에, 버스를 타고 고지대를 한번 지나가보는 것으로 부산이 어떤 곳인지 온몸으로 체험할 수 있다. 산복도로가 있는 범일동, 수정동, 영주동, 보수동의 고지대는 한국전쟁 후 판자촌이 형성된 지역이기도 하다.

그때의 흔적이 고스란히 이 동네의 필지를 형성하고 그 위에 서민들의 주택부락이 들어서 산을 빼곡히 채웠다. 고관대작을 위한 집도, 일본인들이 쓰던 적산가옥도 그 사이에 자리 잡고 있다. 옛 풍경과 현재의 풍경이 교묘하게 겹쳐지는 광경을 보면, 이 도시의 굴곡은 자연이 아니라 이곳에 살던 사람들이 만들었구나, 라는 생각이 든다.

우리는 산복도로로 가보려고 86번 버스에 올랐다. 평지의 큰 도로를 가던 버스가 갑자기 산으로 기어 올라간다. 꼬불꼬불한 도로를 지나면서도 속도를 줄이지 않고 돌진하는 버스를 보면 롤러코스터가 따로 없다. 길을 따라 휘청휘청 도는 동안 갑자기 시야가 확 트이면서 산 아래 동네가 눈앞에 펼쳐지는 순간이 있다.

가까이는 도로에 면한 오래된 아파트의 창문에 놓인 화분이 보이고, 그 주변으로 낡은 서민주택들이 층층이 엉켜 있다. 한때 이 산동네 서민주택들은 옥상에 노란 물탱크를 얹었었다. 헤아릴 수도 없이 점점이 뿌려진 노란 물탱크야

말로 도시의 신호탄이었다. 파란색 물탱크가 더 위생적이라고 알려지면서 노란색은 일시에 파란색으로 바뀌었다. 지금은 화가가 파란 물감 브러시를 휘두른 양 파란 점이 수도 없이 뿌려져 있다.

멀리서 큰 도로와 부산역으로 향하는 철로가 보이고, 그보다 더 멀리 화물선이 정박 중인 부산항과 출렁이는 바다까지 보인다. 시야를 약간 위로 향하면 산 위에 첩첩이 끊이지 않는 주택부락이 이어지고 멀리 산꼭대기에 민주공원 기념탑이 보인다. 군데군데 푸르게 솟은 작은 봉우리들과 그 꼭대기까지 채워진 집들을 보면 이것이야말로 진정 부산의 아이덴티티라는 생각이 든다. 이 놀라운 풍경을 처음 보았던 어린 시절에 나는 무슨 생각에서인지 큰돈이 생긴다면 이곳을 평평하게 만들고 깨끗한 아파트를 지어주겠다는 야심찬 계획을 세웠건만, 지금은 이 풍경이 사라질까봐 조마조마하다.

한참 동안 고지대를 돌며 환상적인 풍경을 보여주던 버스의 고도가 점점 낮아진다. 소심하게 환호하며 버스 여행을 즐기던 시간을 아쉬워할 틈도 없이 곧이어 버스는 부산근대역사관, 옛날 동양척식주식회사 앞에 우리를 내려놓았다.

동척에서 부산을 보다

요즘은 부산의 근대문화유산을 찾아 답사를 나서는 사람들도 많아졌고 간헐적으로 투어 프로그램도 열리고 있다. 부산의 대표적인 근대건축물들은 중앙동, 보수동, 부민동 일대에 모여 있어서 한나절이면 둘러볼 수 있다. 근대문화유산 투어의 중심에는 동양척식주식회사가 있다.

부산근대역사관으로 바뀐 동척 부산지점. 특별한 장식 없이 단호하고 엄격하다.

중구 대청로 99번지. 동척은 용두산이 든든한 배경이 되어주고 주변으로는 조선은행과 부산부청 등 관공서와 은행이 즐비했던 부산의 중심에 자리 잡았다. 건물의 양식이나 외형은 크게 눈에 띄지도 않고 아름답다고 느껴지지도 않는다. 식민지 시대와 뒤이은 전쟁, 그리고 전후 재건의 시기를 지나면서 아름답고 거대했던 수많은 건물들이 사라진 옛 시가지에 동척만이 이토록 오래 남아 부산의 역사를 지켜보는 장소가 되었다.

말도 많고 탈도 많은 동양척식주식회사. 도대체 무엇을 했던 곳일까? 동척은 조선에서 농경지를 확보하고 쌀을 안정적으로 공급받기 위해 1908년 9월에 설립된 국책회사다. 일본은 급속한 근대화로 농민의 몰락을 초래했고 땅을 두고도 쌀을 얻지 못했다. 이러한 사회구조적 모순을 해결하기 위해 시선을

흰색으로 강조한 아치형 창호가 회색조 건물에 작은 포인트가 되고 있다.

돌린 것이 조선의 농토였다. 몰락한 일본 농민을 이주시켜 조선의 농토를 경작하게 함으로써 지속적으로 쌀을 얻고 자국의 농민들도 구제할 수 있겠다고 판단한 것이다. 초창기 동척은 조선의 농토를 사들이고 이민 정책을 적극적으로 추진했다. 그러나 일본 농민의 이주에 대해 조선 농민들의 반발이 심해 실패하고 만다.

이후 일본은 조선인 소작농을 부려 소작료를 받아내는 농장경영제로 사업 방향을 전환하면서 소작료를 극대화하기 위해 품종 개량과 비료 사용을 독려하며 토지개량사업을 추진했다. 생산량은 늘어났지만 사업에 투자한 비용은 고스란히 소작농이 부담해야 했고, 소작료는 생산량의 80퍼센트에 달했다. 농장경영제는 성공을 거두었다. 동척은 이후 금융과 산업자본으로 투자 영역을 넓혔고, 사업대상지도 조선을 넘어 만주, 동남아시아, 남아메리카 지역으로 확대했다. 중일전쟁 이후에는 군수산업 육성에 집중 투자했다.

농업 경영을 위해 만들어진 이 회사는 식민지 전역으로 사세를 넓히며 산업자본으로 사업을 확대했지만 큰 성과를 얻지 못한 실패한 사업체였다. 이 회사를 지탱하는 대부분의 수익은 조선인 소작농으로부터 수탈한 소작료였다. 일본이 패망한 후에도 동척의 재산은 농민들에게 돌아오지 않았다. 이 자산들은 맥아더 사령부로 이관되었다. 이들은 신한공사를 설립해 친미 우익인

사들에게 보유자산을 불하했고 정부 수립 직전에 해체했다.

동척 부산지점은 미군이 점령하여 작전사령부로 사용했으며 이후 부산아메리칸센터(미문화원)라 불리며 미국 의정을 홍보하는 장소가 되었다. 이곳은 한미 간의 불평등한 관계의 상징으로 여겨졌기에 대학생들은 반미 시위를 벌일 때마다 미문화원으로 몰려들었다. 이 건물에 가장 가혹했던 순간은 1982년의 방화사건일 것이다.

미국영사관이 떠나고 건물의 용도가 불분명해지자 시민들이 이 건물의 반환을 청원했고, 드디어 1999년 건물의 국적이 바뀌게 되었다. 2001년에는 부산시 문화재로 지정되었으니 이 건물이 거쳐온 역사가 곧 우리나라의 격동기를 대변한다고 할 수 있을 것이다. 지금은 부산근대역사관으로 개장하여 근대 시기의 부산을 들여다볼 수 있는 자료관이 되었다. 이곳을 한번 둘러보는 것만으로도 백 년에 걸친 부산의 풍경을 이해할 수 있다.

사라진 것과 남은 것

부산에 살면서 수없이 지나치곤 했지만 이 건물 안에 들어가본 것은 몇 번 되지 않는다. 미문화원 시절에는 군복을 입고 지키던 사람들이 있어 지나갈 때마다 의도적으로 건물을 쳐다보지 않으려고 애썼던 기억이 있다. 그리고 그 기억은 지금도 계속되어 이 건물은 낯설기만 하다. 부산에서 태어나 화려한 시기를 보내는 내내 한 번도 부산 시민의 소유가 아니었고, 그래서 늘 분노의 시선에 시달려야 했던 이 건물의 삶 또한 서럽지 않을까. 드라마 같은 건물의 역사가 근대역사관으로 풀려나왔다.

목조로 지어진 일본영사관(1884)은 이사청과 부산부청으로 기능과 역할이 점점 커졌다. 나긋나긋한 아케이드가 있던 건물은 1909년 개축하여 사진과 같은 모습이 되었다.

건물은 원래 2층으로 지어졌건만 1층의 층고가 워낙 높은 탓에 근대역사관으로 개관하면서 중층을 만들어 모두 3층으로 운영하고 있다. 2층은 상대적으로 층고가 낮아졌는데 덕분에 1층부터 이어진 그리스식 기둥의 주두 부분을 바로 눈앞에서 보게 되었다.

이 전시관에서 가장 눈길이 가는 전시물은 근대 시기 이 지역을 화려하게 밝혔던 근대건축물에 대한 것이다. 부산포의 지형도와 모형을 설치하고 버튼을 누르면 해당 건축물에 대한 설명이 영상으로 흘러나온다.

"이 멋진 게 화재로 사라졌네, 아깝다."

"이런 희한한 건물도 있었네."

주변에서 아쉬움과 감탄의 목소리가 들린다. 무엇이 사라졌는지, 사라진 것

붉은 벽돌건물과 뾰족한 지붕탑이 독특한 일본 상품진열관(1905). 일본의 최신 상품을 홍보할 목적으로 세운 건물이다.

을 대신하는 것은 또 무엇인지 들여다보며 기억 속 저편을 뒤적인다. 뾰족한 중세풍 지붕의 상품진열관은 테마파크 속 건물처럼 신기하고, 붉은 벽돌로 지은 부산역사의 옛 모습은 놀라울 만큼 아름답다. 화재로 무너진 부산역사를 대신한 것은 실망스럽게도 노란색 페인트를 칠한 사각형 콘크리트 덩어리였다. 큰 배가 드나들 때마다 다리를 들어 올렸던 영도대교는 1966년까지 개폐교로 존재했으니, 누군가에게는 그리 먼 기억이 아닐 것이다.

3층에는 근대 거리 테마관이라 하여 축소 제작된 근대 거리와 전차가 공연무대처럼 전시실을 채우고 있다. 작고 좁은 전차에 몸을 실으니 흘러간 시절의 사진이 그 시절의 소음과 더불어 화면에 나타난다.

물건을 파는 사람도, 길을 거니는 사람도, 차를 움직이고 전차를 타는 사람도 모두 표정이 당당하다. 혼란하고 어려운 시기를 열심히 살고 견뎠던 사람들이다. 그날도 햇살은 찬란하고 사랑은 아름다웠을 것이다. 비는 촉촉하고 과일은 달았을 것이다. 연애소설을 읽고 도색 잡지를 팔았을 것이다. 과거는 빛 한줌 들지 않는 암울한 시절이 아니라, 지금처럼 사람들이 투덜거리고 웃고 싸우며 살아가는 생활의 한 장이었던 것이다.

그들 뒤로 학교와 상설시장이, 동척과 경찰서가, 전차로와 철로가 이제 막 빛을 본 것처럼 반짝반짝하다. 이들 건물을 무수히 드나들었을 사람들이 있기에 건물의 역사를 얘기하는 것이 의미를 가진다. 우리는 무료로 운영되는 도서관에서 두툼하게 만들어진 전시 도록을 살펴보고 자료집을 몇 권 샀다. 어디에도 볼 수 없었던 사진 자료와 전시물 자료들은 백 년 전 풍경을 상상할 수 있는 기회를 준다. 이런 것이 시간여행이 아니고 무엇이랴.

시간의 경계가 모호한 풍경 속으로

동척에서 시작된 근대문화유산 도보여행은 보수동 헌책방 거리 안쪽의 골목으로 이어졌다. 보수동의 깊은 골목 안에는 옛 시대를 보여주는 집과 상가, 사무실 건물들이 여전하다. 좁고 구불구불한 골목 여기저기에 담쟁이가 무성한 일본식 가옥이 켜켜이 앉아 있다. 관공서의 관사로 썼음이 틀림없어 보이는 큰 저택과 창고 건물도 골목 담 위로 비죽이 보인다. 식민지 시대의 일본식 가옥과 새마을운동 시기에 지어진 주택들 사이의 골목을 걸으니 시간 감각에 혼동이 생긴다.

언덕 정상까지 올라가면 노란 타일을 온몸에 붙이고 있는 독특한 건물이

부산측후소를 향한 언덕길에서 만난 일본식 가옥.

한 채 서 있다. 옛날에는 부산측후소로, 지금은 부산기상청으로 불리는 건물이다. 1904년 임시 측후소가 보수동 골목 어귀에서 부산 최초로 기상관측을 시작했는데, 1934년 복병산 정상에 이 건물을 신축하면서 관측 작업이 더욱 복잡하고 정밀해졌다.

인천기상청은 정오에 오포午砲를 쏘기도 하고 오보午報 사이렌을 울리기도 했는데, 이곳에서도 그런 일을 했는지 궁금하다. 기상청이 생기면서 하루를 24시간으로 쪼개는 시간 개념이 도입되었다. 이로써 서울과 파리, 로스앤젤레스가 동일한 개념의 시간을 영위하게 되었고 글로벌리즘이 시작되었다. 세계의 침이 가리키는 것은 개인의 일상이 아니라 전체가 하나의 시간으로 움직인다는 의미였다.

측후소는 거칠 것 없이 탁 트인 전망을 자랑한다. 거리의 소음이 끼어들지 못하는 이곳은 바다에서 불어오는 바람마저도 고요하다. 건물의 가장 높은 곳에는 바다를 조망하기에 좋은 외딴방이 있다. 마치 망망대해를 항해하는 선장의 고뇌가 묻어나는 선장실처럼 보인다. 그곳에 서면 길쭉하게 솟은 부산타워와 팔각정이, 그 너머로 펼쳐진 바다가 한 축으로 눈에 들어온다.

1899년 용두산에는 조선 최초의 일본 신사가 세워졌다. 소나무가 많던 용두산이 벚나무와 향나무 밭으로 변하고 긴 계단과 일본 신사를 상징하는 정문이라고 할 수 있는 도리이鳥居까지 정비했다. 1936년에는 국가를 대표하는 신사라는 의미의 국폐사로 불렸다. 복병산 측후소에서는 신사의 표정과 바다의 날씨, 그리고 사람들의 움직임까지 모두 포착할 수 있었다. 기상관측의 기능 외에도 바다를 감시하고 신사를 지키는 임무를 겸했을 것이다.

지금은 신사의 자리를 부산타워가 대신하고 측후소의 기능도 이 도시의 사

바다를 향해 출항하는 배처럼
웅장한 부산측후소. 노란색 타일이
건물에 유쾌한 분위기를 준다.

람들이 이어받았다. 동척 건물과 마찬가지로 소유자가 바뀌고 건물의 목적과 기능도 조금씩 달라졌다. 그래도 도시의 풍경을 만드는 중요한 지점이라는 사실에는 변함이 없다.

북적거리는 남포동 골목을 걷다가 부산의 특별한 음식이라는 완당을 맛보았다. 부들부들한 밀가루피 속에 만두소가 조금씩 들었다. 중국식 만두국인 '훈탕'이 일본으로 건너가 '운당'이 되고 이것이 다시 부산에 상륙하면서 '완당'으로 변한 것이라 했다. 이름만 바뀐 게 아니라 음식의 형태와 맛도 조금씩 변했다.

대륙에서 섬나라로, 다시 그 두 나라 사이를 이어주는 반도국으로 건너온 음식의 맛은, 형태는 조금 낯설지만 건너온 음식치고는 토속적이고 익숙한 맛이 났다. 완당 한 그릇 속에 부산의 풍경을 본다. 음식도, 건물도, 거리의 모습도, 유래를 알 수 없을 만큼 뒤섞여 그 경계가 모호해진 어떤 것. 규정할 수 없는 도시의 풍경 속으로 우리가 걸어간다.

1923년, 부산의 황금기

| 경남도청사 · 경남도지사 관사 |

부산의 입지를 키운 경남도청사는 동아대박물관으로 사용되고 있다.

1923년 진주에 있던 경남도청이 부산 부민동으로 이전해 왔다. 이것은 개항 이후 급성장한 부산이라는 도시가 고도로 발전할 수 있는 든든한 뒷받침이 생겼다는 뜻이었다. 부산은 거칠 것 없이 대륙을 향해 뻗어가기 시작한다.

그해 경남도청 신청사가 지어진 지역은 번듯한 상가나 건물 하나 보이지 않는 허허벌판이었다. 그곳에 거대한 관공서가 들어오면서 자연스럽게 마을이 형성되고 주택과 상점이, 병원과 시설들이 빈 땅을 채워나갔다. 건물은 3년간의 한국전쟁 동안 임시수도 정부청사로 사용된 시절을 제외하고 58년 3개월 동안 경남도청이라는 이름 그대로 사용되었다.

관공서 건물다운 단단함과 엄격함이 건물 전체에 스며들어 있다. 형태로 보자면 충남도청이나 경성제국대학 의과대학 건물과 크게 달라 보이지 않는다. 다른 점이라면 이 건물은 붉은 벽돌로 지었고, 따라서 조금 더 운치 있고 고풍스럽다는 점이다.

1983년 창원으로 경남도청이 옮겨가면서 이 건물은 부산지방법원, 검찰청 본부로 사용되다가, 2002년 동아대학교에 매각되었다. 그 후 보수와 복원, 그리고 리노베이션을 거쳐 2009년 동아대박물관으로 탄생했다.

부민동은 좁은 골목 사이로 빡빡하게 주택들이 들어앉은 오래된 시가지

2층 벽돌가옥인 경남도지사 관사. 임시정부기
념관으로 내부가 공개되고 있다.

다. 부산대학교병원과 동아대학교 부민캠퍼스가 사이좋게 두 개의 거점을 형성하고 있어 예전보다는 사람들의 발걸음이 잦아졌다. 하이테크 인텔리전트 빌딩이라 자랑하는 동아대 본관 건물 앞에 우아한 붉은 벽돌 박물관이 있다. 명백한 대조를 이루는 풍경이 흥미롭다. 정문으로 들어온 학생들이 강의실로 가려면 반드시 박물관을 지나가야 한다.

박물관으로 사용하기 위해 내부 구조가 상당히 변형되었다. 벽체를 일부 남겨 전시실 곳곳에서 붉은 벽돌 기둥을 볼 수 있지만 엘리베이터를 설치하고 뻥 뚫린 넓은 공간을 만드느라 사라진 부분들도 많다. 전시실에서 귀하디 귀한 동궐도와 동래의 옛 지도를 보았다. 얇은 지도에 담으려 했던 옛 사람의 묵직한 이야기가 귀를 간질인다.

당시 경남도청 신청사가 지어지면서 도지사가 머물 관사도 함께 완공되었다. 경남도청사에서 5백 미터 정도 떨어진 곳에 일본식 목조가옥이 자리 잡고 있다. 단순히 살림집으로 사용된 것이 아니라, 업무를 보고 손님을 맞이하는 대외용 공간을 겸하고 있어 규모도 크고 형태도 독특하다.

경남도청이 한국전쟁 중에 임시수도 정부청사로 사용될 무렵에 이곳도 자

생활과 업무를 겸한 장소답게. 규모가 크고 응접실, 식당, 내·외부 화장실과 욕실, 객실 등이 꾸며져 있다.

연스럽게 대통령 관저가 되었다. 지금은 '임시수도기념관'으로 바뀌어 당시의 자료를 전시해두었다. 이곳에서 어떤 일들이 벌어졌는지 충분히 가늠할 수 있다.

응접실은 벽난로가 있고 테이블이 놓인 서양식 공간으로 꾸며졌고 내실과 부엌, 거실은 일본식 주택의 형식을 따랐다. 좁은 복도를 따라 공간이 나뉘며 마치 숨바꼭질하듯 비밀스럽게 방이 등장한다. 현관 주변에 세면대와 화장실이 있는데, 바닥에 깔린 타일에는 푸른색 무늬가 아름답게 그려져 있고 세면대와 변기도 무늬가 수놓인 도기제품들이다. 변기와 화장실 타일까지 세심하게 신경 쓴 고급스런 건물이다.

소나무로 둘러싸인 관사는 조용하고 평온하다. 건물 뒤쪽에 비밀의 화원이 숨어 있다. 대외적인 업무를 보는 공간은 정면 쪽으로 향하고 있지만, 식당이나 사적인 공간은 이 비밀의 정원을 향해 배열되어 있다. 정면과 배면의 분위기가 전혀 다르다. 정면에서 위풍당당하고 적극적인 활기가 느껴진다면 배면은 아늑하고 고요한 살림집이다. 정원 한쪽에 벤치가 있어 매미 소리를 들으며 잠시 다리를 쉬었다. 이곳에서는 시간도 천천히 흐른다.

제국의 도시, 목포

목포 일본영사관 • 동양척식주식회사 목포지점

태양은 남중고도를 넘어갔지만 한여름의 열기가 아직도 식지 않았다. 습하고 무더운 기운이 도시를 녹여버릴 듯 덮고 있다. 우리는 옛 목포영사관 앞에 서 있다. 붉은 벽돌의 색감이 강하게 눈을 찌른다. 지난겨울에 이곳을 찾았을 때 한창 공사가 진행 중이라 건물 주변만 얼쩡거렸던 기억이 난다. 반년 만에 다시 오니 언제 그런 일이 있었느냐는 듯 모든 것이 깨끗하게 정돈되어 있다. 하지만 계단 높은 곳에 위치한 건물 안으로 들어가려면 하늘색 철재 장식대문의 자물쇠를 누군가 열어주어야 한다.

답사를 나서기 전에 미리 시청 담당공무원에게 연락을 취해두었다. 담당자가 나타나기를 기다리며 저 멀리 펼쳐진 옛 본정 거리를 바라보았다. 자동차가 다닐 수 있는 큰 골목이 격자형으로 반듯하게 재단된 거리는 원래 바다였

붉은 벽돌 사이에 흰 벽돌을 넣어 모양을 냈다. 일본영사관의 상징이 그대로 남아 있다.

다. 일본인들이 목포진 해안을 매립하여 새롭게 시가지를 완성했다.

굳이 이 높은 언덕 위에 건물을 지은 이유도 이렇게 신도시 풍경을 내려다보며 한껏 우월감을 만끽하기 위해서였을 것이다. 저 멀리서 단단하게 지어진 장방형의 석조건물이 보인다. 근대역사관으로 사용 중인 문화재 건물이다. 당시 이름은 동양척식주식회사 목포지점. 동척 건물은 다른 건물에 위압감을 줄 정도로 육중하고 규모 있게 지어졌다.

목포영사관으로 올라가는 계단 아래에 영사관 건물의 역사를 적어둔 안내판이 있어 조금 읽어보았다. 이 건물이 완공된 것은 1900년이고, 일본영사관으로 사용된 것은 5년 정도에 불과했다는 것, 한때 이사청과 목포부청으로, 광복 후에는 목포시청으로 쓰이다가, 1974년부터 시립도서관으로 사용되었다는 내용이 짧게 씌어 있다.

입구의 출입문 기둥에는 세월에 따라 다른 이름이 붙어 있었을 것이다. 지금은 비어 있으니 이름도 없다. '1977년 국립도서관 지정 시범도서관'이라 쓰인 낡은 동판이 남아 있어 그 시절 분위기를 알려준다. 현재 이 건물은 다른 무엇으로 변신하기 위해 숨을 죽이고 기다리고 있다. 우리는 건물이 살아온 길고 긴 흔적이 사라지고 애초에 지어진 모습 그대로의 상태, 영사관 건물의 원형을 보기 위해 이곳으로 왔다.

대리석 벽난로가 있는 우아한 저택

“제가 어렸을 때는 이곳이 도서관이었어요. 계단이 무척 높았는데, 이곳까지 올라와서 책을 읽던 기억이 떠오르네요.”

건물 내부를 안내하러 나온 시청 담당자는 나와 비슷한 연배의 여성이었다. 목포에서 태어나 살아왔다는 그녀는 앞서서 길을 안내하며 옛 이야기를 꺼냈다. 넓은 복도와 홀에 들어서자, 과거의 어느 시점을 기억해내려는 듯 잠시 말을 아끼며 비어 있는 넓은 방 여기저기로 시선을 던진다.

그날의 낮은 서가와 커다란 책상이 기억난다고 했다. 감회에 젖은 그녀의 시선과 처음 이 공간에 발을 디딘 여행자의 시선이 느리게 교차한다. 넓은 홀과 복도는 텅 비어 있지만, 이 순간만큼은 무엇인가 따뜻한 것, 추억의 입자 같은 것이 가득 차오른다. 다소곳한 창문 바깥으로 숲의 그림자가 너울거린다. 무더운 여름을 식힐 바람이 부는 모양이었다.

건물의 내부는 상상한 것보다 환하고 아름다웠다. 적벽돌이 빈틈없이 쌓인 건물이 풍기는 우울한 분위기가 실내에서는 전혀 읽히지 않는다. 하얗게 칠한 벽과 하늘색 틀로 장식한 창들이 로코코 시대의 저택 같은 느낌을 준다. 한

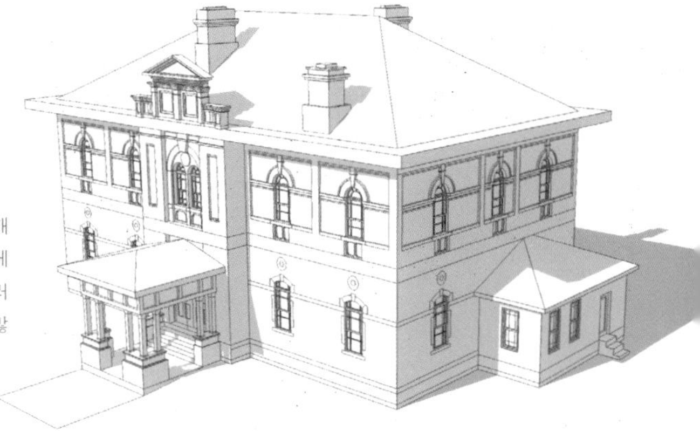

출입구에 푸른색으로 칠한 목재 캐노피가 길게 돌출되어 있어 건물에 강한 인상을 심어준다. 굴뚝이 여러 개 있다는 것은 내부에 벽난로가 많다는 뜻이다.

일본영사관은 유럽 저택을 닮았다. 벽난로와 거울이 있는 홀로 햇살이 아늑하게 들어온다.

치의 머뭇거림도 없이 쭉쭉 뻗은 창들은 햇살과 바람을 마음껏 흡수한다. 벽난로와 샹들리에가 있던, 아늑하고 귀족적인 공간이다.

1층은 중앙 현관을 중심으로 양편으로 큰 홀이 있고 맞은편에 2층으로 올라가는 계단이 있다. 유럽의 귀족 저택처럼 층고가 높아 계단을 걸어 올라가려면 에스코트가 필요할 정도다. 2층은 복도 없이 모두 방으로 연결되어 있는 것도 서양식 저택의 구조를 떠올리게 한다. 바닥은 마루널을 깔았고, 천장은 세공된 목재패널로 마감한 후 하늘색으로 칠했다. 지붕 트러스가 노출되지 않도록 패널로 막은 듯한데, 일본식 건물에서 자주 볼 수 있는 형태라서인지 묘한 이질감이 느껴진다.

2층에 오르니 창으로 들어오는 햇살이 더욱 밝다. 좌측 두 개의 홀은 커다란 여닫이문으로 연결되어 있다. 문을 열어 공간을 틔우면 연회나 회의를 하기에 충분할 듯 보인다. 반질거리는 대리석 벽난로와 커다란 벽거울이 비밀스러운 기억이라도 삼킨 듯 초연하게 서 있다. 수많은 창에서 흘러든 햇살이 바닥에 긴 흔적을 남기며 서서히 열어진다.

백 년이 넘도록 마음껏 이 공간에 드나든 것은 저 햇살과 바람뿐이었나? 건물을 둘러싼 숲에 바람이 일면서 나뭇잎과 나뭇가지들이 서로 부딪치는 소리가 들린다. 도서관으로 사용되던 시절이 있었다더니, 책 읽고 공부하기에 안성맞춤인 공간이었겠다. 사락사락 책장 넘기는 소리, 사각사각 종이 위에 연필이 지나가는 소리로 가득했을 터이니. 옛 건물에서 책을 보는 즐거움을 마음껏 누렸을 이 도시 사람들이 갑자기 부러워진다. 창밖으로 회색빛 시가지를 내려다보았다. 자동차가 마음껏 지나다녔을 넓은 도로였건만 지금은 인적조차 드물다. 고색창연했던 옛 시가지는 흐릿한 노스탤지어로 남는다.

서양식 건물을 지으면서 적벽돌만큼 사랑받은 재료도 없을 것이다. 벽돌은 구조체가 따로 필요 없고 구축법이 비교적 간단하다. 게다가 낡은 듯 오래된 듯 시간이 묻어나는 질감과 색감도 분명 특별하다. 특히 일본인들이 적벽돌 건물을 무척 좋아했다고 한다. 적벽돌을 생산하는 공장이 없었던 개항 초기에는 일본에서 구운 적벽돌을 하나하나 정성껏 종이로 싸서 배로 실어왔다는 이야기를 들은 적이 있다.

이 건물은 1984년 화장실을 개축할 때 '大枚'('거금'을 뜻하는 일본어)라 새겨진 벽돌을 발견했기에 적벽돌의 출신지가 일본임을 확인할 수 있었다고 한다. 창문 주변으로 적벽돌 사이에 흰색 벽돌을 넣어 장식 효과를 내기도 했다. 제국주의 시절의 일장기 무늬를 표현하는 데는 희고 붉은 벽돌이 아주 그만이었다. 흰 벽돌 몇 장으로 인해 이 건물의 아이덴티티가 뚜렷해졌다. 지울 수도 없는 흔적이다. 우진각*형의 지붕에 사용된 기와도 일본산이다.

건물 바깥으로 나오니 한여름의 해가 조금 기울었다. 건물 주변에 무성하게

* 네 개의 추녀마루가 동마루에 몰려 붙은 지붕으로 지은 집.

영사관 뒤쪽에 콘크리트 문서고가 있다. 한때 음악감상실로 사용했다고 한다.

자란 잡초가 발아래에서 자박자박 소리를 낸다. 건물 뒤쪽에는 화강석으로 장식된 창고 건물과 유달산의 노적봉을 뚫어서 만든 방공호가 있다. 어둠 속으로 빨려 들어갈 것 같은 방공호는 길이가 72미터나 된다. 미군의 공격에 대피하기 위해 조선인을 강제 노역시켜 만들었다고 한다. 창고 건물은 영사관과 목포부청으로 사용될 당시 문서보관소였다.

"문서보관소는 한때 음악감상실로 사용했어요. 울림이 좋아서 음악 감상하기에 참 좋았지요. 분위기도 있었고요."

사춘기의 감성을 어루만져준 음악이 흘러나왔던가보다. 깊고 높고 어두운 동굴 같은 창고에 삼삼오오 모여서 클래식 음악을 들었다니 참으로 놀랍고 새로운 발상이었다. 이 도시 사람들의 색다른 감성에 마음이 유쾌해진다. 안타깝게도 그녀는 문서보관소의 열쇠를 찾지 못했고, 건물 내부를 살펴보지 못한 채 아쉽게 발걸음을 돌렸다.

1930년대 식민지 도시의 눈물

문서보관소에서 음악을 듣지는 못했지만, 음악은 어디에나 있다. 세상 참 좋아졌다. 아이팟에서 유투브로 검색하니 목포의 가수 이난영의 〈목포의 눈물〉이 라이브로 흘러나온다. 요즘은 옛 음반의 지직거림조차 디지털로 재생하여 그들의 생생한 음성을 들을 수 있으니 조그마한 디지털 기구만 있으면 1930년대를 경험하는 것이 큰일도 아닌 세상이다.

구성진 음악소리에 여인의 목소리가 섞인다. 한복을 입고 머리를 단정히 올린 왕년의 스타는 표정도 변하지 않고 눈물도 흘리지 않으면서 사람들의 마음을 쥐락펴락한다. 나는 왜 그녀의 목소리에서 재즈를 느꼈을까? 우리나라 최초로 블루스 음악을 들려준 인물이라고 하니 재즈의 페이소스가 묻어났던 건 아닌지.

〈목포의 눈물〉이 흐르던 1930년대는 우리나라에서 한 해 평균 1백만 장의 레코드가 팔리던 시절이다. 빅터, 콜럼비아와 같은 음반사들이 국내에 들어와 신인가수를 발굴했다. 축음기로 레코드를 듣는 것은 험난한 시절을 이겨내기 위한 달콤한 처방이었다.

근대역사관으로 사용 중인 동척.
섬세한 장식이 돋보이는
고급스러운 건물이다.

동척 내부 모습. 육중한 금고가 여전히 남아 있다.

그런데 1930년대의 목포는 향락과 유흥의 거리가 붉은 불빛을 밝히던 시절이기도 했다. 목포 출신의 여성 소설가인 박화성은 "전 조선에서 주점 많기로 목포가 단연 그 왕좌를 차지"한다며 퇴폐한 도시 문화를 비판했다. 당시의 목포는 청년, 중년 가릴 것 없이 카페에 죽치고 앉아 먹고 마시는 카페 중독자가 넘쳐나고 거리의 축음기 상점에서는 애끓는 노래만 연일 흘러나오는, 희망을 잃은 도시였다. 1920년대에 활발하게 활동하던 민족주의자와 사회주의자가 모두 사라진 1930년대 식민지 도시의 한계를 소설가는 명징하게 바라보고 있었다.

식민지 조선을 무력하게 만드는 데 일조한 장소가 일본영사관과 머지않은 거리에 있다. 대도시에 하나씩 지점을 두고 사업망을 뻗쳤던 동양척식주식회사 목포지점이 육중한 몸체를 자랑하며 본정 중심부에 서 있다. 현존하는 동척 중에서 가장 위풍당당하고 장식적인 건물이다. 전남 지역을 관할하던 동척은 원래 나주 영산포에 있었는데, 1920년에 목포부 본정으로 이전했다. 목포항의 규모와 중요성은 조선 시대부터 번화했던 전통 내항 영산포를 눌러버렸다.

외부가 석재로 덮여 있지만 이 건물도 벽돌로 지어졌다. 고전주의 건축양식을 정교하게 조각한 석판을 외부에 입힌 것이다. 디테일이 세밀한 석판에는 일장기 같은 원형 무늬가 띠처럼 건물을 두르고 있다. 대형 금고를 가득 채우며 배를 불렸던 식민지사업체는 목포의 역사와 일제의 만행을 증언하는 근대역사관으로 바뀌었다.

옛 공간의 이야기를 듣는 시간

"왜 이런 것을 전시하는 걸까?"

근대역사관을 나오며 푸념부터 터져나왔다. 정확한 사료에 기반한 자료들도 아니고 적절한 설명도 없는 불친절한 전시장이다. 목포의 옛 모습을 담은 1층의 사진자료들은 흥미로웠지만 일제의 만행을 다룬 2층의 자료는 보는 것이 괴로웠다. 근대역사관이라면 모두 이런 자료를 보여주어야 한다고 생각하는 걸까?

단순하게 구성된 전시관은 한번 둘러보면 더 이상 할 일이 없어진다. 이 자료들을 보러 다시 찾아올 일도 없을 것 같다. 이 건물의 내부에는 전시물을 설치하기 위한 흰색 가벽으로 가득했다. 그 많은 창도, 마룻바닥도 의미가 없어졌다. 전시물을 매달아놓는 공간일 뿐 건물의 아름다움이나 문화재로서의 가치를 전혀 느낄 수 없었다.

1920년대 목조가옥이 빈티지풍 레스토랑으로 사용되고 있다.

이곳만의 문제는 아니다. 문화재청에 등재된 근대건축물 중 보수공사만 끝내고 비어 있는 건물들이 꽤 많다. 이들 대부분이 근대역사관이나 근대생활관, 근대자료관 등의 박물관으로 계획되어 있다. 하지만 유물을 제대로 갖추고 완전하게 개관한 곳은 얼마 되지 않는다.

자료 수집의 문제 때문에 개관을 몇 년째 미루고 있는 곳도 있다. 최초사박물관으로 계획했으나 유물 확보에 문제가 생겨 개관을 미루고 있는 일본제일은행 인천지점이 그러하다. 버젓한 근대건축 문화재가 있는 도시라면 어딜 가나 근대역사관이 있는데, 한두 군데만 돌아보아도 식상해질 만큼 내용이 비슷하고 색다르거나 흥미로운 자료는 거의 찾아볼 수 없다.

"왜 카페나 호텔은 안 되는 걸까?"

나는 18세기 주택을 생활사박물관으로 개조한 파리의 자크마르 앙드레 뮤지엄에서 근사한 티타임을 즐겼던 것을 떠올렸다. 한번 보면 더 이상 찾아갈 필요를 느끼지 못하는 박물관이나 자료관보다는 자주 찾아가서 쉬고 즐길 수 있는 시설로 활용하는 건 불가능한 일일까?

공간에서 일방적인 정보를 주는 방식은 이미 낡은 것이다. 공간은 경험하는 것이 중요하기에 스토리텔링이라는 감성적인 방식으로 접근해야 한다. 레스토랑이나 갤러리 카페, 부티크 호텔 같은 장소가 박물관이라는 이름에 비해 너무 가볍고 상업적이라고 생각될 수도 있다. 그러나 공간의 아름다움도 느끼고 자주 찾아와 즐길 수 있는 장소가 된다면 문화재가 더욱 친근하게 다가오지 않을까?

지방 도시로 답사여행을 갈 때마다 번쩍거리는 네온사인에 얼굴을 붉히며 모텔에 숙소를 잡는 일이 영 마땅찮게 생각되었는데 옛 건물들이 적당한 숙박

시설로 활용된다면 더없이 좋겠다. 건축이나 예술, 혹은 정치, 경제, 금융 등 건물의 성격이나 도시의 역사와 어울리는 주제로 전문도서관이 운영되는 것도 환영할 만하다. 도서와 멀티미디어 자료를 충분히 갖추고 있어 논문을 쓰거나 관련 업무를 보는 사람들이라면 반드시 다녀가야 하는 곳으로 자리매김하는 것이다. 큰 예산을 들여 건물을 깨끗하게 보수했는데 사람들이 다시 찾지 않는다면 얼마나 안타까운 일인가? 공간은 지속적으로 변화하고 채워져야 한다.

한국 내셔널트러스트의 해설사의 이야기에 따르면 미국, 호주 등 다른 나라의 내셔널트러스트가 보유하고 있는 시민유산은 우리와는 조금 다르게 운영된다고 했다. 깨끗하게 보수해서 원하는 사람들에게만 개방하는 닫힌 장소가 아니라 호텔이나 소프트한 문화시설로 적극적으로 활용된다는 것이다. 일본의 경우, 근대건축물이 호텔, 사무실, 심지어 쇼핑센터로도 활용된다. 요코하마의 해안가에 있는 창고 건물인 '아카렌가 소고'는 도시의 분위기를 업그레이드하는 쇼핑센터로서 성공한 모델이다.

등록문화재였다면 카페나 레스토랑, 혹은 호텔 등 수익시설로 활용하는 것이 가능할 터인데, 이 두 건물은 사적과 지방문화재로 지정되어 있어 해법이 단순하지 않다. 역사적으로 가치 있는 건물이므로 내·외부를 새롭게 고치지 못하고 그대로 복원해서 변형 없이 지켜야 하는 건물이 된 것이다. 그렇다 해도 허용범위 내에서 건물에 새로운 기능을 부여하는 일이 불가능하지만은 않을 것이다. 시도해볼 의지만 있다면 말이다.

목포에 갈 때마다 동척 바로 앞에 있는 찻집에 들르곤 한다. 동척의 관사로 사용된 1920년대식 일본 가옥을 손보아 찻집 겸 레스토랑으로 바꾼 것이다. 낡은 것을 없애고 모든 것을 새롭게 바꾼 것이 아니라 구조를 그대로 두고 빈티지 가구와 샹들리에를 넣어 고즈넉한 분위기를 만들었다. 작은 방은 작은 대로 아기자기하게 꾸미고, 큰 방은 넉넉하게 테이블을 채워 넣었다.

주인이 수집한 빈티지 소품들이 곳곳에 놓였는데, 그 무심함이 참 매력적이다. 애써 꾸미지 않았지만 모든 것이 있을 자리에 있다는 느낌을 주어 주인의 감각에 감탄하게 된다. 정원에 심어진 꽃과 나무가 무성하게 자라 집과 함께 세월을 보낸다. 낡은 듯해서, 약간 먼지가 쌓인 듯해서, 조금 구겨진 듯해서 멋진 것들. 그런 것들이 옛 공간을 가득 채운다.

나는 문화재 건물들도 감각적이고 멋진 공간이 되기를 바란다. 옛것을 찾아 기꺼이 먼 곳까지 가는 시간여행자를 위해서. 역사의 향기를 만끽하며 그 속에서 즐기고 배우고 싶은 유람중독자들을 위해서라도.

포구의 적산가옥촌

구룡포 일본인 가옥 거리 • 영산포 일본인 가옥 거리

적산가옥敵産家屋. 자국의 영토나 점령지 안에 있는 적국의 재산, 그중에서도 가옥을 말한다. 전쟁으로 말미암아 적과 아군이 생겼으니 적들이 소유했다가 전쟁에 패하면서 남겨두고 간 건물들이다. 보석이나 서화나 도자기들은 몸에 지니고 도망갈 수 있었지만 집과 땅은 어찌할 수 없는 노릇이다.

러일전쟁 후 러시아계 유럽인들이 조선 땅에 남긴 저택들을 승자인 일본인들이 적산가옥이라 하여 마음껏 사용했다. 그리고 광복 후에는 패전한 일본인들이 35년간 이 땅에 지었던 본색이 불분명한 건물과 일본식 목조가옥을 엄청나게 남기고 돌아갔다.

그들은 패자였지만 우리는 승자가 아니었기에 적들이 남기고 간 건물들은

구룡포의 골목 풍경. 시간을 거슬러 올라간 것만 같다.

이 땅을 제 맘대로 유린한 흔적처럼 상처가 되었다. 신사는 금방 파괴되었지만 가옥은 재산이었다. 정부는 적산가옥을 이 땅의 사람들에게 나눠주었고, 그 집은 수십 년간 그들이 살림해온 터전이 되었다. 재개발 지역으로 지정되어 더 큰 돈과 맞바꾸지 않는 이상 어쩔 수 없이 거주해야 하는 그들의 집이었다.

구룡포는 예나 지금이나 어촌마을이다. 바다로 나가 배에 가득 어획물을 싣고 돌아오는 날이 가장 수지맞는 날이다. 젊은 사람들은 대부분 도시로 떠났고, 도시에서 아들, 딸과 함께 사느니 수십 년 살던 내 집이 훨씬 좋다는 사람들만 남았다. 북쪽이나 남쪽에 있는 해수욕장에 관광객이 가득 차면 가끔 이곳까지 그 여파가 미쳐 사람들이 회를 먹고 가거나 잠시 들러 소일하기도 한다.

요즘은 외지에서 카메라를 든 사람들이 부쩍 많이 찾아온다. 낡고 오래된

구룡포 일본인 가옥 거리에서 가장 큰 목조주택. 어업조합장 하시모토의 주택이며 1930년대에 지어졌다.

집이 뭐가 그리 특별한지 모르겠다며 웃고 마는 사람들이 있는가 하면 옛날 일본식 주택을 잘 정비해서 관광촌으로 만들자는 사람들도 있다. 이곳은 '구룡포 장안마을' 또는 '구룡포 일본인 가옥 거리'라 불린다.

포항에서 남쪽으로 해안도로를 따라 한참 가다가 '제대로 못 보고 지나친 게 아닌가' 조바심이 날 때쯤 구룡포 일본인 가옥 거리가 나타났다. 골목 안쪽이라 놓칠 수도 있었던 길을 초행에도 쉽게 찾은 걸로 봐서는 이 동네의 독특한 분위기가 금방 눈에 띄었던 듯싶다. 가옥의 모양새나 낡은 정도, 재료나 분위기에서 낯설고 이질적인 어떤 것이 시선에 딱 걸렸다. 한적한 포구는 크게 눈에 띄는 것이 없고, 비가 조금씩 뿌리는 해변이 한산하다. 널찍한 주차장에 차를 세우고 두리번거리다가 골목길로 걸음을 옮겼다.

골목의 입구에 이곳에서 가장 크고 번듯한 적산가옥이 있다. 2층으로 된 목조주택은 한눈에도 규모가 대단하다는 것을 알 수 있었다. 다닥다닥 어깨를 붙인 집들 사이에서 넓은 정원과 울타리까지 갖추고 있다. 아름답다거나 멋진 정취가 흐른다는 느낌을 주기에는 이 주택의 이질감이 꽤나 충격적이다. 말도 통하지 않고 길도 모르는 일본의 옛 도시에 툭 떨어진 기분이다.

주택은 홍보관으로 개방하여 내부를 둘러볼 수 있다.

골목 초입에서 구룡포 일본인 가옥 거리 홍보관으로 사용되고 있는 이 건물은 어업조합장을 지낸 하시모토 젠기치橋本善吉가 살았던 1930년대 주택이다. 홍보관답게 사진과 전시물을 가득 채웠다. 그런데 전시물보다는 기괴하고 이상한 오래된 집이 더 많은 이야기를 들려줄 것 같다.

일본 드라마와 영화에서 자주 등장하던 다다미가 깔린 방을 기대했는데 바닥재는 까슬까슬한 카펫과 나무널로 모두 바뀌어 있다. 2층은 일본 전통 가옥의 구조를 엿볼 수 있는 흔적이 많은데, 낮은 붙박이장처럼 생긴 도코노마와 조상신을 모시는 사당이 인상적이다. 만약 이곳이 일본이었다면 독특한 형식이구나 하며 쉽게 받아들였을 텐데, 우리나라에 존재하는 가옥이기에 더욱 낯설고 기괴해 보인다.

건물의 가장자리를 복도로 둘렀고, 집 안인데도 복도 쪽으로 창을 따로 낸 점이 특이하다. 벽 안에 다시 벽이 있고 통로가 있으니 방과 복도의 구조가 미로처럼 비밀스럽다. 벽이 곧 문이 되는 방 안으로 첩첩이 닫힌 문을 열고 들어가면 비단 기모노를 입은 긴 머리의 여인이 앉아 있을 것 같기도 하다.

낯설고 거친 구룡포의 옛 가옥들

이곳에 일본인 가옥이 많았던 것은 일본에서 이주해온 어민들이 많이 살았던 까닭이다. 동해안의 주요 연안어업항이었던 구룡포는 특히 고등어잡이의 근거지였다. 1800년대 말까지만 해도 집이 한두 채밖에 없었던 한적한 포구에 1902년 야마구치 현의 어선 50여 척이 내항하면서 일본 어민과의 교류가 시작되었다.

조선과 일본이 정식 이주협정을 체결한 이후에는 이주 어민의 수가 점점 늘어서 1929년에 192가구 815명이 거주하는 해안도시로 성장했다. 이들의 70퍼센트는 가가와 현香川縣 출신으로 일본의 마을 하나가 조선으로 옮겨온 것이나 다름없었다. 구룡포의 주민 대부분이 이주 어민이었던 셈이다. 이들을 위해 관공서가 생겨나고 방파제와 부두가 만들어지면서 포구는 더욱 번성했다.

해안도로를 따라 주택, 상가, 여관, 창고, 관공서, 유흥업소 등이 차곡차곡 들어섰다. 길은 더욱 조밀해지고 집들도 겹겹이 채워졌다. 해안 뒤쪽에는 언덕이 있기 마련이고 동네에서 가장 높은 곳에는 신사가 들어왔다. 신사를 올라가는 계단도 정비되었다. 동해안에서 포항에 이어 두 번째로 큰 포구가 된 구룡포는 1942년에 읍으로 승격되었다. 당시 구룡포 근해에서는 수백 척의 어선이 조업하고 있었는데, 대부분 일본 어선이었다.

환한 바깥으로 나와서 일본인 가옥 거리를 걸었다. 2백 미터가량 골목이 이어지는데, 산책하기 좋도록 잘 가꾼 거리는 분명 아니다. 이곳은 일본 가옥을 문화유산이라고 자랑스럽게 생각하는 곳도 아니고, 가옥의 형태가 온전히 남아 있어 학술적인 가치가 높은 지역도 아니다. 구룡포 장안마을 주민들이 여태 살아온 집이 적산가옥이었을 뿐이다. 살면서 불편한 부분은 고쳤고 필요한 부분은 덧붙였다. 사람들이 들고나면서 또다시 고치고 덧붙여가며 살아온 흔적이 두껍게 남아 있다.

어떤 집은 돌무늬 시트지로 집 외관을 도배하기도 했고 어떤 집은 상가형 가옥을 주거형 가옥으로 고치기도 했다. 여러 번 도색하여 원래의 색이 무엇인지 알 수 없는 집도 있고 바로 옆에 붙어 있는데도 집 모양이 현저히 다른 곳도 있다. 독특한 정감이 한 집 한 집 다르게 느껴진다. 이곳은 건축미학을 느끼는 곳이 아니라, 시간의 흐름과 각기 다른 삶의 형태를 가만히 들여다보는 곳이었다.

방 안에서 라디오 소리가 흘러나오고, 훤히 열린 문 안으로 다리를 뻗고 쉬고 계신 어르신도 보인다. 그 틈으로 옛날식 목조계단과 좁은 복도가 얼핏 시야에 걸린다. 우리는 수많은 인생의 에피소드가 펼쳐졌을 좁고 작은 집들을 무수히 지나쳤다. 시간을 견디며 살아온 사람들이 있기에 그 시간을 함께해 준 집이 의미를 갖는 건 아닐까?

당시 여관으로 사용되었던 건물. 지금까지 깨끗하게 사용한 집주인의 노고가 엿보인다.

누구를 위한 적산가옥인가

한때 이 거리의 밤을 밝히던 주점과 여관과 상점들이 길을 따라 하나씩 얼굴을 내민다. 오랫동안 빈집으로 남아 있었던 듯 겉이 너덜너덜해진 목조가옥도 하나둘 모습을 드러낸다. 구룡포의 소금 바람은 공평해서 사람이 살고 있는 집과 비어 있는 집을 똑같은 속도로 부식시켰다.

옛 신사로 올라가는 계단 양편으로 한문이 잔뜩 씌어진 비석들이 서 있다. 어림잡아도 백 개는 되어 보인다. 끝없이 이어진 비석에는 원래 신사 건립에 공을 세운 일본인들의 이름이 적혀 있었으나 광복 후 비분강개한 마을사람들이 시멘트로 이름을 지우고 비석을 뒤집어 한국인 유공자의 이름을 써넣었다고 한다. 그리하여 적국의 이름과 조국의 이름이 계단 양편을 지키고 있다.

길모퉁이에 있는 2층집은 여관으로 사용된 건물인데, 작고 따뜻해 보이는 방이 촘촘히 놓여 있다. 집의 풍경이 아늑하여 문을 열고 들어가 방 안에 몸을 뉘고 싶을 정도다. 겉으로 보이는 것보다 내부가 훨씬 길고 규모가 큰 건물이라고 했다. 정원에는 달콤한 붉은 꽃들이 가득 피어 무채색 갯바람이 부는 거리에 덧없는 활기를 준다.

홍보관 옆 골목길 앞에 옛 구룡포 시가도가 붙은 나무 안내판을 볼 수 있다. 일대의 지적도와 함께 관공서, 회사, 여관, 상회를 소개하고 있는데, 건물의 사진과 명함이 함께 붙어 있는 일종의 광고판이다. 구룡포에 처음 도착한 이주민이나 관광객, 사업차 온 사람들이 혼란을 겪지 않도록 우체국과 면사무소는 어디 있는지, 찾아가려고 하는 그 회사가 어디에 있는지를 알려주는 기능을 했을 것이다. 아주 약간의 정보지만 낯선 방문객에게는 무척 유용한

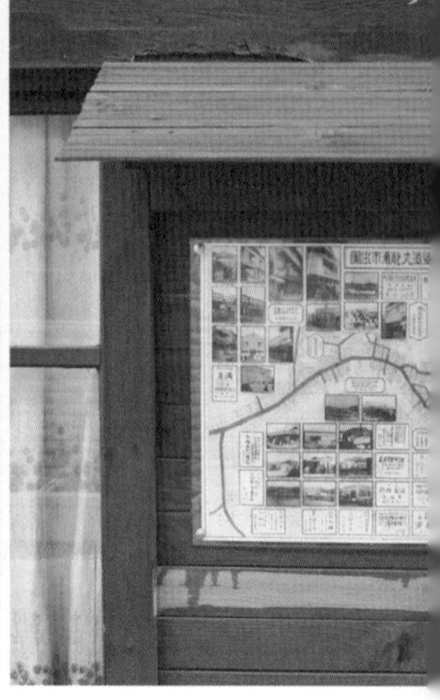

2백 미터 골목에 구룡포 일본인 가옥 거리가 이어진다. 골목 초입의 목조 안내판에 옛 거리 지도가 걸려 있다.

자료였으리라. 이 자료는 모두 일본어와 한문으로 되어 있다. 한글로 된 친절한 지도도 함께 걸려 있다면 소읍을 찾아온 현재의 여행객들에게도 도움이 되련만.

구룡포의 건물 중에서 관리가 잘 되어 있고, 일본식 외관과 다다미방이 원형 그대로 남아 있거나 독특하게도 중국풍 외장을 한 집 등 다섯 채는 근대건축물 등록문화재로 등록되어 있다. 포항시가 일본인 관광객들을 적극적으로 유치하려고 적산가옥의 문화재 등록을 추진한 것이다. 그들이 와서 머물고 가도록 시가지를 정비하고 기념품 안내소와 여관을 개방할 것이라고 했다.

시의 입장은 관광 거리로 재구성하겠다는 쪽으로 굳어졌는데, 주민들은 생활터전이 변화하는 것에 대해 그 어떤 준비도 되어 있지 않은 듯했다. 길을 걷고 있는 나는 자국의 관광객으로서 약간의 소외감을 느꼈다. 이 거리의 적산가옥은 과연 지금 어떤 의미로 남겨진 것일까?

중국풍의 푸른 장식을 단 이 가옥은 등록문화재로 예고되었다. 신사가 있었던 언덕으로 올라가는 계단에는 백여 개의 비석이 세워져 있다.

화려했던 시절, 영산포의 긴자 거리

전남 나주 영산포는 구룡포처럼 이주 어민이 형성한 어촌마을은 아니지만 한때 번성했던 포구로서 적산가옥이 촌락을 이루고 있는 또 다른 장소이다. 영산포는 예부터 수운이 번창했고 영산강을 통해 많은 물자들이 오고 갔던 교통의 요지였다. 나주평야가 펼쳐진 전형적인 농촌인 영산포에 1900년부터 일본인들이 이주해왔다.

1920년대에는 원정, 동정, 신정, 서정, 항정 등 일본인들의 계획 시가지가 형성되었고, 일본인과 조선인이 섞여 마을을 형성하고 살았다. 한때 영산포는 긴자 거리가 있을 만큼 화려하게 불을 밝힌 도시였고 일본을 오가는 수출입 화물의 집산지였다. 특히 나주평야의 미곡이 모여드는 바람에 도정공장이 때 아닌 호황을 누렸다.

전남의 대지주 구로스미 이타로가 살았던 영산포 주택.

포구 주변은 먹고 마시고 사는 일들이 빈번했다. 그날의 번성했던 도시의 모습은 다 낡은 적산가옥들로 남았다. 나주평야의 도시답게 이곳에도 대지주가 군림하고 있었다. 구로스미 이타로黑住猪太郎는 천 정보가 넘는 땅을 가진 몇 안 되는 대지주로 자신의 이름을 역사에 새겨두었다. 영산포를 개간하여 점점 농지를 넓혔고 소작농으로부터 고리의 소작료를 받아 챙겼으며 고리대금업에도 일가견이 있던 구로스미의 흔적이 영산포에 있다. 다른 것은 다 챙겨갔어도 어쩔 수 없이 두고 가야 했던 거대한 적산가옥이 그것이다.

구로스미 이타로의 주택은 포구와 조금 떨어진 언덕 안쪽에 있다. 건물 규모도 크고 웅장하지만 건물 주변에 여러 채의 창고가 있어 과연 대지주의 집다웠다. 저 넓은 마당에는 대체 무엇이 있었을까. 잔디를 깔고 잘 가꾸었을 넓은 정원에 마른풀만 뒹굴고 있다. 옛날 기와가 얼마나 단단하고 빛이 좋았으면 지금까지도 윤기가 흐른다. 구로스미는 집을 짓기 위해 목재며 기와며 모든 자재를 일본에서 들여왔다. 우리나라 기와와 확연히 다른 모양새다.

"어디서 왔나?"

굳게 닫힌 대문 앞에서 한참을 서서 구경하고 있는데, 동네 할아버지가 말을 건넨다. 저택 앞의 창고를 살펴보던 할아버지가 우리를 발견하고 어리둥절한 표정을 지으신다. 우리는 얼른 고개를 숙여 인사를 한다. 우리가 찾아온 옛 동네에 오랫동안 살아온 사람들에 대한 예의다. 인사를 나눈 후에는 이야기도 쉽게 나온다.

"집이 두 채로 되어 있어서, 두 집이 살았어. 우리도 이 집에서 살았재. 낡은 거 다 수리하고… 지금은 나주시에서 건물을 샀어."

큰 집이건만 할아버지의 표정에 자랑스러워하는 기색은 전혀 없다.

구로스미 이타로의 집은 일본식 목조가옥과 구조가 확연히 다른 서양식 건물이 이어져 있다.

"사진 찍으려고? 그럼 안에 들어가서 찍어야지."

우리는 굳게 닫힌 철문과 CCTV 경고판을 가리켰다. 할아버지는 아무렇지도 않은 표정으로 말했다.

"뒤로 가면 담이 허물어져 있어서 들어갈 수 있어."

거대한 폐허, 그리고 살아 있는 역사

건물은 오래전에 멈춘 시계처럼 옛날 모습 그대로다. 일본식 목조가옥과 서양식 건물 두 채가 하나로 이어진 형태인데, 하나는 살림집으로 하나는 사무실 용도로 썼을 것이다. 정원을 열심히 가꾼 시절이 있었던 듯 여전히 몇 그루의 정원수가 소담하게 존재를 알리고 있다.

적산가옥 앞에서 어떤 감정을 느껴야 옳을까. 억압받던 시절의 분노, 옛것에 대한 낭만적인 향수, 낡고 바스러진 것이 주는 무상함. 이 모든 감정이 한꺼번에 몰려들어 마음속이 복작복작했다.

오래된 여인숙과 도정공장과 낮은 상가 건물, 농공은행, 우편소, 극장 등 많은 건물들이 언덕 위의 격자로 난 길 양편에 빼곡히 들어찼다. 일본으로 건너갈 쌀가마니들은 영산포에서 도정작업을 했다. 얼마나 많은 미곡이 스쳐 지나갔으면 이 도시가 그토록 번창했을까?

정작 이곳의 사람들은 가슴 아픈 역사를 품고 살지는 않는다. 그들에게는 과거도 현재와 다름없는 삶의 연장이며, 지금의 시간을 옛 건물에서 살아가고 있을 뿐이었다. 길모퉁이의 옛날 극장은 오락장과 회관으로 바뀌었고 지금은 문을 닫았다. 흥청대며 극장으로 몰려들었을 사람들을 생각하니 이 도시의 밤이 참으로 화려했겠다 싶다.

영산교 방향으로 가는 길에는 홍어 삭는 냄새가 짙게 풍겨 나온다. 바다의 짠 비린내와 또 다른 콤콤한 비린내가 벽돌에도 길거리에도 스며들어 있다. 그 아래 항정이라는 옛길에는 우리나라 최초의 내륙 등대라 불리는 영산포 등대가 있다. 영산강에 나무다리가 세워지고 영산포역이 개통되던 1915년에 등대도 완공되었고 이는 신작로 공사와 더불어 새로운 포구를 형성하는 데 중요한 역할을 했다.

한 사람이 겨우 들어갈 수 있는 작은 등탑보다는 등대 몸에 새겨진 수위 지표가 더 재미있다. 지금은 영산강 수위가 형편없이 낮아졌지만 1930년대에는 홍수가 나서 모든 것이 걷잡을 수 없이 쓸려 내려갈 만큼 두려운 강이었다.

우리나라 최초의 내륙 등대인
영산포 등대. 1915년에 완공되었다.

퇴락한 포구의 스산함이 깊은 인상을 주는 영산포 일본인 가옥 거리.

항정, 신정 일대는 일제강점기의 신시가지였다. 오래된 교회와 성당, 동척 영산포출장소가 바로 이 지점에 있었고, 먹고 사고 즐기는 것들로 왁자지껄했던 도심이다. 지금도 그 분위기가 그대로 이어지는데, 유동인구도 많고 소음의 강도도 달라 고요한 포구 쪽과는 정취가 확연히 다르다. 동척은 사라지고 벽돌로 지은 문서고만 남아 있는데 잘 지어진 2층 주택을 닮았다.

구로스미의 집에서 영산대교 건너편으로 내려오면 초창기 일본인들의 거주가 시작되었던 원정이 나타나고 그 아래 포구 쪽까지 적산가옥촌이 이어진다. 그 뜻을 알 수 없는 가마태석길, 남교길, 본영길, 그리고 노인복지센터길이라는 이름의 길들을 걸으며 적산가옥에 나타나는 공통적인 건축언어가 무엇인지 살펴보았다.

나무널로 건물 바깥을 가로로 촘촘하게 채워 넣은 목재 비늘판벽이 가장 먼저 눈에 띄었다. 앞으로 돌출된 창문과 경사가 심한(그래서 천장이 높아진) 지붕도 이질적이다. 겹지붕 사이로 창이 있는 공간을 만든 점도 눈에 띈다. 우리나라에서는 익숙지 않았던 2층 상가형 목조가옥도 이곳에는 당연하다는 듯이 서 있다. 도시의 가로街路는 백 년이 가까워오도록 거의 변한 것이 없고, 그 길에 세워진 집들도 적산가옥만 2백여 채가 남아 있다. 과연 이 건물들이 문화재로서 어떤 가치가 있을까?

문화재보호단체에서는 영산포와 구룡포처럼 옛날 가옥들이 많이 포진한 거리를 아예 통째로 묶어서 '경관보전지역'으로 지정하는 방안을 논의하고 있다. 건물 하나하나를 문화재로 지정하는 방법을 점 단위 보호법이라고 하고 거리의 경관을 보존하기 위한 방법은 선 단위 보호법이라고 부르는데, 우리나라에서도 시행된 사례가 있다. 이제 동 전체, 지역 전체를 보호하는 면 단위 보호 체계를 논의하는 중이다.

북촌 한옥마을처럼 한옥 보존에 대한 생각은 제법 확산되고 있지만 근대건축물은 여전히 논쟁거리다. 거리 전체, 혹은 구역 전체를 문화재로 지정하는 것은 여러 가지 문제를 부르기 때문에 많은 논의와 주민들의 자발적인 협조가 필요하다. 식민지 시대의 가옥을 문화재로 지정할 필요가 있느냐며 반발하는 사람들도 여전히 많다. 또한 옛것에 대한 감상적인 향수에 빠져 보존과 보호만을 외칠 수도 없다.

어떤 것이 남아 있어야 하고 또 어떤 것을 보호해야 하는지, 명확한 판단의 근거가 있어야 할 것이다. 문화재로 지정하는 것만이 전부는 아니다. 지금도 많은 사람들이 생활공간으로 살고 있고 매일 새로운 삶들이 더해지고 있는데, 이미 더해진 것들을 뺄 수는 없는 노릇이다.

영산포를 향해 서 있는 건물의 뜯겨진 속내를 들여다본다.

다만 무분별하게 더해져서 저간의 역사와 포구의 옛 기억을 잃어버리고 정체성 없는 작은 도시로 전락하지 않도록 적절한 조치는 필요한 듯하다. 물론 이 또한 지역민들의 자발적인 의사와 참여로 이루어져야 할 것이다. 그 도시를 누구보다 잘 알고 있는 이는 바로 그곳에 오랫동안 살고 있는 주민들이니까. 구룡포와 영산포를 걸어보니 그 생각이 더욱 절실해졌다.

1920년, 강경만경

| 남일당한약방 · 조선식산은행 강경지점 |

과거 강경은 소읍이 아니었다. 금강이 만나는 중심에 위치한 강경읍은 내륙 수운의 중심지였고 들고나는 물건들과 오고가는 사람들로 장날이 아닌 날에도 야단법석이 나던 어엿한 도시였다. 사람들은 강경을 원산과 함께 조선 2대 포구이며, 평양, 대구와 함께 조선 3대 시장이라고 했다. 성어기에는 하루에 백 척이 넘는 고깃배가 몰려들고 농산물과 포목시장도 호남 최고를 자랑했다.

강경에는 그 어느 도시보다 먼저 법원, 면사무소, 학교, 경찰서, 은행, 우체국이 등장했다. 1920년대부터 전깃불이 반짝거렸고, 상하수도가 정비되었으며 극장이 등장했다. 과거 영화로웠던 강경을 자랑하자면 끝이 없다. 강경의 파워 앞에 일본인도 중국인도 조계지라는 터를 요구할 수가 없었다. 그들은 조선인과 함께 섞였다. 당시 강경의 인구는 3만 명, 손님들이 몰아닥칠 때는 10만 명이 북적거렸다.

강경의 이름이 상업도시에서 빠지게 된 것은 철도의 발달 때문이었다. 경부선과 호남선으로 물류가 이동함으로써 그 중심에 위치한 대전이 새로운 도시로 급부상했고, 전통적인 상업도시는 그 역할을 잃어갔다. 인구 3만 명이

세월의 먼지가 가득한 강경.
한때 이곳은 3만 명의 장사꾼들이
모여들던 거대한 시장이었다.

◀ 한호농공은행으로 설립되었다가 조선식산은행으로 바뀐 붉은 벽돌건물.
▶ 최근 복원공사를 끝낸 강경노동조합.

거주하던 거대 상업도시는 현재 거주 인구가 1만 6천여 명에 불과한 소읍으로 전락했다.

사람들이 떠나간 도시는 뽀얀 먼지 속에 가라앉았다. 대한민국의 모든 도시들이 개발계획으로 옛 건물들이 남김없이 뜯겨나갈 위기에 처했는데, 강경은 그렇지 않았다. 그 누구도 욕심내지 않는 고요한 마을, 그래서 아이러니하게도 옛 풍경을 그대로 간직한 장소가 된 것이다. 그리고 여기저기 곰삭은 젓갈 냄새가 소읍의 풍경에 새콤한 정취를 더해주고 있다.

강경을 돌아보는 재미는 길게 잘 닦인 골목과 도로를 걷는 데 있다. 안개 속을 헤매듯 골목을 걷다보면 어느새 1920년대라는 낯선 시간 속으로 스며들게 된다. 골목마다 장사치들이 모여들던 옛 상점과 물건이 쌓여 있던 창고들과 사람과 물건이 넘쳐나던 시장을 서로 이어주던 바로 그 길이다. 가로 체계도, 초등학교도, 은행도, 상점도, 그 모든 것들이 지금 도시의 소비 규모에 비해 거대하다. 그 옛날 금강은 물건을 실어 나르는 배들로 발 디딜 틈이 없었지만, 지금은 들고나는 흔적도 없이 갈대밭에 마른바람만 분다.

시끌벅적한 시장을 내려다보던 남일당한약방이 골목 안 주거지에 있다. 1923년에 지어진 이 건물은 2층으로 올린 개량 한옥인데, 포목과 생필품을 팔던 강경 하시장의 중심지에 있어 강경의 옛 사진에 자주 등장한다. 젓갈 골목 쪽으로 걸어가다보면 붉은 벽돌로 튼튼하게 지은 조선식산은행 건물을 만나게 된다. 칙칙한 회색 톤의 다른 건물들에 비하면 뜬금없이 화려하고 육중하다. 1910년 벽돌조로 튼튼하게 지은 이 건물은 한호농공은행이었다가 조선식산은행으로 사용되었다. 이후 한일은행, 조흥은행 등 은행 업무를 유지하다가 독서실, 젓갈 창고 등으로 사용되기도 했다.

객주와 거간들이 모이던 곳답게 전통 상인의 파워를 나타내는 노동조합 건물도 있다. 1925년에 지어진 한식 목조건물인데 한때 멸실의 위기에 처했다가 최근 새롭게 복원되었다. 1905년에 개교하여 개교 백주년을 훌쩍 건너뛴 강경초등학교도 보인다. 학교 건물은 새로 지어졌지만 강당은 1937년에 건축된 그대로 남아 있다. 한국전쟁 당시 총탄의 흔적을 발견할 수 있다고 한다. 이들 건물은 소읍의 성격을 드러내는 굵직한 랜드마크다. 마른바람이 부는 잔잔한 거리에 파문을 던져주는 건물들이다.

21세기 강경의 풍경은 높이 치솟은 십자가로 대표할 수 있다. 모든 것이 낮고 고요한 소읍에 교회 건물이 비대한 몸집으로 우후죽순 들어섰다. 십자가 성전들은 소읍의 그 어떤 경관과 정취와 구조와 체계에 상관없이 거대한 형체를 드러내며 스스로 소읍의 주인이 된다. 나른하고 한적한 소읍을 소란스럽게 하는 것은 성전을 지어 올리는 공사 현장밖에 없다. 아담한 한옥으로 지어져 소읍의 풍경 속에 파묻힌 강경 북옥교회가 머릿속에 스치고 지나간다.

◀ 중층 한옥으로 지어진 남일당한약방.
▲ 근대건축물 등록문화재임을 알리는 동판.

군산은 항구다

군산해관 • 일본제18은행 군산지점

조선은행 군산지점 • 히로쓰 가옥 • 시마타니 금고

군산은 눈의 도시였다. 며칠 동안 내린 눈이 소복이 쌓여 포근하게 덮어주고 있었다. 널찍한 도로 주변으로 나지막한 건물들이 늘어섰다. 눈꽃이 흩날리는 고요한 거리로 들어서자 옛 시간으로 돌아가는 타임머신을 탄 것 같은 착각에 빠졌다. 맑은 날이었다면 이런 느낌이 아니었을 텐데, 눈으로 덮인 도시는 기묘한 환상을 불러일으킨다. 시간도 느려지고 마음도 느슨해진다.

우리는 파란 지붕을 한 빨간 벽돌집 앞에서 걸음을 멈추었다. 이 건물이 군산을 대표하는 근대건축물인 군산해관이다. 눈 덮인 뾰족한 지붕선이 푸른 물감 칠을 한 듯 시원하다. 도시 전체가 색을 잃어버린 오늘 같은 날에 건물이 뿜어내는 붉고 푸른색이 무척이나 자극적이다.

흰 눈에 덮인 군산해관. 붉고 푸른 건물의 색이 눈과 어울려 몽환적인 기운을 풍긴다.

벽돌색이 채도가 높다 싶어 자세히 보니 붉은 페인트를 덧칠했다. 한때 옛 건물을 깨끗하게 보수하기 위해 벽돌건물에 붉은 페인트를 칠한 적이 있다. 벽돌의 줄눈은 흰색 페인트로 마무리했다. 지금 생각하면 황당한 일이지만 정부에서 시행을 허가한 합법적인 복원법이었다. 붉은 벽돌의 몸체를 독특한 모양의 지붕이 크고 깊게 눌러준 덕분에 건물에는 러시아식 같기도 하고 프랑스식 같기도 한, 모호하고 독특한 분위기가 감돈다.

다시 군산내항 주변을 천천히 걸었다. 도시의 역사와 건물의 연혁은 모두 잊어버리고 건물과 거리 자체를 오롯이 느끼고 싶었다. 앞으로 숱하게 여행을 떠날 것이고 같은 건물을 여러 번 들락날락하겠지만 오늘은 처음 발을 디딘 거리, 처음 시선이 닿은 건물과의 교감에 집중하고 싶다. 군산의 건물과 거리

조선은행 군산지점은 경성을 제외한 지점 중에서 가장 큰 은행이었다. 나이트클럽으로 사용된 흔적이 역력하다.

는 충분히 그럴 만하다.

군산개항 백주년 기념공원 주변으로 두 채의 은행 건물이 있다는 사실은 알고 있었으나 정작 건물은 눈에 잘 띄지 않았다. 자세히 보니 나이트클럽 간판을 매단 채 삭아서 바스라지고 있는 거대한 건물이 조선은행이고, 임대상가로 여러 차례 변화를 겪은 양 원형을 알아볼 수 없을 정도로 변해버린 단층 건물이 일본제18은행이었다.

문화재로 지정되어 보호되는 건물과 그렇지 못한 건물 사이의 간극은 의외로 컸다. 여신처럼 우아한 군산해관은 전시공간으로 사용되며 모든 이들의 찬사를 받는 한편, 그 옛날 군산의 돈을 끌어 모으며 한 시대를 풍미했을 이 두 은행 건물은 도시민들의 생활처럼 이리저리 휩쓸리다가 미아가 되어버린 듯했다. 방치되었던 건물은 2008년에야 등록문화재로 등재되었지만 손을 쓸 여력이 없는 듯했다.

조선은행 군산지점은 경성 밖에서는 최고 규모의 건물이라 불릴 정도로 그 위용이 대단했다. 규모가 얼마나 컸으면 후에 나이트클럽으로 이름을 날리기도 했을까? 지금은 세월의 흐름에 쇠락해져 언제 무너질지 아슬아슬하다. 찢겨나간 건물 틈으로 흰 눈이 매섭게 파고든다. 건물의 상처에 찬바람만 감돈다.

군산은 일 년에 걸친 우리의 근대 유람을 위한 첫 여행지였다. 그리고 그 후로도 두고두고 떠올릴 만큼 인상적이었다. 보호되는 것과 방치되는 것, 그리고 그 사이에서 사람들 삶에 녹아든 것까지, 군산에서 근대건축의 여러 가지 단면을 종합선물세트처럼 맛보았다. 무엇보다 이 도시는 볼 것과 느낄 것이 아직도 다양하게 많이 남아 있었던 것이다.

미곡 반출항 군산

옛날 해관과 은행이 있고 부잔교浮棧橋가 떠 있는 이 작은 항만을 사람들은 군산내항이라 부른다. 여전히 거대한 선박 한 척이 멀찍이서 부유하고 있는 내항에는 바람소리 외에는 아무런 움직임도 없다. 화물이 드나들고 사람이 넘나드는 항구의 모든 업무는 신항만에서 이루어진다. 옛 항구는 옛 기억을 찾아오는 사람들을 맞이하는 조용한 장소일 뿐이다.

한때 군산내항은 3천 톤급 기선이 정박한 천혜의 항구였다. 청일전쟁 이후부터 곡미수송 군함이 입항했고 제물포에서 선교사를 실은 정기여객선이 다닐 만큼 근대식 상선의 출입이 잦았다. 1933년에 군산항 출입 선박은 930척

군산해관의 정면. 독특한 형태의 지붕과 양측을 단단하게 잡아주는 건물 형태가 무척 장식적이다.

에 달했다. 그때 군산항에는 일본 상선에 실릴 쌀가마니가 발 디딜 틈도 없이 산처럼 쌓여 있었다. 내항의 주소지 명칭인 장미동藏米洞은 꽃처럼 아름답다는 뜻이 아니라 쌀을 쌓아둔다는 의미였다.

미곡 반출항 군산. 김제평야에서 갓 수확한 뜨끈한 쌀알들이 바다 건너 섬나라로 옮겨가기 위해 배를 기다리는 곳이다. 붉은 벽돌로 고풍스럽게 지어진 해관 건물에는 선주와 품삯일꾼, 지주의 대리인과 큰 배를 구경하러 나온 이들로 들끓었다.

건물이 착공될 시점인 1905년 당시 대한제국은 세관과 부두 공사를 감행할 만한 재정적인 여력이 없었다. 중계무역에 종사하던 일본 상인들은 프랑스 세관 책임자를 매수하여 대한제국에 압박을 가했고, 정부는 감당하기 어려운 차관까지 들여오며 일을 진행했다. 거금을 쏟아 부으며 세관 건물을 비롯해 강안 매립공사, 잔교 설치공사 그리고 석축의 접안시설 등이 마련되었는데, 결국 그 부두를 통해서 매년 수천 가마니의 미곡이 이 땅을 떠나가게 된 것이다.

군산항만이 한창 개발되던 시점은 군산이 근대도시로서 토대를 확립하던 시기와 일치한다. 1899년에 각국 조계지로 격자형 도로 체계가 확립되어 그 지적도 위에 항만과 은행, 관공서 시설이 등장하는 등 도시가 정비된 1차 시기가 1906년에서 1915년 사이다.

1916년부터 1925년까지의 2차 시기에는 시내가 좀 더 조밀해지며 교육, 의료, 문화 시설이 추가로 도입되었다. 군산역과 도로가 정비되어 물자들이 신속하게 군산으로 집결할 수 있었고 언제든 일본으로 출항할 수 있도록 항만도 만반의 준비를 끝냈다. 1930년에 이르면 3천 톤급 기선 여섯 척이 동시에 접안할 수 있도록 항만의 기능이 최고조에 달했다. 이때 군산항이 처리한 미곡 물량은 전국 미곡 수출량의 25퍼센트에 달했다. 군산은 돈과 쌀이 넘쳐났다. 투기장이나 다름없던 미두취인소와 유곽이 번성하여 다시 돈과 쌀이 돌았다.

일본제18은행은 일본인 상공업자를 지원하기 위해 1890년 인천에 최초의 지점을 설립하면서 조선에 상륙했다. 경성, 신용산과 용산, 부산, 원산, 목포, 군산, 나주 등 총 아홉 개 지점을 운영했고, 군산지점은 1907년부터 업무를 시작했다.

현재 남아 있는 일본제18은행 군산지점은 1914년경에 지어진 건물로 추정한다. 정면부가 원형을 찾을 수 없을 만큼 훼손되었고, 내·외부도 많이 손본

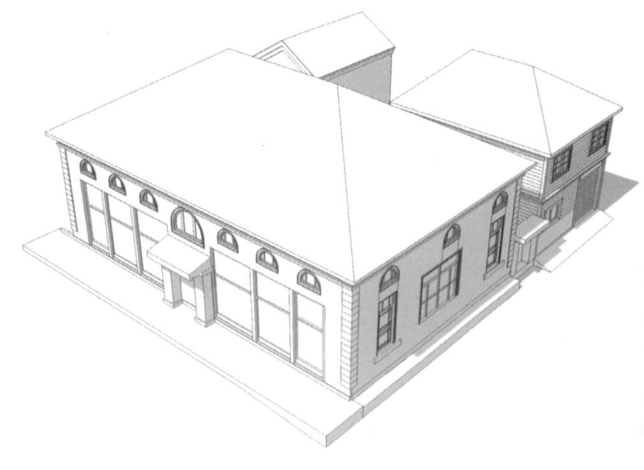

그간의 개축공사로 원래의 형태를 상당수 잃은 일본제18은행. 본관 건물 뒤에 부속동과 창고가 연결되어 있다.

상태지만 뒤에 바짝 붙은 부속 건물과 창고 두 채는 일본식 가옥의 특징적 외형을 유지하고 있어 당시 건물의 분위기를 엿볼 수 있다. 목재를 겹쳐서 만든 비늘판벽과 철재 덧문의 형태에 왜색이 짙다. 부속 건물은 숙직실과 문서보관 창고로 사용되었고, 금고 안에는 그 시절 서류들이 미처 불태워지지 못한 채 그대로 남아 있었다.

일본제18은행은 1936년에 조선의 모든 지점을 폐쇄했다. 군산지점 건물은 조선식산은행이 매입했고 2년 후 다시 조선미곡창고주식회사로 등기가 이전되었다. 일본으로 쌀을 반출하기 위한 창고업을 시행한 회사였다. 광복 후 한국미곡창고주식회사로 개명했고 다시 대한통운주식회사로 이름이 바뀌어 현재의 소유주로 남아 있다.

근대의 풍경을 재발견하다

이듬해 가을 무렵에 다시 군산을 찾았을 때, 이 도시는 푸릇푸릇한 생명력이 한껏 돋워진 상태였다. 사람들은 활기찼고 길은 넓고 깨끗했다. 오래된 가옥들도 흐트러진 매무새를 가다듬고 있었다. 군산은 근대도시의 특징을 살려 옛것을 보러 오는 사람들을 한껏 반기는 분위기였다.

근대건축을 정비하는가 하면 월명동 길을 요모조모 구경할 수 있는 지도도 배포하고 있었다. 근대건축이 대접받는 상황을 보니 반가운 마음이 들면서도 도시가 조용히 나이 들어가는 일상의 모습을 다시 볼 수 없는 것은 아닌가 싶기도 했다.

허물어져가는 조선은행 건물에는 옛 모습으로 복원하겠다는 현수막이 걸려 있었다. 군산 개항 백주년 광장 옆에 있던 일본제18은행도 덕지덕지 붙어 있던 상점 간판을 떼고 문화재임을 알려주는 안내판을 붙였다.

세관까지 가는 길은 공사가 한창이었다. 내항에 군산근대역사관이 들어오기로 결정되었다고 한다. 새로 건립될 역사관 건물의 투시도가 화려하게 조명을 받고 있다. 문화재 건물을 복원하여 함께 문화벨트로 조성하겠다는 뜻일 텐데 새로 들어설 건물의 규모가 상당히 압도적이다. 내항을 가릴 만큼 거대한 건물이 차분하고 조용한 군산이라는 도시를 과연 활력 있게 해줄 수 있을까?

신흥동은 군산의 유지들이 거주하던 부유층 거주지역이라 규모 있는 건물들이 속속 엿보인다. 적산가옥을 보수해서 사용 중인 가옥도 있고 여전히 옛 색채를 고스란히 드러낸 건물들도 많다. 반듯하게 구획된 도로는 가옥촌락의 골목이라고 보기에는 폭이 넓다. 시가지가 형성될 당시부터 자동차가 오가는 큰 도로를 구상했음이 틀림없다.

넓은 도로 주변으로 회색빛 옛 가옥들이 빼곡히 들어찼다. 커다란 창문이 돌출되고 지붕의 모서리각이 넓은 집들은 아무리 봐도 우리 옛 건물과는 다르다. 다른 풍경들 속에서도 사람들이 삶을 이루어간다. 신도시 아파트로 이사가려는 것인지 몇몇 집 앞에는 주택매매를 알리는 메모가 붙어 있다.

카메라를 들고 찾아온 외지인들이 심심찮게 지나다닌다. 낯설고 색다른 풍경을 찾아 먼 곳까지 마다 않고 가는 사람들이다. 그들은 어떤 것을 보고 무엇을 느낄까? 도시와 건축에 대해서, 길과 집에 대해서 우리 모두 비슷한 감정을 느끼게 되지 않을까? 그들과 나는 같은 건물을 보고 같은 자리에서 비슷한 포즈로 사진을 찍었다.

군산을 찾아오는 사람들이라면 영화에 자주 등장했던 히로쓰 가옥을 애써

군산 구시가지에서는 일본식 가옥과 건물들을 쉽게 찾아볼 수 있다.
왼쪽 상단의 히로쓰 주택은 영화 〈장군의 아들〉을 촬영한 곳이고
여행자들의 필수 코스이기도 하다.

찾아가곤 하는데, 2010년 완공을 목표로 한창 보수공사가 진행 중이다. 포목점을 운영하던 히로쓰 게이사브로廣津敬三郎가 1920년대에 지은 2층의 목조주택인데 본채 옆에 별채가 연결되며 두 건물 사이에 일본식 정원이 꾸며져 있다. 신흥동 일대와 월명동 일대의 거리를 조금 더 걸어본 뒤 우리나라에서 가장 오래된 빵집이라는 '이성당'에서 옛날식 팥빙수를 먹었다.

밤에 다시 군산내항을 걸었다. 한때 화려했던 기억이 사라지고 어둠이 내린 거대한 옛 시가지를 걷는 일은 마음을 불편하게 했다. 길과 건물의 역사가, 그 무겁고 진한 기억이 어둠처럼 몰려든다. 바닷가에서 으레 맡을 수 있는 짠 냄새도 없고 철썩거리는 파도소리도 없으나 저 멀리서 고요한 바다가 흔들거린다.

바다이되 바다가 아닌, 닫힌 물의 공간이다. 물의 동쪽 끝 금강과 맞닿은 곳에는 철새들이 매일같이 하늘을 난다고 했다. 따뜻한 땅을 찾아 새들이 떠난 자리에, 폐허가 된 옛 건물과 오래된 길을 찾아 철새처럼 우리가 날아들었다.

대지주의 비밀금고를 엿보다

다음날 아침 일찍 김제로 출발했다. 김제군에 들어서기 전, 대지주가 소장품을 보관하던 금고가 남아 있다는 발산면에서 잠시 멈췄다. 발산초등학교 건물을 뒤돌아 가면 한적한 뒤뜰이 나오고 3층 높이의 콘크리트 건물이 우뚝 서 있는데, 그것이 대지주의 금고다.

이 일대에서 농장을 경영하던 시마타니 야소야嶋谷八十八는 각종 서류와 현금, 그리고 곳곳에서 수집한 고미술품을 이곳에 보관했다고 한다. 일본이 패망한 후 귀국하면서 미처 갖고 가지 못한 부도와 석등 십여 점이 발산초등학

콘크리트로 육중하게 지어진 3층짜리 시마타니 금고. 발산초등학교 일대가 모두 시마타니 농장의 사무실과 창고였다고 한다.

교 뒤뜰에 그대로 놓여 있다.

시마타니는 일본에서 주조업으로 돈을 번 자로 일본 청주의 원료인 쌀을 값싸게 들여갈 요량으로 군산에 와서 토지를 사들였고, 1909년 모두 486정보의 농지를 소유한 농장주가 되었다. 학교 일대가 모두 그의 농장 사무실 부지였는데, 학교 건물은 창고, 운동장은 쌀 건조장이었다.

1920년대에 지어진 금고 건물은 지금 보아도 매끈하고 튼튼하게 지어진 콘크리트 구조물이다. 틈 하나 없는 일체형 3층 건물인데 내부는 목조 사다리를 놓고 나무 마루를 깔았다. 쇠창살이 달린 작은 창문조차 캐노피*를 다는 등 멋을 부렸고 녹이 슨 금고형 철문은 여전히 육중한 중량감으로 압박해온다. 이 금고 철문은 미국에서 수입한 것으로 'MADE IN USA'가 선명하게 남아 있다. 원래 출입구에 지붕과 통로가 있었으나 철거되었고 지금은 학교 숙직실 건물이 바짝 붙어 있다.

자료에 따르면 군산 지역에는 이와 유사한 형태의 건물이 다섯 동 정도 더 남아 있다고 하니 당시 일본의 수탈이 어느 정도였는지 짐작이 간다. 시마타니의 아들은 이 거대한 땅에 집착한 나머지 일제 패망 후에도 한국에 남아 있고자 한국인으로 귀화하겠다고 고집을 부렸다. 미군정은 이를 거절했고 군산의 마지막 일본인 농장주라 불리던 그는 결국 손가방 두 개만 들고 귀국선에 올랐다고 한다. 일본인 대지주의 아들이 그토록 조선 땅에 집착한 이유는 무엇이었을까? 땅에서 얻은 부와 명예 때문이었을까?

"시마타니의 아들이라면 한국 땅에서 태어난 것은 아닐까?"

"아마 그랬을 수도 있지."

우리는 이런 상상도 해보았다.

* canopy, 지붕처럼 늘어뜨린 덮개.

"이곳에서 어린 시절부터 살았다면 일본과 한국의 구분이 모호했을 테고, 한국에 남겠다고 한 것도 그리 이상하지 않았을지 몰라. 일본에 친구도 인척도 없었다면 패망한 일본으로 돌아가는 것이 자기 땅에서 쫓겨나는 것으로 생각되었을 수도 있고. 자기 땅을 빼앗긴다고 생각하니 눈물 나게 아까웠겠지."

한 세대가 넘는 길고 긴 식민시기는 지배자와 피지배자의 사고를 완전히 바꿔놓았을 것이다. 식민지 상황이 일상이었던 시절, 그들은 무엇을 원했고, 누구를 위해 투쟁했을까? 산천의 풍경은 지금과 다름이 없었을 터인데, 사람의 사고와 욕망과 삶의 형태는 완전히 달랐을 시기. 나는 상상이 잘 되지 않는다. 다만 짐작할 수 있는 것은 지금 우리의 가치관으로 식민지 시대를 바라본다면 큰 오류를 저지를 수도 있다는 것이다.

금고 속의 귀중품과 시마타니가 수집한 보물들의 행방은 어떻게 되었을까? 경북 지역의 악명 높은 재벌인 오쿠라 다케노스케小倉武之助가 일본으로 밀반출한 '오쿠라 컬렉션'의 경우처럼 일본의 국보로 지정되어 국립박물관에 전시되고 있을지, 누군가의 취향을 만족시키며 안방에 모셔져 있을지, 아니면 골동품 경매시장을 전전하고 있을지 모를 일이다.

김제, 오래된 풍경을 거닐다

이영춘 가옥 ● 구마모토 화호농장 미곡창고 ● 하시모토 농장사무소
황병주 가옥 ● 백구금융조합

"이렇게 큰 금고를 가질 정도면 시마타니는 진짜 대단한 지주였나봐."

3층짜리 콘크리트 금고가 무척이나 인상적이었는지 그가 몹시 흥분했다.

"그런데 시마타니보다 더한 지주들이 전북 지역에도 수두룩했다는걸."

"대체 그들이 누구야!"

당시 시마타니는 김제평야의 대지주 리스트에는 이름의 첫 글자도 올리지 못하는 처지였다. 대지주의 상위 순위는 모두 일본인이 차지했다. 동양척식주식회사와 통감부가 손을 맞잡고 시행한 토지조사사업과 토지조세령 개정작업은 일본인들이 농토를 헐값에 사들일 수 있는 여건을 만들어주었다.

전북의 땅은 스무 명의 일본인 농장주가 골고루 자기 몫을 챙겼고, 1920년

대지주 구마모토의 여름별장으로 지어진 개정면 주택. 방갈로처럼 낭만적이다.

대에는 1천 정보 이상의 땅을 가진 농장주가 전국에 34명, 전북지역에 8명에 달했다. 일본 전역에서 1천 정보 이상의 토지 소유자가 고작 11명에 불과했다는 사실을 보면, 우리나라 농지가 대농장주에게 집중되는 비율이 훨씬 높았음을 알 수 있다.

가장 많은 땅을 소유한 것은 동양척식주식회사였고, 구마모토熊本, 하시모토橋本, 아베阿部, 다키多木, 우콘右近, 이시가와石川 등이 대농장주로서 이름을 날렸다. 전북 일대의 평야를 자신의 것으로 만든 최고의 농장주는 '구마모토 리헤이'熊本利平라는 인물로 1천만 평이 넘는 토지를 소유했다. 소작농만 해도 2만여 명에 달했다고 하니 전북의 농토를 가지고 거대기업 수준으로 경영한 자이다.

의사였던 이영춘 박사가 구마모토 농장 부속의원을 맡은 후로 그의 살림집이자 진료소로 사용되었다.

구마모토 리헤이는 게이오대학 출신으로 청일전쟁 이후 조선을 여행하다가 군산의 넓은 농토와 만경강을 보고 농장의 사업성을 파악했다. 사업수완이 좋았던 그는 오사카 마이니치신문에 조선견문기를 쓰면서 투자자들을 포섭했고 자신이 직접 군산으로 건너와 농장사업에 본격적으로 뛰어들었다. 그의 농장은 군산, 김제, 익산, 정읍, 부안 등지로 확대되었고 이 땅에서 막대한 부를 거머쥐었다.

구마모토는 주도면밀하게 농장을 경영했다. 일본인과 차별 없는 고액의 월급을 받는 조선인 사음을 두어 조선인 소작농을 관리했고 비료와 최신 농기구를 빌려주며 생산량을 늘린 후에는 고리의 소작료와 비료료, 기계사용료까지 모두 받아갔다.

예방의학에 솔선했던 것도 소작인의 건강 증진이 목적이 아니라 농토의 생산량을 증가시키기 위한 것이었다. 노동쟁의가 발생하면 조선학생장학회를 만들어 무마했다. 농장이 안정된 뒤 구마모토는 동경에서 생활하며 바다를 건너온 일지를 점검하면서 농장을 원격조종했다. 구마모토에 비하면 시마타니는 순진한 편이었다.

은밀하게 숨어 있는 이국적인 별장

시마타니 금고가 있는 발산리와 멀지 않은 곳에 구마모토 리헤이의 흔적이 있다. 개정 일대는 구마모토 농장의 중심이었는데, 이곳에 그가 가끔 연회를 열던 별장이 있었다. 군산 여행지도에는 '이영춘 가옥'이라고 표시되어 있다.

별장을 구경하려면 엉뚱하게도 군산간호대학 안으로 들어가야 한다. 본관 옆 언덕 위에 푸른 정원이 있고 그 너머로 굴뚝과 지붕이 조금 보인다. 삼각지붕을 얹은 나무대문과 나무판으로 엮은 울타리가 높은 계단 위에 있다. 삐걱, 여닫이 나무문이 열리며 호들갑스러운 소리를 낸다. 우리는 고양이처럼 등을 구부리고 조심스럽게 대문 안으로 들어섰다.

고급 수입자재를 많이 써서 건축비가 총독부 총독관저와 쌍벽을 이룰 정도였다는 설명에 꽤나 기대를 했건만, 실제로 보니 대지주 구마모토의 명성에 비하면 크게 화려하지도 규모가 크지도 않았다. 하지만 서양식 방갈로처럼 꾸며져 말 그대로 호숫가 주변에 있을 법한 휴양별장처럼 보였다. 1920년대에 지어졌다고 하는데, 이 건물은 그동안 봤던 일본식 주택과는 모양새가 확연히 다르다. 오히려 북쪽 추운 나라의 깊은 숲속에서 찾아볼 수 있는 거친 산사나이의 집처럼 보였다.

굵은 티크 목재를 단면으로 잘라 건물 외부를 촘촘하게 장식하고 집 주변에는 호박돌을 깔아 자연과 가까운 느낌을 표현했다. 동글동글한 돌로 벽난로 굴뚝을 잘 여몄다. 지붕도 균일하지 않은 널을 엮어 자유분방하다. 대충대충 있는 재료들로 만든 것 같지만 재료 하나하나가 모두 고급이다. 좋은 재료에서 풍기는 내추럴한 질감과 멋이 집 전체의 분위기를 형성하고 있다.

목재로 치장한 것도 그러하지만 아기자기한 소나무와 단풍나무, 은목서가 무성한 정원 때문에 그 속에 폭 파묻힌 별장이 더욱 평온하고 몽환적으로 보이기도 한다. 집 앞에 펼쳐진 너른 벌판 따위는 안중에도 없다는 듯 나무들로 자연적인 담벼락을 만들고 은밀하게 집을 숨겨놓았다.

지금은 이 일대가 군산간호대학 캠퍼스가 되어 공간의 성격이 달라졌지만 별장은 위치를 바꾸지 않았다. 오히려 대학 캠퍼스에서 흘러나오는 소란스러운 젊음이 비껴간 듯 관조적이고 평화로운 터가 되었다. 두툼한 안락의자를 페치카 앞에 놓고 나무가 타는 냄새를 맡으며 불을 쬐면 시간이 흐르는 소리를 들을 수 있을까? 바닥이 삭아가는 소리, 덧댄 나무가 틀어지는 소리, 벽지가 벽에서 분리되는 소리까지도 들릴 것만 같다. 내부는 온돌방과 다다미방, 서양식 거실 등 다양한 양식이 혼합되어 있다. 외관과 내부가 한 가지로 규정할 수 없는 혼재된 기억을 가진 채 꿈을 꾸듯 먼 곳에서 온 여행자를 맞는다.

이영춘과 구마모토는 어떤 관계였을까? 그 점은 주택을 구경하면서 쉽게 해결되었다. 그는 구마모토 농장 병원에서 근무한 의사였다. 소작인의 질병을 책임질 의사가 필요하다고 판단한 구마모토는 세브란스 병원에서 의사로 활동하던 이영춘 박사를 초빙해서 농장 의원을 맡기고 생활공간으로 자신의 여름별장을 내놓았다.

이 별장 한쪽에 의원을 열어 환자를 보기 시작하면서 이영춘 박사의 농촌 의료사업이 시작되었다. 그는 무척 헌신적인 의사였다고 한다. 그의 환자는 이곳 개정 농장에만 있는 것이 아니었고, 주말에는 정읍 화호리에 있는 구마모토의 또 다른 농장까지 원정을 다니며 농민들을 돌보아야 했다. 구마모토 농장이 철수한 후 이 주택은 이영춘 박사가 위임을 받아 살림집으로 사용했다. 그는 이 일대의 병원과 간호학교 설립에 주도적인 역할을 했다.

풍요로운 땅에 묻힌 유적들

신태인읍 화호리에 있는 구마모토 농장의 현장을 가보면 이영춘 박사의 뒷이야기를 좀 더 알아낼 수 있다. 이영춘은 자신의 업무에 합류한 세브란스병원 의사인 김성환과 함께 화호 농장의 사택을 자혜의원으로 만들고 병원을 개원한다. 병원 문이 열리자마자 조선인 농민들이 물밀 듯 밀려들어오는 것을 보며 그는 농촌위생연구소의 필요성을 확신하게 된다.

광복 후에는 비어 있던 미곡창고를 화호병원으로 단장하여 개원했고 농촌위생연구소도 정부의 후원에 힘입어 적극적으로 운영했다. 의사의 진료를 받기 위해 수레에 실려 온 환자들을 보며 젊은 의사들과 간호사들은 두 손을 불끈 쥐지 않을 수 없었다.

하지만 그의 의료 활동은 지속적으로 이어지지 못했다. 농촌지역의 병원을 운영하기 위해서는 정부 지원이 절대적인데, 전쟁과 정치적 격변기를 겪으면서 그 어느 곳에서도 운영자금을 지원받기가 어려웠던 것이다. 수많은 환자들을 돌보던 청결한 병원은 1972년 문을 닫았다. 그리고 한때 거대 농장에서 수탈한 쌀이 가득한 창고이자 의욕적인 의료진들이 의술을 펼치던 병원은 아는 이조차 드문 오래된 기억이 되고 말았다.

김제평야가 이곳 사람들에게 무엇이었는지, 곡식이 쏟아지는 땅이 어떤 의미인지, 개정 농장에서 화호 농장으로 가는 40킬로미터의 도로 위에서 조금이나마 느끼게 되었다. 김제와 정읍을 거쳐가는 백리 길은 곡식이 누렇게 익은 황금빛 들녘으로 촘촘히 채워져 있었다.

끝을 알 수 없을 만큼 시야를 가득 채운 평야는 꿀이 흐르는 듯 반짝거렸다. 바람이라도 불면 황금빛 꽃들이 살랑살랑 춤을 추었다. 하늘과 땅이 맞닿은 그곳에 심지어 지평선이란 것이 보였다. 김제 벽골제 부근은 우리나라에서 지평선을 볼 수 있는 유일한 장소라고 한다.

화호리에 있는 구마모토 농장 미곡창고. 한때 이영춘 박사가 개정병원으로 사용했다.

논두렁에 서서 보이는 모든 농토가 자신의 소유라며 흐뭇해했을 일본인 대농장주의 이야기를 들으며 영국 화가 게인즈버러가 그린 앤드류 부처의 초상화가 떠올랐다. 당당한 표정의 부부는 캔버스의 좌측에 자리 잡고 있고 우측에 펼쳐진 넓은 영지가 그림의 전체 분위기를 압도하는 이 그림은 젊은 부부가 소유하고 있는 땅, 그 충만한 부를 과시하고자 한 욕망을 표현한 것이었다.

김제의 들녘에 서니 땅에 대한 집착에 가까운 욕망을 어느 정도 이해할 수 있었다. 그 땅에서 거두어들인 곡식은 전국 생산량의 20퍼센트를 차지했다. 자신의 땅에서 영웅이나 황제가 된 듯 군림했다던 대농장주는 쌀알이 솟아나 황금처럼 쏟아지는 땅에 눈물이라도 뿌리며 무한한 찬사를 바쳤을 것이다.

정읍시 신태인읍 화호리. 구마모토 농장이 장악했던 소읍으로 가는 길은 그

렇게 넓고 풍요로웠다. 평평하고 넓은 땅을 보며 나는 두려움과 경외감을 동시에 느꼈다. 보는 것은 소유하는 것이다. 그러나 나는 소유할 수도, 감당할 수도 없는 절대적인 존재와 마주한 듯 가슴이 먹먹해왔다.

사람이 땅을 지배한다는 것은 둘도 없는 거짓말이다. 오히려 땅이 삶의 형태를 지배한다. 이 넓은 땅이 얼마나 많은 사람의 마음을 흔들었던가? 평평하고 넓은 땅은 풍요와 평화를 선사하여 사람의 마음을 손쉽게 움직이고, 때론 탐욕을 부추겨 수많은 전쟁과 소요와 약탈로 고통받도록 했다. 사람의 이기심을 조금만 부추겨도 그들은 땅을 두고 투기를 일삼는다. 이 너른 벌판은 그 땅에 목숨을 묻고 사는 자들의 나약함을 깨닫게 한다.

김제와 정읍의 꿈과 황금의 들녘을 지나며 느낀 아찔함이 아직도 남아 있는데 화호리는 그 모든 것이 철저하게 바스러진 모습으로 우리를 맞이한다. 구마모토, 다우에田植, 니시무라西村 등 일본인 지주가 골고루 땅을 점유했던 화호리는 일본인 거류지였다. 대지주 마을의 영화로움은 모두 사라지고 그 시절을 떠올리게 하는 모든 것은 철저히 방치되어 있다. 마을 입구에 거대한 신전 처럼 생긴 회색 건물이 허허롭게 서 있다.

이 육중한 콘크리트 건물이 구마모토 농장의 미곡창고였다. 이곳을 가득 채우려면 쌀가마니가 어느 정도 들어갔을지 상상이 되지 않는다. 그리고 이 건물은 한때 소읍의 건강을 책임지던 화호병원이기도 했다. 병원이 철수한 뒤로 창을 모두 막아 창고로 사용해왔지만, 지금은 그 누구도 이 건물을 사용하지 않는다.

누군가 의도적으로 역사적 비밀이 담긴 곳을 봉쇄하듯 신전의 입구는 폐쇄되고 계단은 무너졌다. 사람들은 소읍과 어울리지 않는 이 거대한 건물을 철저하게 외면했다. 시간이 흐르자 더 이상 사용할 이유도 무너뜨릴 의욕도 없어졌다. 그저 시간에 묻혀 바스러지기를 기다리고 있다. 시간 앞에서 무너지는 것. 그것이 이 건물이 마지막으로 해야 할 일인 듯하다.

대농장주의 흔적을 찾아가다

"하시모토 농장 사무실이 여기 어디쯤인데."

내비게이션이 김제시 죽산면 죽산리라고 현재 위치를 알려준다. 우리는 속력을 줄이고 창밖을 살피기 시작했다. 단층 건물들이 즐비한 사이로 언뜻 다른 모듈의 건물 하나가 눈에 들어온다. 도로에 바짝 붙어 있는 다른 건물들과 차원을 달리한다는 듯, 건물은 대문까지 가는 진입로가 따로 있다.

철제대문을 향해 걸어가는데, 너른 보도 한편에서 빨간 고추를 말리던 동네 할머니가 외지 사람의 출현에 살짝 긴장하신 모습이다. 옛날 건물을 보러

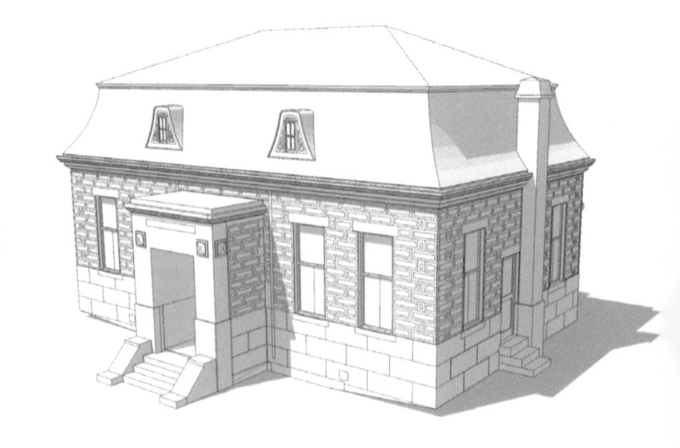

대지주였던 하시모토 농장의 사무실. 프랑스풍의 맨사드 지붕을 올린 서양식 건축물이다.

구석구석 다닐 때면 이런 분들을 자주 만난다. "별 볼일 없는 건물 하나 보러 멀리서 여기까지 온 거요?"라고 말하는 듯한 표정이다. 그래도 멀리서 찾아온 사람들이 싫지는 않은 기색이다.

대농장주의 하나인 하시모토橋本央는 이 지역 인근의 황무지를 개간하고 일대의 논과 밭을 사들여 모두 560정보의 농지를 운영했다. 1920년에 지어진 단층 건물은 층고가 무척 높고 내부가 널찍하다. 시멘트 벽돌로 몸체를 쌓고 맨사드mansard 지붕*을 얹어 유럽 건물처럼 보인다. 농장 사무실 왼쪽에는 규모가 큰 목조가옥도 한 채 있다. 복원한 지 그리 오래되지 않아 새 건물처럼 깨끗한 농장 사무실 주변으로 남루하고 고요한 소읍의 풍경이 어색한 배경화면처럼 펼쳐져 있다.

우회도로가 생기는 바람에 자동차의 출입이 뜸한 고요한 마을이 되었지만 사무실 주변에 농가가 아닌, 상가형 주택이 격자형 길을 따라 펴져 있는 것을 보면, 왕래하는 사람들이 빈번한 곳이었음을 짐작할 수 있다. 외벽에 인조석을 붙이고 표면을 요철 있게 장식한 유럽식 농장 사무실은 어디서나 눈에 띄는 건물이었을 것이다.

사무실이 지어질 당시, 하시모토의 저택과 정미소, 창고도 함께 있었는데 저택은 지어지고 얼마 뒤 김제로 옮겨갔고 그 외 다른 건물들은 멸실되었다. 일본식 목조가옥을 농장 사무실로 사용하는 경우가 많은데 하시모토는 서양 건축에 유난히 관심이 많았던 모양이다. 내부는 커다란 홀이 시원하게 개방되어 있다. 원래는 전실과 중앙의 소장실, 좌측의 사무실로 나뉘어 있었다고 한다. 뒤쪽에 철제문이 달린 문서창고가 있다.

하시모토 농장 사무실도 구마모토 미곡창고처럼 한때 병원으로 쓰인 이력

*지붕의 네 면이 모두 두 개의 경사로 구성되고 위보다 아래가 더 큰 경사로 된 형태.

종신리 안골 고즈넉한 마을에 자리 잡은 황병주 가옥.

이 있다. 당시 농촌에 가장 필요한 시설은 병원이 아니었을까? 그리고 환자를 수용할 정도로 규모가 커야 했다는 점과, 침대와 의료장비를 사용하려면 입식 생활이 전제된 건물이어야 했다는 점이 서양식 근대건축물의 구조적 이점과 잘 맞아떨어졌을 것이다.

1968년부터는 동진농지개량조합이 입주했고, 이 조합이 농업기반공사로 이름을 바꾸었기에 이 건물의 정식 명칭은 '김제농업기반공사 동진지부 죽산지소'라는 긴 이름이다. 왜 옛 하시모토 농장 사무실이라 부르지 않을까? 이곳을 방문하는 사람들은 대부분 대지주의 농장 사무실을 살펴보러 오는 것인데도 말이다. 현재는 근대사의 주요한 역사적 맥락을 가진 건물로 인정되어 근대문화재로 등록되었고, 김제시에서 전북 일대의 문화역사 탐방지로 활용하고 있다.

바로 옆 마을인 종신리에도 눈에 띄는 저택이 한 채 있다. 흰 몸체와 검은 기와의 조합 때문인지 일본풍이라는 느낌이 강하게 들면서도 자세히 살펴보면 한옥의 요소도 다양하게 활용한 2층짜리 저택이다. 당시 이 정도로 규모 있는 주택을 소유한 자가 과연 몇이나 되었을까? 현 소유주의 이름을 따서 '황병주 가옥'이라 불리지만 이 지역의 대농장주와 관련 있는 건물이 아닐까 생각해본다. 전통 한옥의 목구조를 따르면서 내부 공간에 일본식 가옥의 특성이 드러난다 하여 여러 가지로 연구 과제를 던져주는 건물이다.

형태를 잃어버린 건축

김제에서 보려고 했던 마지막 건물 앞에 도착했다. 논길을 한참 달려서 도착한 그곳에 백구금융조합이 있다. 호남선인 부용역과 만나는 백구면은 당시 김제평야의 중심지였다. 한때 농작물 창고와 가공공장이 밀집해 있던 지역으로 물류의 중심지 역할을 했으나 지금은 기차가 하루에 몇 번 서지 않는 부용역과 함께 조용히 시간의 더께에 묻혀가는 중이다.

자그마한 금융조합 건물은 이미 그 형태를 잃어버렸다. 세월은 무성한 담쟁이를 키워 건물을 완전히 덮어버렸다. 좁은 길 앞뒤로 서 있는 빈 창고 건물도 푸르게 녹이 슬고, 붉고 푸른 담쟁이들만이 기세등등하게 자신의 영역을 넓히고 있다.

바람이 식물을 스치는 소리 외에 아무런 움직임도 없는 거리에서 우리는

▲ 백구금융조합. 온통 식물 넝쿨에 둘러싸여 서서히 멸해가는 건축물.

▼ 백구금융조합의 내부. 오르내리창과 육중한 금고가 당시 분위기를 전해준다.

무엇을 보고 있는가? 건물이되 더 이상 건물이 아닌, 건축의 묘비 앞에서 우리는 한참을 서 있었다. 방치되어 바스러진 문화재 건물에 대한 통탄한 마음보다 세월에 묻혀 비명조차 사라진 건축의 절절함이 오히려 당연하게 여겨졌다.

4억 년 전 지구에 식물들만 존재하던 시절에는 아무런 소리가 없었다. 오로지 바람만이 물과 흙과 식물을 움직여 소리를 낼 뿐 사방 천지에 고요함만이 감돌았다고 한다. 움직이는 생명체인 동물이 등장하면서 고요하고 낮은 땅은 소란스러워졌다. 동물의 몸속에 바람이 실려 움직이고 먹고 마시고 울어대는 소음의 시대가 시작된 것이다.

그중에서 인간은 가장 거대한 소음을 만들어내는 동물이 되었다. 그 소음의 원인은 건축이다. 건축은 자연의 힘을 배반하고 인간 스스로의 안위와 욕심을 위해 만들어진 장소다. 부수고 깨고 다듬고 다시 쌓는 건축의 현장은 애초에 자연에 반하는 인위적인 행위였다.

생명이 다해가는 건축물을 본다. 소리 없이 삭아가는 돌과 흙과 철의 집합체는 번듯하던 형체를 잃어버리고 서서히 허물어지고 있다. 그 위를 소리도 없이 담쟁이덩굴이 감싼다. 왜소한 건물은 식물에 먹혀버린 듯 온몸에 담쟁이를 입고 서 있다. 약간의 디딜 틈만 있으면 자신의 집을 짓기 시작하는 담쟁이야말로 건물의 무덤으로 적당할 터이다. 인간이 생명을 다하면 흙으로 돌아가듯 건물의 마지막도 자연 속으로 사라져야 옳을 것이다.

기쁨의 묘지를 찾아서

인천 청학동 외국인묘지

양화진 외국인묘지 ● 대구 계산동 은혜정원

약대인이 죽었다. 몸을 아끼지 않고 사람들을 돌보던 의사가 생명줄을 놓은 것이다. 과로에 장티푸스가 겹쳐 죽음을 재촉했다. 그는 고작 서른두 살의 젊은 청년이었다. 제물포에 성누가병원이 개원한 지 2년, 그동안 몸을 아끼지 않고 일하던 의료 선교사의 도움을 받지 않은 사람은 거의 없었다. 사람들은 뜨거운 눈물로 약대인의 죽음을 슬퍼했다. 성공회 소속 의료선교사 엘리 바 랜디스가 그의 본명이었지만 인천의 모든 사람들은 이 이양인 의사를 약대인藥大人이라고 불렀다.

성누가병원이라는 서양식 이름 대신에 조선인들이 이해하기 쉽도록 '기쁨으로 선행을 베푼다'는 뜻의 '낙선시병원'樂善施病院으로 부른 사람도 랜디스였다. 성공회 초대주교인 존 코프C. J. Corfe는 "의사인 랜디스 박사의 방은 조선

풀과 나무가 많아 마치 공원처럼 조성된 인천 청학동 외국인묘지.

인들로 붐빕니다. 이 모든 것이 도착한 지 3개월 만에 이루어지고 있어 자랑스럽습니다"라고 쓴 편지를 영국으로 보낼 정도로 그를 칭송했다. 그러나 그가 세상을 떠나자 남은 사람들로는 병원 운영이 어려웠고 그예 문을 닫고야 말았다. 그는 인천에 묻혔다. 병원에서 활약하던 약대인과 낙선시병원의 흔적은 사라졌지만 그의 묘비는 인천에 남았다.

인천 연수구 청학동 산 53번지. 인천에서 최후를 맞이한 이양인들이 이곳에 있다. 자신의 조국을 두고 멀고먼 타국에 묻힌 예순여섯 명의 사람들. 그들의 마지막 흔적은 생전의 모습처럼 극적이고 다양하고 자유분방하다. 그들의 이름이 각기 다르고, 생몰연대가 모두 다르듯, 묘석의 형태도 묘지석에 쓰인 글귀도 모두 다르다.

엘리 바 랜디스의 짧고 치열한 삶도, 스와타라 호를 지위하던 쿠퍼 선장의 망망한 항해도, 인천해관의 역관이었던 중국인 오례당과 그 부인의 대륙을 넘나드는 열정도 차디찬 땅 아래에 묻혔다. 담손이 방앗간이라 불리던 타운센드 정미소 사장 월터 타운센드도, 세창양행의 헤르만 헹켈도 생의 마지막 순간을 인천에서 맞았다. 선교사, 외교관, 선원 그리고 세관원도 있었다. 영국인이 21명, 미국인이 20명, 러시아인이 7명, 독일인이 11명이었고 프랑스인, 네덜란드인, 호주인, 캐나다인도 이곳에 몸을 뉘었다. 그들 곁으로 계절이 쉼 없이 흘러갔다. 이웃고 묘지는 나무와 풀이 무성한 공원처럼 변해갔다.

산책로가 있는 작은 공원 같은 묘지

지키는 사람도 없고 참배하러 오는 사람도 없는 조용한 묘지에 긴 산책로가 있다. 싸늘한 바람도 이곳에서는 길을 잃고 고요하기만 하다. 우리는 길을 따라 걸으며 묘석을 하나하나 들여다보았다.

아무것도 씌어지지 않은 작은 십자 묘석도 있고 둥근 원 안에 짧은 십자가가 들어 있는 켈틱 십자가도 있다. 오벨리스크처럼 뾰족한 돌 조각상도 있고 가족 납골묘를 계획했는지 석실이 있는 묘당도 있다. 묘당 바깥에는 돌로 만들어진 비문이 여러 개 놓여 있는데 묘비명이 세월의 속도를 당해내지 못하고 그만 흐려지고야 말았다. 죽은 이를 기억하고 그가 평안히 잠들기를 기원하는 살아 있는 자의 소망을 담았음을 굳이 읽지 않아도 알 수 있었다.

산책로를 따라 걷다보니 오례당과 그보다 스무 살이나 어린, 스페인 출신의 부인 아말리아가 나란히 잠든 묘역이 나타났다. 이들은 1909년 인천에서 가장 아름다운 집을 지었으나 3년 후인 1912년에 오례당이 사망하고 집이 불타는 등 평탄하지 않은 사건들을 겪었다. 둘 사이가 돈독했는지 알 길은 없지만 아내는 24년이나 세상을 더 살다가 남편 옆에 묻혔고 두 사람의 묘는 다른 이가 침범할 수 없도록 철제 테두리로 둘러싸여 있다.

아름다운 고대의 도자기로 장식된 월터 타운센드의 묘지 옆에는 한나 버넷 Hanna Bennet이라는 여인이 널찍한 곳에서 휴식하고 있다. 그녀는 부유한 영국

각기 다른 형태의 묘석이 자유롭게 흩어져 있다. 왼쪽부터 칼리츠키의 묘석, 오례당과 아말리아의 묘지, 약대인 랜디스의 묘석.

사업가의 딸이자 1930년대 인천에서 명망을 떨치던 버넷 상사(광창양행)의 안주인이었다. 나가사키에서 태어나 제물포로 건너온 그녀의 삶은 길고도 복잡했으나 묘비는 장식도 없이 간결하다.

덕국인 가리삭기라 불리던 독일인 무역상 칼리츠키F. Kalitzky도 이곳에 잠들어 있다. 묘석에는 그가 쾨니히스베르크에서 태어나 게이조에서 사망했다고 씌어 있다. 게이조가 대체 일본의 어디쯤일까 곰곰이 생각하다가 경성의 일본식 발음임을 알아차렸다. 게이조라니, 게이조라니. 이토록 낯선 지명이 버젓이 새겨진 칼리츠키의 묘석을 다시 한 번 쳐다보았다.

그가 태어난 쾨니히스베르크는 프로이센공국의 수도이자 독일 철학자 칸트가 태어나고 죽은 곳이지만, 제2차 세계대전 이후 소련의 영토가 되면서 칼리닌그라드로 이름이 바뀌었다. 쾨니히스베르크도, 게이조도 이제는 존재하지 않는 이름이 된 것이다. 그의 묘석을 세운 에밀리 칼리츠키라는 여인은 그의 아내였을까? 묘비에 쓰인 짧은 글귀는 수수께끼이기도 했고 수수께끼의 해답이기도 했다.

서양인묘지가 원래부터 청학동이었던 것은 아니었다. 조계지역에는 서양인을 위한 묘지, 중국인묘지, 일본인묘지가 각각 따로 있었는데, 서양인묘지는 1883년 북성동 1가에 8천여 평의 규모로 조성되었다. 청인들은 도화동에, 일본인들은 율목동에 전용 묘지를 만들었다.

그러나 인천에는 조계지 협약이 이루어지기 전인 1860년대부터 외국인묘지가 하나둘 형성되고 있었다. 나라 사이의 협약보다 민간인들의 교류가 먼저 시작되었고, 조선 땅에서 활동하다가 사망한 외국인들이 묻힐 장소가 있어야 했던 까닭이다. 사는 것과 죽는 것은 따로 떼어 생각할 수 없는 일. 사람이 사는 집이 있다면 죽은 자의 거처도 마련되어야 하는 것이다.

많은 사람들이 이 땅에 묻혔다. 전쟁 이후 관리가 허술했던 외국인묘지는 1965년 청학동 청량산 기슭에 이장하여 모두 66기를 새로이 봉안했다. 이장해올 때의 이야기가 조금 전해진다. 묘지석이 서로 다르듯 관의 형태도 서로 달랐다고 하는데, 대형 트럭으로 옮겨야 할 만큼 묵직한 석관도 있었고 시신이 앉아 있는 듯 세로로 긴 형태의 관도 있었다고 한다.

동그란 봉분이 있는 우리의 묘와 전혀 다른 서양인들의 묘지를 보며 백 년 전 조선인들은 어떤 이야기를 나눴을지 궁금해진다. 약대인 랜디스를 추억하는 사람들이 이 묘석 앞에서 머리를 조아리며 절을 했을까, 아니면 꽃을 두고 묵상에 잠겼을까?

나의 마지막 건축, 묘지를 사색하다

조상의 묘는 주변 환경이 무척 아름다운 곳에 있었다. 한국을 연구하는 학자 헐버트가 말한 대로 "한국 무덤들의 모양이나 차림새는 세계 어느 것보다도 아름답다". 무덤은 완전한 반원형으로 둥그렇게 되어 있는데, 이 시골 선비의 손자들은 신을 벗고 무덤에 엎드려 절하였다.

조선을 여행하며 그림을 그렸던 화가 엘리자베스 키스는 조선의 전통 무덤을 본 날의 감회를 이렇게 술회했다. 우리는 서양인 묘지의 자연스러움과 자유분방함이 흥미로운데, 서양인의 시선에는 우리의 동그란 봉분과 예를 갖춰 절하는 모습이 특별한 인상을 남겼던 모양이다. 당시 사람들도 석상으로 장식하고 공원처럼 꾸며서 산책할 수 있었던 외국인묘지를 무척 특이하게 받아들였다. 묘지는 어떤 서양식 건물보다 먼저 생겨나 조선과 다른 서양의 문화를 알리는 장소였던 것이다.

개화기 서양인들의 마지막 자취를 살펴보려고 몇 군데의 묘지를 돌아보았다. 인천과 서울에 외국인을 위한 묘지가 조성되어 있고 종교단체에서도 성직자묘지 혹은 선교자묘지를 따로 관리한다. 묘지는 공개되어 있어 원하는 사람들은 언제든지 찾아가볼 수 있다.

우리가 묘지를 찾아간 이유는 그들의 삶을 다시 들여다보기 위해서도 아니고, 그 죽음을 기억하고 애도하려는 것은 더더욱 아니다. 우리는 인간의 마지막 거처가 어떠한지 그것을 살펴보고 담담하게 기록으로 남기고 싶었다. 나의 마지막 거처도 '나'다웠으면 좋겠다는 생각이 묘지를 둘러보면서 떠올랐다. 살아서도 죽어서도 품위 있는 자취를 남기고 싶은 바람은 인간만이 가질 수 있는 욕심이리라.

남편과 내가 프랑스에서 유학하던 2004년, 르코르뷔지에Le Corbusier와 카를로 스카르파Carlo Scarpa라는 두 건축가를 만났다. 정확히 말하자면 마지막 거처에서 휴식하고 있는 그들을 좇아 프랑스 남부의 어느 산골동네와 이탈리아의 구석진 도시까지 어렵게 찾아간 것이다.

20세기를 대표하는 두 건축가는 약간의 시간차를 두고 모더니즘 건축을 추구했고, 두 사람 모두 콘크리트라는 재료를 시적으로 빚어낸 아름다운 건축물을 남겼다. 재료는 같았지만 스타일은 참으로 달랐다. 르코르뷔지에가 콘크리트를 산업사회를 대표하는 재료로 여기고 서민을 위한 기능적인 디자인의 주택을 지었다면 스카르파는 치밀한 디테일을 완성하는 예술적인 재료로서 콘크리트를 사용했다.

재미있는 것은 두 사람의 묘에도 콘크리트 철학이 그대로 담겨 있다는 것이다. 희고 푸른색의 기하학적 무늬, 그리고 짧은 글귀로 소박하게 장식된 르코르뷔지에 부부의 묘석은 아주 심플하고 작은 콘크리트 덩어리였다. 작은 묘지 앞에서 우리는 대가와의 교감을 꿈꾸었다. 절벽 아래로 푸르게 넘실거리는 지중해 바다가 가슴 떨리게 아름다웠다.

이탈리아의 작은 마을 산 비토 알티볼레에 묻힌 카를로 스카르파의 묘지는 달랑 사각형의 콘크리트판 한 장이었다. 죽은 자의 잠자리가 자유롭게 흩어진 넓은 묘지 안 어느 구석에 납작한 묘석이 뉘어 있고 그 위에는 기하학적인 직선 무늬와 'carlo scarpa, 261906 / 28111978'이라는 수수께끼 같은 암호가 새겨져 있었다. 한참 들여다본 후에야 그것이 생몰연도임을 알아차렸다. 이름과 생몰연도만 남긴 절제된 도안의 묘석이었다. 자신을 위한 건축이자 마지막 디자인 작품 앞에서 대가의 삶이 놀랍도록 위대해 보였다. 죽음 이후에도 그는 품위 있는 건축 하나를 누리고 있는 것이다.

두 대가의 건축가다운 마지막 거처를 보고 난 후 수많은 도시에서 묘지를 찾았다. 유럽의 묘지들은 집과 가까운 곳에 있었기에 자주 찾아갈 수 있었다. 그곳에서 잊어버린 역사를 발견하기도 하고, 가슴 한복판에 있던 철학적인 질문의 해답을 얻기도 했다. 렘 쿨하스Remment Koolhaas와 렌조 피아노Renzo Piano 같은 현대건축의 대가들은 자신의 마지막 집을 어떻게 디자인할까? 그가 생전에 이룩한 어떤 업적보다도 그것이 궁금하다. 오로지 자신을 위한 건축일 터이니, 그것만큼은 진정 그들다웠으면 좋겠다.

개인의 역사를 담은 마지막 건축의 현장

대구 계산동의 선교사묘역은 고요하고 따뜻한 공간이다. 햇살이 따스하고 바람도 살랑거리는, 작은 정원 같은 묘지다. 이름도 은혜정원이다. 살아서는 선교사 주택에 머물던 사람들이 죽어서는 바로 앞의 정원에 묻혔다. 집과 묘지가 나란히 있다. 작은 묘석은 각기 달랐지만 모두 십자가 모양이었다.

은혜정원에는 순서가 없었다. 그들은 자신의 자리를 점유하지도 않았고 넓은 땅을 원하지도 않았다. 자그마한 묘석으로 이 땅에 자신이 존재했음을 조용히 증언하고 있다. '아워 달링 루트Our Darling Rut'라고 쓰인 묘석의 주인공 루스Ruth Bernsten는 고작 넉 달 동안 생명을 부지했지만, 헨리와 마르타 브루언의 두 딸, 해리엣과 안나는 각각 결혼해서 다른 곳에 살다가 자신의 마지막 쉼터를 대구에서 찾았다. 스윗즈 주택과 챔니스 주택의 주인공인 마르타 스윗즈와 바바라 챔니스도 나란히 누워 있었다.

은혜정원의 묘비를 읽어보다가 사망연도가 비슷한 묘석을 몇 개 발견했다. 혹시 전염병이 돌았던 것은 아닐까? 당시는 죽음이 도처에 있었다. 19세기 말과 20세기 초에는 돌림병 호열자(콜레라)와 장질부사(장티푸스)가 온 나라를 휩쓸었다. 수많은 사람들이 속수무책으로 죽어갔다. 전염병은 나이와 국경을 초월했다. 많은 외국인들이 이 땅에서 쓰러졌고 사경을 헤매다 세상을 떴다.

이탈리아와 대한제국의 우호를 다지기 위해 영사로 부임한 우고 프란체세티 디 말그라Ugo Francesetti di Malgra는 1901년 서울에 도착했다. 그는 스물넷의 꽃다운 청년이었고, 당시 사교계나 다름없던 정동구락부에서 뭇 여인들의 인기를 독차지했다. 하지만 이 이탈리아 청년은 본격적인 외교 업무에 발을 디딜 겨를

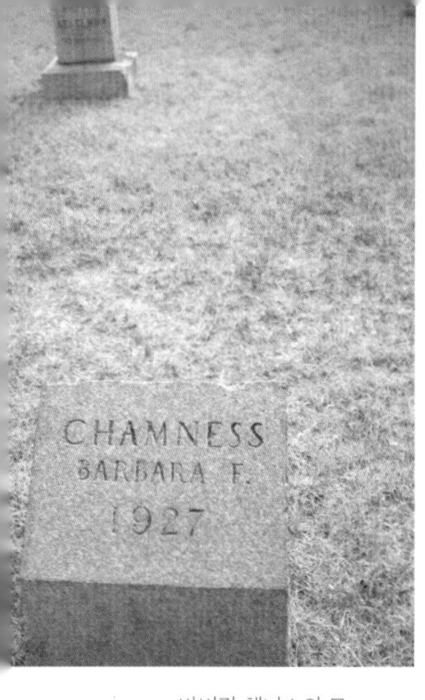

바버라 챔니스의 묘.

아기 루스의 묘.

도 없이 장티푸스에 걸려 사경을 헤매게 되고, 그 다음해 10월 서울에서 쓸쓸히 죽음을 맞았다. 얼마 지나지 않아 서로 교류하던 몇몇 친구들이 같은 병으로 그의 뒤를 따랐다.

우고 청년은 명동성당에서 장례를 치른 후 양화진 외국인묘지에 묻혔다가 두 달 후 어머니에 의해 이탈리아로 이장되었다. 그의 뒤를 이어 이탈리아 영사로 급파된 카를로 로제티Carlo Rossetti는 질병 없이 8개월간 서울에 머물렀다. 아슬아슬하게 전염병의 회오리에서 비껴간 덕분에 로제티는 이탈리아로 귀환한 후 조선과 서울의 풍경을 담은 각종 사진과 엽서를 바탕으로 『꼬레아 에 꼬레아니』라는 책을 출간하기도 했다. 양화진에는 우고 청년의 텅 빈 묘지석만 남았는데, 반쯤 쓰러져가는 낡은 묘석에 남아 있는 글자를 읽어내기가 어렵다. 망자가 없는 묘석이니 관리인들 제대로 될까?

양화진에 외국인묘지가 조성된 시기는 1880년대부터인데, 언더우드나 베

서울 양화진 외국인 선교사묘지에 있는 외교관 우고 프란체세티 디 말그라의 묘석.

델, 헐버트 등 개화기 상황을 설명할 때 빼놓을 수 없는 인물들이 모두 이곳에 잠들어 있다. 개신교, 천주교, 성공회, 감리교 등 다양한 종교의 선교사들과 우고 청년처럼 서양 여러 나라에서 온 외교관들, 몇몇의 한국인도 그 사이에 몸을 뉘었다. 양화진에는 아이들의 묘지가 따로 조성되어 있다. 자그마한 묘석이 집단으로 세워져 있어 그 죽음에 특별한 사연이 있는 것 같아 안타까운 마음이 든다. 누군가의 어미라면 자식의 죽음을 목도하는 것만큼 세상에서 피하고 싶은 일이 또 있을까. 우고 청년의 어머니는 아들의 숨결을 앗아간 조선 땅에 발을 디디며 피눈물을 흘리지 않았을까.

죽은 자가 잠든 시간이 묘석에도 뚜렷하게 나타난다. 반듯하고 깨끗했던 묘석은 닳고 물이끼가 배어들어 점점 푸르스름해졌다. 그의 이름과 행적과 그가 태어나고 죽은 날짜들이, 처음에는 매끈하고 날카로웠을 압인들이 서서히 벌어지고 깨어지고 무뎌졌다. 알아볼 수 없을 정도로 사라져버린 글자가 흐릿하게 돌무더기에 남았다. 나는 묘석을 손으로 쓰다듬고픈 마음이 들었다. 그 이름이 내 이름인 것처럼, 그들의 생몰연도가 바로 나의 삶인 것처럼.

기쁨의 묘지. 포르투갈 리스본에 있는 묘지의 이름이다. 삶의 끝이 기쁨의 시작이라는 철학적이고 종교적인 메시지를 담고 있는 것인지, 관조적인 인생관을 표현한 것인지는 몰라도 유럽의 작은 도시에 있는 죽은 자의 집이 '기쁨'이라는 이름 때문에 특별하게 느껴졌다. 묘지에 기쁨을 더할 수 있다면 살아가는 일이 얼마나 아름다울까? 나의 마지막 건축이 가장 아름다울 수 있도록, 나는 내 삶을 조금 더 끌어안고 싶다.

제주, 치욕의 현장

| 대정읍 상모리 알뜨르 비행장·대정면사무소 |

송악산 절벽과 모슬포항 사이에 위치한 드넓은 평야지역을 제주 사람들은 아래쪽 들판이라는 의미로 '알뜨르'라고 부른다. 절벽까지 평평하게 뻗은 이 땅은 거칠 것 없이 바다로 훤히 열려 있다. 일제강점기에는 이 천혜의 활주로를 다듬어 비행장을 건설했다. 1926년부터 십 년간 제주 농민을 동원하여 완성한 것이 알뜨르 비행장이다. 난징과 상하이를 공격하기 위해 일본 공군이 건설한 전쟁시설물이다.

이 넓은 평야와 인근 오름에는 천4백 미터에 이르는 활주로와 스무 개의 콘크리트 격납고, 열다섯 개의 어뢰정 보관소, 네 개의 대공포 진지와 방공호 등을 갖춘 전초기지가 들어섰다. 이곳에서 날아오른 일본군 전투기가 난징을 향해 출격한 것이 36회에 이르고, 1937년 중일전쟁 이후 일제가 패망할 때까지 연 6백 기의 전투기가 3백 톤의 폭탄을 투여했다고 한다. 어린 연습생이 '아카톰보'라 불리는 훈련용 비행기로 훈련을 하다가 실습 경험도 없이 폭탄을 실은 전투기에 올라 중국으로 향했다.

일제의 패색이 짙어진 1945년에는 일본 본토 방어 작전을 위해 북해도와

◀ 열아홉 개의 비행기 격납고가 도처에 흩어져 있는 알뜨르 비행장.

▲ 지금은 너른 풀밭으로 변한 알뜨르 비행장의 활주로.
▶ 소형 어뢰정을 보관하던 해안 동굴.

더불어 제주도를 거점으로 삼았다. 1940년대에 건설된 북제주 정뜨르 비행장, 동제주의 진뜨르 비행장, 교대리 비행장과 더불어 미 공군에 대비한 대규모 전투가 계획되고 있었다. 제주에서 최후 전투가 발발하기 직전에 일제는 항복을 선언했다. 전쟁이 조금 더 지체되었다면 어떤 상황이 벌어졌을지 장담할 수 없다. 아마도 지금 우리가 제주를 이렇게 아름답게만 바라보기는 어려웠을 것이다.

알뜨르 비행장은 여전히 전쟁의 상처를 간직하고 있다. 깨꽃과 감자꽃이 숨 가쁘게 피어나는 넓은 들판에 비행기 격납고가 마치 작은 오름인 양 불쑥불쑥 솟아 있고, 절경이 펼쳐지는 아름다운 해안에는 어뢰정을 보관하기 위해 절벽을 도려내고 구멍 낸 흔적이 고스란히 남아 있다. 열아홉 개가 당시의 모습 그대로 보존되어 있는 비행기 격납고는 근대건축물 등록문화재 제39호로 지정되어 역사의 현장을 보여주는 장소로 남아 있다.

이제 제주 농민들은 격납고 안의 널찍하고 그늘진 곳에 농기구를 두거나 수확한 농산물을 저장하기도 한다. 신요오震洋라는 자폭용 어뢰정을 숨겨두었던 송악산 동쪽 절벽 인공 동굴은 드라마 〈대장금〉을 촬영한 장소로 알려져 제주를 찾은 일본인 관광객들의 필수 관광코스가 되었다고 한다.

대정읍의 곳곳에서는 근대의 흔적을 엿볼 수 있다. 70년 전으로 되돌아간 듯 거리 곳곳에서 낯선 풍경들을 만난다. 일제강점기에 지어진 상점과 가옥이 세월의 무게를 버티며 아슬아슬한 삶을 이어가고 있다. 상모리에 있는 대정면사무소는 1938년에 지어진 옛 면사무소 터에 1955년대에 신축한 것으로, 제주 근대건축의 원형을 잘 보여주는 건물로 인정받아 근대건축물 등록문화재 제157호로 지정되었다. 검은 현무암으로 외벽을 장식한 것이 특이하다. 나긋나긋한 오름과 풍요로운 비자나무 숲 사이에서 발견한 이질적인 시간의 풍경 속에서 제주 역사의 한 자락을 읽어본다.

대정읍 하모리에는 일본식
상점 가옥도 다양하게 눈에 띈다.

우리 근대문화유산 찾아가기

01 서울역사

서울특별시 중구 봉래동2가 122 • 사적 제284호

1922년 6월에 착공하여 1925년에 완공한 서울의 중앙역사. 일본인 스카모토 야스시塚本靖가 설계한 것으로 알려져 있다. ㅁ자형 평면 구조에 석재와 연분홍 벽돌로 지어졌으며 평면 중앙에 얹힌 비잔틴 풍 청동 돔은 서울역사의 상징이다.

02 창경궁 대온실

서울특별시 종로구 와룡동 2-1 • 등록문화재 제83호

후쿠바 하야토福羽逸人의 설계로 1909년 11월에 완공한 국내 최초의 서양식 온실. 목재와 주철을 합성하여 구축한 유일한 유리 건축물이다. 사라센 풍 아치 창호와 판유리의 모듈이 반복적으로 사용되어 경쾌한 외관을 형성한다. 내부의 개폐장치는 백 년이 지난 지금까지 사용되고 있다.

03 벨기에 영사관

서울특별시 관악구 남현동 1093-13 • 사적 제254호

1903년에 착공하여 1905년에 완공한 르네상스풍 건물. 대한제국 때 벨기에 영사관으로 지어졌으며 요코하마생명보험사 사옥, 일본해군성 무관부 관저, 광복 후에는 대한민국 해군헌병대 청사 등으로 사용되었다. 건물의 원래 위치는 중구 회현동이며 1982년 관악구 남현동으로 이전 복원되었다.

04 우정총국

서울특별시 종로구 견지동 397 • 사적 제213호

우리나라 최초의 우편행정관서. 홍영식, 박영효 등이 주축이 되어 1884년 설립되었으며, 건평방에 있던 전의감을 개수하여 청사로 사용했다. 갑신정변으로 사무를 시작한 지 20여 일 만에 폐쇄되었다. 현재 체신박물관으로 운영되어 우편제도의 옛 풍경을 보여주고 있다.

05 중명전

서울특별시 중구 정동 1-11 • 사적 제124호

덕수궁 별채에 있던 대한제국 황실도서관. 1899년경에 완성되었고, 설계자는 러시아 건축가 사바틴이다. 서양식 2층 벽돌건물로 1904년 덕수궁이 불타자 고종은 중명전을 집무실인 편전으로 사용하면서 외국사절을 맞았다. 2007년에 역사적 가치를 인정받아 서울시유형문화재에서 사적으로 변경 지정되었다.

06 정관헌

서울특별시 중구 정동 5-1 • 등록문화재 제82호

1900년 덕수궁 내에 지어진 양관으로 러시아인 사바틴의 설계로 완성되었다. 궁내의 근대건축물로 가장 오래되었으며 붉은 벽돌과 발코니가 화려하게 어우러진 회랑 형식의 서양식 건물이다. 고종은 이곳에서 다과와 음악을 즐기고 연회를 베풀었다.

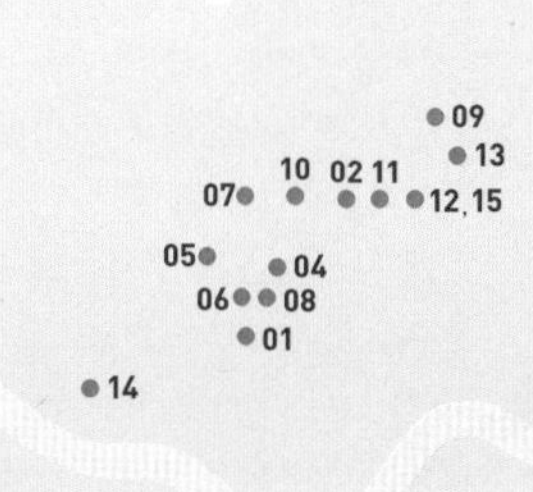

03

07 홍난파 가옥

서울특별시 종로구 홍파동 2-16 • 등록문화재 제90호

1931년에 완공된 2층 서양식 주택으로 홍난파가 사망할 때까지 5년간 머물렀던 곳이다. 뾰족한 지붕이 이국적인 본채와 뒤쪽 별채로 구성되어 있다. 1930년대 서양식 주택의 특성이 원형대로 보존되어 있는 대표적 사례다. 홍난파의 음악적 성과를 살펴볼 수 있는 박물관으로 내부가 개방되어 있다.

08 성공회 정동대성당

서울특별시 중구 정동 3 • 서울시유형문화재 제35호

1922년 영국인 아서 딕슨Arthur Dixon의 설계에 따라 트롤로프 주교가 감독하여 1926년 완공했다. 화강석과 붉은 벽돌의 로마네스크 양식으로 이루어진 성당은 고딕과 르네상스 양식이 주종을 이루는 근대기 양관 건물에서 독특한 위치를 점하고 있다. 축성 당시 미완성이었던 성당은 1996년 원래의 설계대로 완성되었다.

09 권진규 아틀리에

서울특별시 성북구 동선동3가 250 • 등록문화재 제134호

조각가 권진규가 살림집과 아틀리에로 사용한 주택이며 내셔널트러스트 문화유산기금에서 관리하고 있다. 아틀리에에는 천장이 높고 내부 형태가 단순하며 한쪽에 가마와 우물 등 테라코타 작업에 필요한 시설이 남아 있다.

10 경성의전 부속의원

서울특별시 종로구 소격동 165 • 등록문화재 제375호

1933년 경성의학전문학교 부속 의원의 외래진찰소로 지어진 건물로 건축가 박길룡의 설계로 완성되었다. 철근콘크리트를 사용한 모더니즘 건물의 대표작으로 알려져 있다. 현재 국립현대미술관 서울관으로 개관하기 위해 보수복원 공사를 진행하고 있다.

11 대한의원 본관

서울특별시 종로구 연건동 28 • 사적 제248호

1907년 설립된 정부 산하 병원으로 1908년 개원했다. 서양 의학에 의한 의료와 의학교육 제도를 확충할 목적으로 설립되었으며 1910년에 조선총독부의원으로 개칭되고 이후 서울대학교병원으로 이어졌다. 2층 일부 공간이 서울대병원 의료박물관으로 개방되어 있다.

12 경성제국대학 본관

서울특별시 종로구 동숭동 1-130 • 사적 제278호

1931년 경성제국대학의 본부 교사로 준공된 3층짜리 벽돌건물이다. 박길룡이 설계하고 일본 회사인 미야카와구미宮川組가 시공했다. 고전풍 아치를 제외하면 과거의 건물을 모방하지 않은 모더니즘 건축물이다. 서울대학교 본관에 이어 한국문예진흥원 청사로 사용되고 있다.

13 보성전문학교 본관

서울특별시 성북구 안암동5가 1 • 사적 제285호

1934년에 준공한 3층짜리 석조건물이며 설계는 박동진, 시공은 일본인 후지타 고지로藤田幸二郎가 맡았다. 좌우대칭의 고딕 양식을 채용했는데 석재의 사용이 유려하고 강인하다. 1905년 설립된 보성전문학교는 천도교에서 운영하다가 인촌 김성수가 인수하여 안암동에 본관과 도서관을 지으며 새롭게 정비했다. 현재 고려대학교로 이어졌다.

14 양화진 외국인 선교사 묘원

서울특별시 마포구 합정동 144

1890년 미국 의료선교사인 존 헤론John W. Heron이 사망하자 그의 매장지를 구하면서 외국인묘지가 조성되었다. 양화진외인묘지, 경성구미인묘지, 서울외국인묘지공원에서 지금의 이름으로 바뀌었다. 선교사와 외국공사 등 모두 414기가 안장되어 있으며 언더우드, 스크랜튼, 아펜젤러, 헐버트, 베어드, 베델 등 근대기의 유명한 인물들의 마지막 거처가 이곳에 마련되어 있다.

15 공업전습소 본관

서울특별시 종로구 동숭동 199-1 • 사적 제279호

1906년 공업전습소가 발족되면서 그 본관으로 1908년 건립된 건물로 알려졌으나 2009년 새롭게 발견된 도면으로 1912년 준공된 중앙시험소임이 확인되었다. H자 평면의 이 건물은 멀리서 보면 석조처럼 보이지만 외벽 장식이 모두 목조로 이루어져 있어 독특한 분위기를 풍긴다. 방송통신대학교 본관으로 사용되고 있다.

인천

16 제물포구락부

인천광역시 중구 송학동 1가 11-1 • 인천시유형문화재 제17호

인천에 거주하던 미국, 독일, 러시아, 일본인들의 사교장으로 사용하기 위해 1901년 완공된 곳이며 러시아 건축가 사바틴이 설계를 맡았다. 내부에는 사교실, 도서실, 당구장 등이 있고 외부에는 테니스 코트가 마련된 서양식 건물이다. 일제강점기에는 정방각으로 불렸고, 해방 후에는 미군의 장교 클럽으로 사용되기도 했다.

17 일본제1은행 인천지점

인천광역시 중구 중앙동1가 9 • 인천시유형문화재 제7호

1899년 완공된 석조건물이며, 일본인 니이노미 다카마사가 설계했다. 벽돌, 석재, 시멘트, 목재 등 일체의 자재를 일본 도쿄와 오사카에서 가져와 건축했다고 알려져 있다. 조선은행이라는 명패가 뚜렷하게 남아 있다. 건물 뒤편에 박공형 지붕이 있는 석조창고가 있다.

18 일본제18은행 인천지점

인천광역시 중구 중앙동2가 24-1 • 인천시유형문화재 제50호

일본 나가사키에 본점을 둔 일본제18은행 인천지점은 1890년 10월에 설치되었다. 출입구에 정교한 장식이 있는 단층 건물이며 장방형 평면을 갈무리한 기와지붕이 일본 색채를 느끼게 한다. 인천 개항기 풍경을 엿볼 수 있는 근대건축역사박물관으로 사용되고 있다.

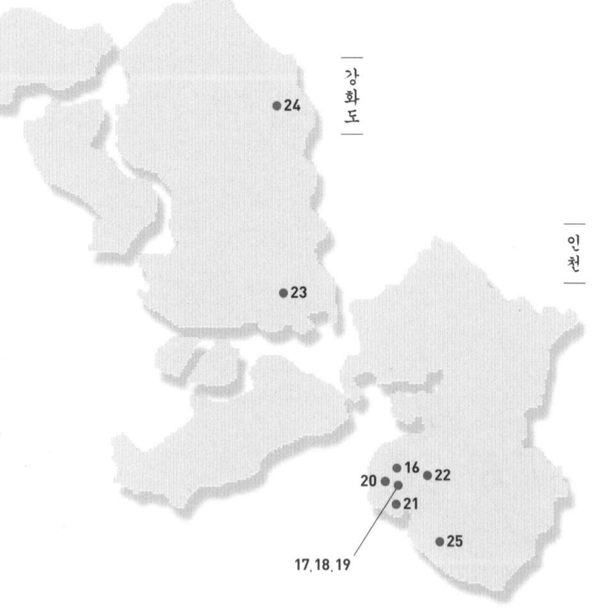

19 일본제58은행 인천지점

인천광역시 중구 중앙동 2가 19-1 • 인천시유형문화재 제19호

1892년부터 인천에서 활동한 일본계 은행으로 오사카에 근거지를 두었다. 일본에서 들여온 벽돌로 축조한 2층 건물로 벽돌 위에 모르타르를 발라 마감했으며, 중요 부분은 석재로 마감했다. 대지의 측면에 위치한 출입구는 지상에서 1미터 정도 올라간 위치에 있어 건물의 위엄을 느끼게 한다.

20 일본우선주식회사 인천지점

인천광역시 중구 해안동1가 9 • 등록문화재 제248호

인천의 항운업을 독점하던 해운회사가 사용했던 건물로 1895년에 건립한 것으로 추정된다. 붉은 지붕과 노란색 타일이 경쾌한 단층 건물이다. 현관 포치가 두드러지며 위아래 긴 창문으로 수직성을 강조했다.

21 인천우체국

인천광역시 중구 항동6가 1 • 인천시유형문화재 제8호

1924년에 완공된 웅대한 규모의 근대건물로 건립 당시의 명칭은 인천우편국이었다. 절충주의 건축양식을 단순화하여 우아하면서도 단단한 건물로 완성했다. 당시 유행하던 돔 양식을 과감하게 생략했다.

22 창영초등학교

인천광역시 동구 창영동 30 • 인천시유형문화재 제16호

1907년 인천 최초의 공립학교인 인천공립보통학교에서 출발했으며, 건물은 1924년에 건립되었다. 一자형의 단순한 형태지만 적벽돌과 넓은 창문이 어울려 평온하고 학구적인 분위기를 풍긴다. 3·1운동 당시 인천 지역 만세운동의 진원지이기도 했다.

23 성공회 온수리성당

인천광역시 강화군 길상면 온수리 505-3 • 인천시유형문화재 제52호

트롤로프 주교가 1906년에 지은 한옥성당. 정면 9칸 측면 3칸으로 이루어졌으며, 한국의 전통적인 건축기법을 활용하여 종교적인 성당건축 방법과 공간 구성을 확립했다. 종루 앞에 인천시유형문화재 제41호인 사제관이 있다.

24 성공회 강화읍성당

인천광역시 강화군 강화읍 관청리 250 • 사적 제424호

1900년 11월 15일 건립된 동서 길이 10칸, 남북 길이 4칸인 한식 중층 건물이다. 서양의 바실리카식 교회건축 공간 구성을 따르면서도 한식 목구조와 기와지붕으로 구축된 점이 특징이다. 성당 바로 뒤쪽에 한옥 사제관이 있다.

25 인천 외국인묘지

인천광역시 연수구 청학동 산53

인천 개항기에 우리나라에서 활동하다 사망한 외국인의 묘 66기가 안장되어 있다. 외교관, 통역관, 해관원, 선교사, 선원, 의사 등 직업군도 다양하고 국적 또한 다양하다. 외국인묘지는 북성동에 조성되었으나 1965년에 현재의 장소로 이장했다.

26 덕산양조장

충북 진천군 덕산면 용몽리 572-16 • 등록문화재 제58호

1930년에 양조장으로 지어진 단층의 목조건축물로 현재까지 전통적인 방식으로 전통주를 생산하고 있어 건축물의 원형과 기능이 유지되는 곳이다. 흙벽 사이의 왕겨가 온도를 유지하며 천창을 통해 자연환기가 이루어지는 등 건물의 자연친화적인 시스템이 인상적이다. 건물 앞의 측백나무도 건물 내부의 온도를 유지하고 건물 외관의 부식을 막아주는 기능을 한다.

27 청주 연초제조창

충북 청주시 상당구 내덕동 201-1

경성전매국 청주연초공장이라는 이름으로 1946년 개설된 청주 연초제조창은 1999년 폐쇄될 때까지 청주 지역 산업의 중추적인 역할을 담당했다. 두 개의 공장 중 하나는 보수 개조하여 교육박물관과 예술가들의 입주 스튜디오로 운영되고 있다. 연초제조창 주변에는 말린 연초를 보관하던 창고가 그대로 남아 있어 장관을 이룬다.

28 제천 엽연초생산조합

충북 제천시 명동 151-1, 158-3 • 등록문화재 제65호

1918년 제천 엽연초경작조합 설립 당시 사옥으로 지은 건축물. 아치형 현관이 두드러지는 목조건물이며 외부 장식과 평면 구성 등이 원형 그대로 잘 보존되어 있다. 일제강점기의 업무시설을 연구하는 데 유용한 자료가 되고 있다.

29 제천 엽연초수납취급소

충북 제천시 명동 151 • 등록문화재 제273호

기존의 수납장과 저장창고를 통합하여 1943년에 완공한 일식 단층 목구조 건물. 형태는 ㄱ자형 평면을 이루며, 엽연초 수납 작업에 맞도록 하치장, 배열장, 경작자 대기실, 계산실, 감정실, 현품 대조실, 갱장장 순으로 구성되어 있다. 감정실에 설치된 원형 레일과 갱장장 바닥의 습도조절장치, 목조 트러스 구조와 각종 볼트가 원형 그대로 남아 있다.

대전

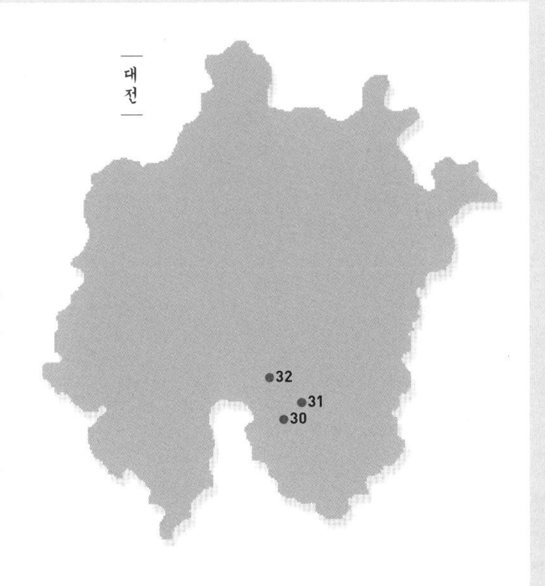

30 대흥동 뾰족집

대전광역시 중구 대흥동 429-4 • 등록문화재 제377호

1929년 철도국장 관사로 지은 것으로 추정되는 목조주택이며 서양식 외형과 일본식 내부 구조를 가졌다. 뾰족집이란 이름은, 지붕의 경사가 급한 박공형이며 거실의 지붕이 원뿔 모양이어서 붙은 것이다. 짚을 두껍게 깐 일본식 다다미방과 문틀이 그대로 남아 있어 사료적 가치가 높은 건물이다.

31 대전 농산물검사소

대전광역시 중구 은행동 161 • 등록문화재 제100호

1956년 지어진 벽돌조 2층 건물. 서향의 강렬한 햇빛을 차단하기 위해 창문 위에 설치한 철제 루버 '브리즈 솔레유'가 눈에 띈다. 1999년 '건축문화의 해'에 대전시 좋은 건축물 40선으로 선정되었다.

32 충청남도 청사

대전광역시 중구 선화동 287 • 등록문화재 제18호

1932년 공주에서 대전으로 도청을 이전하면서 지어진 건물로 일제강점기 청사의 전형적 형태인 凹 형태의 평면 구성을 하고 있다. 한국전쟁 때는 임시 중앙청으로 사용되기도 했다.

33 남일당한약방

충남 논산시 강경읍 중앙리 88-1 • 등록문화재 제10호

1920년대 촬영된 강경읍 하시장 사진에 등장하는 시장통의 주요 건물로 2층 한옥으로 지어졌다. 근대 시기 한옥의 다양한 변화를 연구할 수 있다.

34 조선식산은행 강경지점

충남 논산시 강경읍 서창리 51-1 • 등록문화재 제324호

1913년 한호농공은행으로 건립된 붉은 벽돌건물로 후에 조선식산은행으로 인수합병되었다. 광복 후 한일은행, 조흥은행 등으로 사용되었다. 은행 건물다운 강건한 스타일이 돋보이며, 근대기 강경을 대표하는 건물이다.

전라북도

35 이영춘 가옥

전북 군산시 개정동 413-11 • 전북유형문화재 제200호

1920년경 일본인 대지주 구마모토 리헤이가 소유했던 개인별장. 외부는 유럽식으로, 평면은 일본식 구조를 취하고 있으며 한식 온돌방이 결합된 독특한 형식을 보여준다. 구마모토 농장의 의료진이었던 이영춘 박사가 거주하면서 의원으로 사용하기도 했다.

36 히로쓰 가옥

전북 군산시 신흥동 58-2 • 등록문화재 제183호

포목상 히로쓰 게이샤브로가 살았던 전통 일본식 2층 가옥. ㄱ자로 붙은 건물 두 채가 있고 두 건물 사이에 일본식 정원이 꾸며져 있다. 대규모 일본식 주택의 특성이 잘 보존되어 있어 영화 〈장군의 아들〉 〈타짜〉 등을 촬영했다.

37 시마타니 농장 금고

전북 군산시 개정면 발산리 45-1 • 등록문화재 제182호

1920년대 건립된, 일본인 대지주 시마타니 야소야嶋谷八十八가 농장의 서류 및 현금, 한국에서 수집한 고미술품 등을 보관하던 장소. 당시에는 많이 쓰이지 않던 철근콘크리트조로 견고하게 지어졌다. 당시 일본인 대지주의 행태를 짐작하게 한다.

38 군산해관

전북 군산시 장미동 49-38 • 전북기념물 제87호

1908년 6월 20일 준공된 유럽식 건물로 세관 업무를 맡아보던 기관이다. 화강석과 붉은 벽돌로 몸체를 형성하고 동판지붕 위에 세 개의 바늘탑을 세워 장식했다.

39 일본제18은행 군산지점

전북 군산시 장미동 32 • 등록문화재 제372호

1914년 준공된 건물로 은행 건축의 일반적인 양식에 따라 폐쇄적인 외관을 갖고 있다. 개보수가 많아 내부는 원형이 훼손된 상태지만, 부속건물인 창고와 사무실은 원형을 유지하고 있다.

40 조선은행 군산지점

전북 군산시 장미동 23-1, 12 • 등록문화재 제374호

1923년 지어진 군산의 대표적인 근대건축물로 채만식의 『탁류』에 등장하기도 했다. 적벽돌 조적조 2층 건물로 용도에 따라 내부가 많이 변경되었으나, 중앙의 돌출된 현관과 외관은 그 원형을 유지하고 있다.

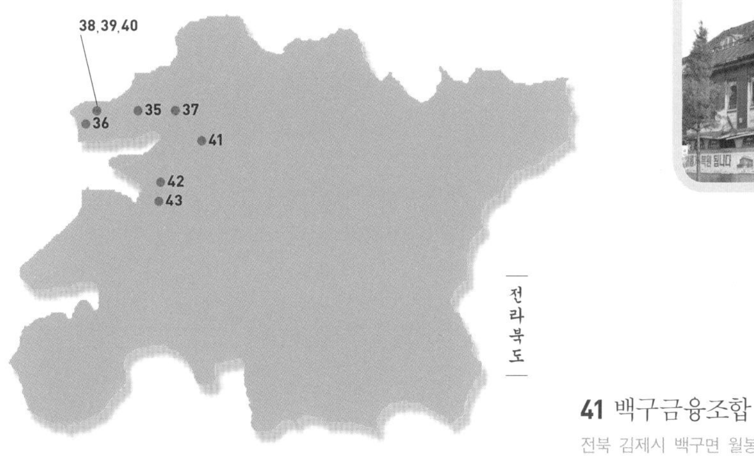

41 백구금융조합

전북 김제시 백구면 월봉리 624-2 • 등록문화재 제186호

건축 당시에는 금융조합으로 사용된 건물로서 부용역 근처에 자리잡고 있다. 서양식과 일본식의 절충적인 양식을 취하고 있다. 농업은행과 백구농협이 입주했다가 이후 사무실 용도로 사용되었고 지금은 빈 건물만 남았다

42 황병주 가옥

전북 김제시 죽산면 종신리 72-1 • 등록문화재 제220호

우리나라에서 보기 드문 2층 주택으로 한옥과 일본식 주택의 절충적인 형태를 보여주고 있다. 전체적인 구조와 2층의 구성수법, 벽체의 입면 구성 등은 일본식 주택의 형태를 취하면서도 보, 기둥, 서까래 등의 형태와 결구수법 등은 전통 한옥의 기법을 따르고 있다.

43 하시모토 농장사무실

전북 김제시 죽산면 죽산리 570-6 • 등록문화재 제61호

일본인 대지주 하시모토가 농장사무실로 사용했던 근대 서양식 건축물. 외벽 하부에는 인조석을 붙이고 이중경사의 맨사드 지붕을 올려 장식성을 강조했다. 이후 김제 농업기반공사 동진지부 죽산지소로 사용되었다.

광주

44 수피아여학교 수피아 홀

광주광역시 남구 양림동 251 • 등록문화재 제158호

광주 최초의 여학교인 수피아여학교에서 가장 먼저 지어진 건물로 1911년에 완공되었다. 다양한 기능을 수용하면서도 건물 배치 및 평면 계획이 매우 실용적이다. 1층은 교실, 2층은 기숙사로 이용되었다.

45 수피아여학교 윈스보로 홀

광주광역시 남구 양림동 256 • 등록문화재 제370호

1927년 수피아여학교 내에 설립된 건물. 미국 전도협회에서 윈스보로가 중심이 되어 사업비를 기증하여 건립되었다. 중앙 포치를 중심으로 좌우대칭형이며 내부 중앙에 복도가 있는 안정된 구조의 학교건물이다. 현재 수피아여자중학교 교사로 쓰이고 있다.

46 수피아여학교 커티스메모리얼 홀

광주광역시 남구 양림동 238-1 • 등록문화재 제159호

광주와 전남 지역의 기독교 선교에 중요한 역할을 했던 유진벨(배유지) 목사를 기념하는 예배당으로 1921년에 완공되었다. 장식이 검소하면서도 단아한 멋이 있는 건물이다. 학생과 주민의 예배 공간으로 사용되고 있다.

47 우일선 선교사 사택

광주광역시 남구 양림동 226-25 • 광주기념물 제15호

개화기에 외국 선교사들이 살면서 선교 활동을 했던 양림동에 미국인 선교사 윌슨이 1920년대에 지은 주택이다. 정사각형 평면으로 이국적인 분위기를 물씬 풍기는 건물이다.

48 오웬기념각

광주광역시 남구 양림동 67-1 • 광주유형문화재 제26호

선교사 클레멘트 오웬을 기념하기 위해 1914년에 건립되었다. 오웬의 한국식 이름이 오원 또는 오기원이어서 오기원기념각으로 불리기도 한다. 회색 벽돌을 네덜란드식으로 쌓은 좌우대칭형 장방형 건물이다. 광주기독병원 간호전문대학의 강당으로 사용되고 있다.

전라남도

49 목포 일본영사관

전남 목포시 대의동2가 1-5 • 사적 제289호

유달산 기슭에 세워진 붉은 벽돌 2층 건물로 목포를 대표하는 근대건축물이다. 1901년 말에 완공하고 1907년까지 일본영사관으로 사용된 후 목포부청사, 목포시청, 시립도서관, 문화원 등으로 사용되었다. 외장도 유려하며 내부에는 목조천장과 벽난로, 거울까지 원형이 그대로 남아 있다.

50 동양척식주식회사 목포지점

전남 목포시 중앙동2가 6 • 전남기념물 제174호

1926년에 건립되어 인근 여섯 개 주재소를 관할하며 동양척식주식회사의 중심 역할을 담당했다. 르네상스 양식으로 규모가 크고 외형이 잘 보존되어 있다. 목포근대역사관으로 시민에게 개방하고 있다.

51 보성여관

전남 보성군 벌교읍 벌교리 640-2 • 등록문화재 제132호

일제강점기에 건축된 전형적인 일본 주택 형식의 여관건물. ㅁ자형 중정형 건물 배치가 독특하다. 당시 벌교읍의 상권과 규모를 짐작할 수 있는 중요한 자료다. 문화유산국민신탁에서 관리하고 있다.

부산

52 동양척식주식회사 부산지점

부산광역시 중구 대청동2가 24-2 • 부산시기념물 제49호

1920년대에 세워진 철근콘크리트조 건물로 이후 주한미군사택, 미국문화원으로 사용되었다. 1999년 부산시로 반환되어 근대역사관으로 재탄생했다.

부산

55 53 54
56 52

가덕도

57

53 부산측후소

부산광역시 중구 대청동1가 9-305 • 부산시기념물 제51호

1935년에 세워진 건물로, 출항하는 배 한 척이 산꼭대기에 놓인 듯한 형상이다. 건물 전체를 콘크리트 거푸집으로 시공한 흔적이 보이며, 전면에 노란색 타일을 붙였다.

54 부산진일신여학교

부산광역시 동구 좌천동 768-1 • 부산시기념물 제55호

부산 · 경남 지역 최초의 여성 교육기관으로 1905년에 호주 장로교 선교회에 의해 건립되었다. 비례와 균형미가 돋보이는데다 현존하는 당시 건물이 무척 드물어 중요한 역사적 가치를 지닌다.

55 경남도청사

부산광역시 서구 부민동2가 1 • 등록문화재 제41호

부산 지역에 남아 있는 대표적 근대 공공건물로 1925년 건축되었다. 정면성이 강조된 입면과 좌우대칭의 평면이 어우러지는 구성이 아름답다. 한국전쟁 때 임시수도의 정부청사로 사용되었고 현재 동아대미술관으로 운영되고 있다.

56 경남도지사 관사

부산광역시 서구 부민동3가 22 • 부산시기념물 제53호

경남 도지사 관사로 사용하기 위해 1926년 지어진 2층짜리 목조 주택. 일본식과 서양식 건축양식을 절충한 건물로 대현관과 응접실 등은 서양식으로, 주거 공간은 일본의 전통적인 주거 양식으로 구성되어 있다. 한국전쟁 당시 임시수도의 대통령관저로 사용되었다.

57 가덕도 등대

부산광역시 강서구 대항동 산13-2 • 부산시유형문화재 제50호

벽돌조 가옥 형태의 생활공간 위에 3층짜리 등탑이 연결되어 있는 독특한 구조의 등대 건축물. 가덕도 서남단 끝에 위치하여 천혜의 자연경관이 일품이다. 가덕도는 일본군의 전략적 요충지로서 당시의 흔적이 다수 남아 있다.

경상남도

58 진해우체국

경남 진해시 통신동 1 • 사적 제291호

1912년에 준공된 1층 목조건물로 우편환저금, 전기통신 업무를 보았다. 정면현관에 강한 배흘림이 있는 토스카나식 기둥을 세웠다. 바닥은 본래 목조라 추측되나 현재는 시멘트 모르타르 마감이고 지붕은 아연판으로 마감했다.

59 연초제조창 본관 및 별관

대구광역시 중구 태평로3가 230-1

1910년부터 점차 규모를 확장해온 연초제조창 본관의 규모는 현재 연면적 6만 7천 평방미터에 이른다. 붉은 벽돌과 콘크리트로 지어진 별관 건물만 해도 3천6백 평이 넘는 엄청난 규모다. 이 넓은 유휴지가 문화창조발전소로 탄생하기 위해 기다리고 있다. 연초제조창을 답사하려면 (주)ATBT 사무국(053-424-3600)으로 신청해야 한다.

60 삼립정공립보통학교 교장 관사

대구광역시 중구 삼덕동3가 221

1939년에 지어진 일본식 목조가옥으로 인근 삼덕초등학교의 전신인 삼립정공립보통학교의 교장 관사로 사용되었다. 현재는 YMCA에서 관리하고 있으며 빛살미술관으로 더 잘 알려져 있다. 다다미 방과 목조구조가 그대로 남아 있다.

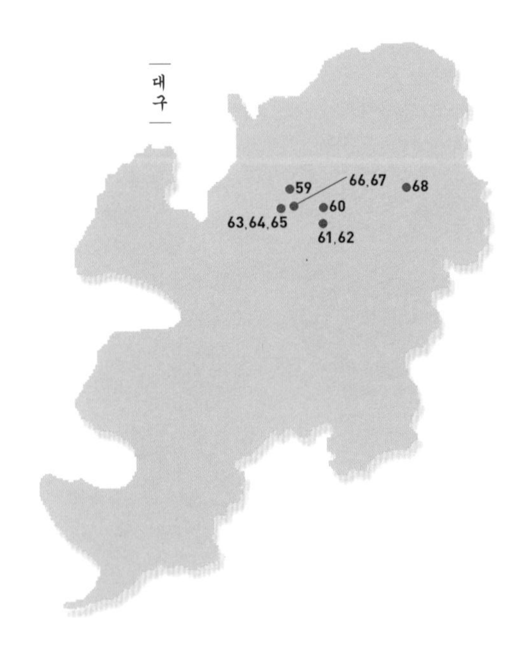

61 대구사범학교 본관

대구광역시 중구 대봉동 60-18 • 등록문화재 제5호

1923년에 세워진 건물로 인공석의 박공과 수평돌림띠로 장식되어 있다. 지금은 건물 전체가 담쟁이덩굴로 휩싸여 역사의 숨소리도 들리지 않는다. 대구사대부고의 역사관으로 사용되고 있다.

62 대구상업학교 본관

대구광역시 중구 대봉동 60-10 • 대구시유형문화재 제48호

붉은 벽돌로 지어진 一자형 2층 교사 건물로, 정면 중앙에 돌출된 포치를 중심으로 좌우대칭으로 구성되어 있다. 학교는 이전했으나 건물은 남아 초고층아파트 단지의 중심을 지키는 형세로 독특한 경관을 형성한다.

63 선교사 스윗즈 주택

대구광역시 중구 동산동 194 • 대구시유형문화재 24호

미국인 선교사 마르타 스윗즈 여사가 살았던 주택으로 1910년경 지어진 것으로 추정한다. 붉은 벽돌로 쌓은 2층 건물로, 동산의료원에서 인수하여 선교박물관으로 운영하고 있다.

64 선교사 블레어 주택

대구광역시 중구 동산동 424 • 대구시유형문화재 제26호

선교사 블레어와 라이스가 살던 집으로 1910년경에 지어졌다. 붉은 벽돌로 지은 2층집이며, 당시 미국의 주택 모습을 살려서 지어졌다. 교육역사박물관으로 활용되고 있다.

65 선교사 챔니스 주택

대구광역시 중구 동산동 424 • 대구시유형문화재 제25호

선교사 라이너가 살던 집으로 1910년경 지어졌다. 이후 챔니스, 소텔 등 선교사가 거쳐 갔다. 2층에 당시 선교사의 살림집을 보여주는 물품이 그대로 전시되어 있어 그 시절의 분위기를 체험할 수 있다.

66 조선식산은행 대구지점

대구광역시 중구 포정동 33 • 대구시유형문화재 제49호

1931년 건립된 2층 철근콘크리트조 건물. 자기 타일의 섬세한 굴곡이 건물 외관을 더욱 치밀하고 유려하게 만들어준다. 이후 한국산업은행 대구지점으로 사용되었다.

67 대구화교협회 회관

대구광역시 중구 종로2가 31 • 등록문화재 제252호

1929년에 대구 지역의 부호인 서병국이 지은 주택건물이며 설계와 시공은 중국인 모문금慕文錦이 담당했다. 적벽돌 2층 서양식 주택으로 중복도를 갖춘 장방형 평면 형태다. 현재는 대구화교협회가 사무실로 사용하고 있다.

68 조양회관

대구광역시 동구 효목동 산234-33 • 등록문화재 제4호

서상일이 민족의식 고취를 위해 대구구락부 회원들의 도움을 받아 건립한 르네상스 양식의 붉은 벽돌조 2층 건물이다. 천여 명을 수용할 수 있는 대강당, 회의실, 인쇄실 등을 두고, 이곳에서 각종 강연회, 야학, 출판 활동을 했다. 원래 달성공원 앞에 있던 건물을 1984년 6월 망우공원으로 이전 복원했다.

경상북도

69 구룡포 일본인 가옥

경북 포항시 남구 구룡포읍 구룡포리 243 • 등록문화재 등록 예고

구룡포는 1910년 고등어 어업의 근거지로 일본인 어민촌이 형성된 지역이다. 243번지 가옥은 남아 있는 일본인 가옥 중 가장 크고 격식을 갖춘 목조형 가옥으로 1923년에 신축되었다. 현재 구룡포 일본인 가옥 거리 홍보관으로 사용되고 있다.

70 호미곶 등대

경북 포항시 남구 대보면 대보리 221 • 경북기념물 제39호

우리나라 지도에서 호랑이 꼬리에 위치한다 하여 붙은 이름으로 동외곶 등대, 대보 등대, 장기 등대라고도 부른다. 높이 26.4미터에 이르는 벽돌조 건물로 우리나라 등대 중에서 가장 규모가 크다. 팔각형 탑 형식으로 각층 천장에는 이화무늬가 뚜렷이 남아 있다.

강원도

71 철암역두 선탄시설

강원도 태백시 철암동 365-1 • 등록문화재 제21호

우리나라 최초로 철구조로 이루어진 무연탄 선탄산업시설. 채굴된 원탄을 선별, 가공, 처리하는 시설로 이루어져 있다. 스물여 개의 시설 전체가 등록문화재로 등재되어 있으며 지금도 왕성하게 선탄작업이 이루어지고 있어 의미가 크다.

72 남제주 비행장 격납고

제주 서귀포시 대정읍 상모리 1489, 1542 • 등록문화재 제39호

모슬포항과 송악산 사이의 널찍한 터에 조성된 알뜨르 비행장의 여러 시설 중 하나로 모두 스물 개의 소형비행기 격납고가 지어졌다. 콘크리트로 육중하게 지어진 이 시설물은 지금까지 열아홉 개가 원형을 유지하고 있으며 일제강점기의 전쟁 시설물로서 가치를 인정받아 문화재로 지정되었다.

73 송악산 해안 일제 동굴진지

제주 서귀포시 대정읍 상모리 195-2 • 등록문화재 제313호

태평양전쟁 말기 소형어선을 어뢰로 활용하여 방어선을 구축하던 일본 해군의 특공대 시설물. 송악산 절벽에 모두 열다섯 기의 해안 동굴이 있다. 망망대해의 절경을 자랑하는 제주의 끝자락에 숨겨진 전쟁의 상흔이 무척 비극적이다.

74 대정면사무소

제주 서귀포시 대정읍 상모리 3862-1 • 등록문화재 제157호

1955년에 신축된 이 건물은 일제강점기에 지어진 관공서 양식을 많이 따른 것으로 현관에 포치를 세우고 수직으로 길쭉한 창문을 낸 것이 특징이다. 검고 거친 현무암으로 장식하여 제주의 토속적인 멋을 표현한 건물이다.

참 | 고 | 문 | 헌

김태중, 「개화기 궁정건축가 사바찐에 관한 연구」, 『대한건축학회 논문집』 제12권 제7호(통권 제93호), 1996년 7월

이안, 「(구)일본 제일은행 인천지점 복원공사를 통해 본 근대건축문화 보존의 문제점」, 『한국건축역사학회 월례회 강연집』, 2001년 5월

『근대문화유산 건축물 사진 실측 조사보고서』, 문화재청, 2001

『한국의 근대문화유산 가려 뽑은 등록문화재 30선』, 문화재청, 2004

『20세기 초 건축물 사진실측 조사』, 문화재청, 2000

고주환, 「한국 근대양식 건축물의 보존을 위한 보수기법에 관한 연구: 보수공사 사례를 중심으로」, 단국대 석사논문, 2006

조홍석, 「한국 근대 적벽돌 건축에 관한 연구」, 목원대 박사논문, 2006

〈대한제국 1907 헤이그 특사: 고종황제의 국권회복 투쟁 헤이그 특사 100주년 기념 특별 기획전/국립고궁박물관 민족문제연구소 편〉, 문화재청, 2007

『진해우체국 실측 조사보고서』, 문화재청, 2002

『창경궁 대온실, 기록화 조사보고서』, 문화재청, 2007

윤지영, 「역사문화환경 보존을 위한 내셔널트러스트 운동에 관한 연구」, 단국대 석사논문, 2004

엘리자베스 키스 · 엘스펫 K. 로버트슨 스콧, 『영국 화가 엘리자베스 키스의 코리아 1920~1940』, 책과함께, 2006

『근대, 관광을 시작하다: 2007 부산근대역사관 특별기획전 도록』, 부산근대역사관, 2007

강근아, 「근대건축물 부산진 일신여학교 교사동의 변화과정과 원형 추정에 관한 연구」, 동의대 석사논문, 2007

『대한의원 본관, 실측 조사보고서』, 문화재청, 2002

김종헌, 「대한제국의 등대건축에 대한 연구」, 『대한건축학회 논문집』 제21권 제6호, 2005년 6월
이희환 엮음, 『인천배다리 시간, 장소, 사람들』, 작가들, 2009
『진천 덕산양조장 기록화 조사보고서』, 문화재청, 2004
『홍파동 홍난파 가옥 등 8개소 등록문화재 기록화 조사보고서』, 문화재청, 2006
『국립농산물품질관리원 충청지원 기록화 조사보고서』, 문화재청, 2005
서승현·김태영, 「구 벨기에 영사관의 해체공사 과정」, 『대한건축학회 학술발표대회 논문집』 제28권 제1호(통권 제52집), 2008년 10월
최정신·한주희, 「강화 온수리 성공회 성당과 사제관 디자인 변형에 대한 조사 연구」, 『한국실내디자인학회 논문집』 제41호, 2003년 12월
송철의·김정신, 「한국 성공회 성당 건축의 변천에 관한 연구」, 『대한건축학회 춘계학술발표대회 논문집』 제13권 제1호, 1993년 4월
윤일주, 『한국현대미술사(건축)』, 기문당, 1978
안창모, 「건축가 박동진에 관한 연구」, 서울대 박사논문, 1998
『대구 신택리지』, (사)거리문화시민연대, 2007
김소연, 「일제강점기 한국인 건축가의 식민지 경험과 의식」, 『대한건축학회 논문집』 제 23권 제6호, 2008년 6월
『효목동 조양회관 기록화 조사보고서』, 문화재청, 2004
『부산근대역사관 이야기』, 부산근대역사관, 2004
유우상·김지민, 「목포지방의 일제강점기 건축」, 『한국건축역사학회 추계학술발표대회 논문집』, 2001년 9월
고석규, 「근대도시 목포의 역사경관과 문화」, 『건축역사연구(한국건축역사학회지)』 제16권 제2호(통권 제51호), 2007년 4월
이민경·김태영, 「선교사 주택의 박물관 용도변경에 따른 전시계획상의 문제점과 개선방향에 관한 연구」, 『대한건축학회 논문집』 제23권 제5호(통권 제223호), 2007년 5월
김홍기, 「나주시 옛 영산포 시가지의 경관변용과 주민의식에 관한 연구」, 『대한건축학회 논문집』 제23권 제10호(통권 제228호), 2007년 10월
박중신, 「한국 근대기 일본인 이주어촌의 주거공간 구성과 변용에 관한 연구」, 『대한건축학회 논문집』 제22권 제9호(통권 제215호), 2006년 9월
소영현, 『부랑청년 전성시대』, 푸른역사, 2009
하시야 히로시, 김제정 옮김, 『일본제국주의, 식민지 도시를 건설하다』, 모티브, 2005

청춘남녀,
백년 전
세상을 탐하다

초판 1쇄 발행 2010년 5월 28일
초판 3쇄 발행 2012년 10월 8일

지은이 최예선 · 정구원
펴낸이 김철식
펴낸곳 모요사
출판등록 2009년 3월 11일(제410-2008-000077호)

주소 411-762 경기도 고양시 일산서구 가좌3로 45 203동 1801호
전화 031-915-6777
팩스 031-915-6775
이메일 mojosa7@gmail.com

ISBN 978-89-962537-6-1 03980